JINGONG SHIXUN

金工实训

（第 2 版）

主　编　李国剑
副主编　陈　响

西北工业大学出版社

【内容简介】 本书共12章，内容包括常用金属材料、量具、车削加工、铣削加工、铸造、钳工、刨削加工、焊接、数控加工、电火花线切割加工、激光加工技术以及数控雕刻加工等。全书将有关金属材料加工的基本理论、基本方法和工艺知识与实践有机地结合在一起，让学生接触和了解工厂生产实践，加深对所学专业的理解，同时为机械、电子等专业的后续专业课程学习提供前期感性认识和工程实践基础。

本书可作为高等学校特别是民族院校机械类、非机械类各专业学生的金工实训教材，也可供高等职业学校相关专业选用，同时还可作为相关专业人员的参考书。

图书在版编目（CIP）数据

金工实训/李国剑主编.—2版.—西安：西北工业大学出版社，2017.5
ISBN 978-7-5612-5292-5

Ⅰ.①金… Ⅱ.①李… Ⅲ.①金属加工—实习—教材 Ⅳ.①TG-45

中国版本图书馆CIP数据核字（2017）第077946号

策划编辑：华一瑾
责任编辑：何格夫

出版发行：西北工业大学出版社
通信地址：西安市友谊西路127号 **邮编：**710072
电　　话：(029)88493844 88491757
网　　址：http://www.nwpup.com
印 刷 者：陕西向阳印务有限公司
开　　本：787 mm×1 092 mm 1/16
印　　张：14.5
字　　数：345千字
版　　次：2017年5月第2版 2017年5月第1次印刷
定　　价：36.00元

第 2 版前言

《金工实训》(第 2 版)是在保留第 1 版的编写风格和主要内容的基础上进行修订的。根据当前高等院校机械制造工程基础实践训练教学要求和学生的特点,修订版对第 1 版做了修改并增加了一些适合时代发展的先进制造技术新内容,更加成熟和完善。

本书编写结合高等院校现有的实训条件,参考学习国内外优秀教材的先进经验,从如何提高学生实际动手能力的角度出发,以构建"分阶段、多层次、模块化、综合性、开放式"为特色的现代工程训练的实践教学体系和模式为目标,涵盖实验实践教学、认知实习、工程技能训练、开放实验、课外创新活动等实训内容,注重培养学生理论联系实际的意识和能力,可以使学生获得机械加工的基本知识,同时具备较强的动手能力,尤其对工科学生学习工艺知识、认识现代工业生产方式、树立工程意识和培养团队精神有着深远的意义。

本书共 12 章,内容包括常用金属材料、量具、车削、铣削加工、铸造、钳工、刨削加工、数控加工、电火花线切割加工、激光加工技术和数控雕刻加工等,将有关金属材料加工的基本理论、基本方法、传统制造技术、先进制造技术、工艺知识与实践有机地结合在一起,让学生接触和了解工厂生产实践,加深对所学专业的理解,同时为机械、电子等专业的后续专业课程学习提供前期感性认识和工程实践基础。

本书第 1,5,7,11 章由李国剑老师编写,第 2,3,4,6,8,9,10,12 章由陈响老师编写。全书由李国剑教授担任主编。

在本书的策划、编写和审稿过程中,得到了西北民族大学工程训练中心教师的大力支持和帮助,在此一并致谢。

书中难免存在不足之处,恳请各位专家、读者不吝赐教,批评指正。

编　者

2017 年 3 月

第1版前言

金工实习是高等院校机械类和近机械类各专业教学中重要的实践性课程，在高校的实践教学中占有重要地位。“新材料、新技术、新工艺、新设备”在工业生产中的广泛应用及工业技术改造、产业结构优化、制造业转型升级对金工实训提出了新的要求。

本书编写结合高等院校现有的实训条件，参考学习国内外优秀教材的先进经验，从如何提高学生实际动手能力的角度出发，以构建“分阶段、多层次、模块化、综合性、开放式”为特色的现代工程训练的实践教学体系和模式为目标，涵盖实验实践教学、认知实习、工程技能训练、开放实验、课外创新活动等实训内容，注重培养学生理论联系实际的意识和能力，可以使学生获得机械加工的基本知识，同时具备较强的动手能力，尤其对工科学生学习工艺知识、认识现代工业生产方式、树立工程意识和培养团队精神有着深远的意义。

本书共10章，内容包括常用金属材料、量具、车削、铣削加工、铸造、钳工、刨削加工、数控加工和电火花线切割等，将有关金属材料加工的基本理论、基本方法和工艺知识与实践有机地结合在一起，让学生接触和了解工厂生产实践，加深对所学专业的理解，同时为机械、电子等专业的后续专业课程学习提供前期感性认识和工程实践基础。

在本书的策划、编写和审稿过程中，得到了西北民族大学工程训练中心教师和工程技术人员的大力支持和帮助，同时还得到了西北民族大学本科教学工程的项目资助，在此一并致谢。

书中难免存在不足之处，恳请各位专家、读者不吝赐教，批评指正。

编　者

2014年6月

目　录

第1章 常用金属材料

金属材料一般是指工业应用中的纯金属或合金。自然界中大约有70多种纯金属，其中常见的有铁、铜、铝、锡、镍、金、银、铅、锌等。而合金是由两种或两种以上的金属或金属与非金属结合而成的，具有金属特性的材料。常见的合金有铁和碳所组成的钢合金，铜和锌所形成的黄铜合金等。

1.1 金属材料的分类

金属材料通常分为铁碳合金、有色金属合金和新型金属合金。

1. 铁碳合金

铁碳合金又称钢铁材料，包括含铁质量分数90%以上的工业纯铁，含碳质量分数2%～4%的铸铁，含碳质量分数小于2%的碳钢，以及各种用途的结构钢、不锈钢、耐热钢、高温合金、精密合金等。

2. 有色金属合金

有色金属合金是指除铁、铬、锰以外的所有金属及其合金，通常分为轻金属、重金属、贵金属、半金属、稀有金属和稀土金属等。有色合金的强度和硬度一般比纯金属高，并且电阻大、电阻温度系数小。

3. 新型金属合金

新型金属合金包括不同用途的结构金属材料和功能金属材料。其中有通过快速冷凝工艺获得的非晶态金属材料，准晶、微晶、纳米晶金属材料等，还有隐身、抗氢、超导、形状记忆、耐磨、减振阻尼等特殊功能合金以及金属基复合材料等。

1.1.1 铁碳合金

碳钢和铸铁都是铁碳合金，是应用广泛的金属材料。了解和掌握铁碳合金的性质，对于钢铁材料的研究和使用、各种热加工工艺的制定以及工艺废品原因的分析都有很重要的指导意义。铁碳合金的组织是液态结晶和固态结晶的综合结果，通常将铁碳合金分为碳钢和铸铁两大类，即$w(C)<2.11\%$的为碳钢，$w(C)>2.11\%$的为铸铁，$w(C)<0.0218\%$的为工业纯铁。

根据组织特征，将铁碳合金按照含碳量划分为3个类型。

1. 工业纯铁

纯铁（$w(C)<0.0218\%$）的塑性和韧性好，但其强度很低，很少用作结构材料。纯铁的主要用途是利用它所具有的铁磁性。工业上炼制的电工纯铁具有高的磁导率，用于要求软磁性的场合，如各种仪器仪表的铁芯等。

2. 钢

由于钢材（$0.0218\%<w(C)<2.11\%$）中的含碳量增高，所以钢材强度高，塑性及韧性

好，耐冲击，性能可靠，易于加工成板材、型材和线材，在实际生产中得到了广泛的应用。但是钢材易锈蚀、维护费用高、耐火性差、生产能耗大。根据成分不同，钢材可分为碳素钢和合金钢。根据性能和用途不同，钢材可分为结构钢、工具钢和特殊性能钢。

3. 白口铁

白口铁（2.11%<w(C)<6.69%）因断截面呈现白色而得名，质地很硬且脆，不容易切削，不易进行机械加工。在实际生产中白口铁主要用于炼钢。

1.1.2 有色金属合金

以一种有色金属作为基体，加入一种或几种其他金属或非金属元素，所组成的既具有基体金属通性，又具有某些特定性质的物质，称为有色金属合金。

现在介绍有色金属合金的种类。

1. 铜合金

常见的铜合金有黄铜、青铜及白铜等。

2. 铝合金

根据铝合金的成分和生产工艺特点，通常分为形变铝合金与铸造铝合金两大类。工业上应用的主要有铝-锰、铝-镁、铝-镁-铜、铝-镁-硅-铜、铝-锌-镁-铜等合金。形变铝合金也叫熟铝合金，据其成分和性能特点又分为防锈铝、硬铝、超硬铝、锻铝和特殊铝等 5 种。

3. 铅基合金

铅基轴承合金是铅锑锡铜合金，它的硬度适中，磨合性好，摩擦因数稍大，而韧性很低。因此，它适用于浇注受震较小、载荷较轻或速度较慢的轴瓦。

4. 镍合金

镍能与铜、铁、锰、铬、硅、镁组成多种合金。其中镍铜合金是著名的蒙乃尔合金，它强度高，塑性好，在 750℃以下的大气中，化学性能稳定，广泛用于电气工业、真空管、化学工业、医疗器材和航海船舶工业等方面。

5. 锌合金

锌合金的主要添加元素有铝、铜和镁等。锌合金按加工工艺可分为形变锌合金与铸造锌合金两类。铸造锌合金流动性和耐腐蚀性较好，适用于压铸仪表、汽车零件外壳等。

6. 镁合金

镁合金中的合金元素主要有铝、锌和锰，有时也加入少量的锆、铈、钍等。镁合金按生产工艺不同也可分为形变镁合金与铸造镁合金两大类。镁合金是重要的轻质结构材料，广泛应用于航空、航天工业方面。

7. 钛合金

钛合金按组织可分三类：

①钛中加入铝和锡元素。

②钛中加入铝、铬、钼、钒等合金元素。

③钛中加入铝和钒等元素。

钛合金具有强度高、密度小、机械性能好、韧性和抗蚀性能好等优点。但钛合金的工艺性能差，切削加工困难，在热加工中非常容易吸收氢、氧、氮、碳等杂质。此外，钛合金抗磨性差，生产工艺复杂。

8. 锡基合金

锡基轴承合金是锡锑铜合金。它的摩擦因数小、硬度适中、韧性较好，并有很好的磨合性、抗蚀性和导热性，主要用于高速重载荷条件下工作的轴瓦。

1.1.3　新型金属合金

随着科技的进步，资源、能源和环境对金属材料提出了新的要求，一是对已有的金属材料要最大限度地提高它的质量，挖掘它的潜力，使其产生最大的效益；二是开拓金属材料的新功能，以满足更高的使用要求。近年来，新型金属结构材料及功能材料不断涌现，并在现代工业中得到日益广泛的应用。

现阶段主要的新型金属材料有形状记忆合金、储氢合金、非晶态金属、金属间化合物和纳米金属材料等。

1. 形状记忆合金

形状记忆合金是一种新的功能金属材料，用这种合金做成的金属丝，即使将它揉成一团，但只要达到某个温度，它便能在瞬间恢复原来的形状。

2. 储氢合金

储氢合金是一种新型合金，一定条件下能吸收氢气，一定条件下能放出氢气。其循环寿命性能优异，可用于大型电池，尤其是电动车辆、混合动力电动车辆、高功率应用等。

3. 非晶态金属

非晶态金属是指在原子尺度上结构无序的一种金属材料。大部分金属材料具有很高的有序结构，原子呈现周期性排列(晶体)，表现为平移对称性，或者是旋转对称、镜面对称、角对称(准晶体)等。

非晶态金属的磁导率高、矫顽力低，加上它的高硬度和高强度，是很好的磁头材料。非晶态金属还具有零或负电阻温度系数的特点，可用来制作电阻器件。

4. 金属间化合物

钢中的过渡族金属元素之间形成一系列金属间化合物，即是指金属与金属、金属与准金属形成的化合物。它以微小颗粒形式存在于金属合金的组织中时，将会使金属合金的整体强度得到提高，特别是在一定温度范围内，合金的强度随温度升高而增强，金属间化合物材料在高温结构应用方面具有极大的潜在优势。

5. 纳米金属材料

纳米金属材料的开发是指对金属材料进行严重塑性变形可显著细化其微观组织，使晶粒细化至亚微米(0.1～1 μm)尺度，从而大幅度提高其强度。这种新型超硬超高稳定性金属纳米结构有望在工程材料中得到应用，以提供其耐磨性和疲劳性能。

1.2　金属材料基本性能

金属材料的性能一般分为使用性能和工艺性能两类。使用性能是指机械零件在使用条件下，金属材料表现出来的性能，它包括物理性能、化学性能、机械性能等。金属材料使用性能的好坏，决定了它的使用范围与使用寿命。工艺性能是指机械零件在加工制造过程中，金属材料在所定的冷、热加工条件下表现出来的性能。金属材料工艺性能的好坏，决定了它在制造过程中加工成形的适应能力。由于加工条件不同，要求的工艺性能也就不同，如铸造性能、可焊性、可锻性、热处理性能和切削加工性等。

1.2.1 金属材料使用性能

金属材料的主要使用性能有化学性能、物理性能以及机械性能。

1. 化学性能

金属与其他物质引起化学反应的特性称为金属的化学性能。在实际应用中主要考虑金属的抗蚀性、抗氧化性（又称作氧化抗力，指金属在高温时对氧化作用的抵抗能力），以及不同金属之间、金属与非金属之间形成的化合物对机械性能的影响等。在金属的化学性能中，抗蚀性对金属的腐蚀疲劳损伤有着重大的意义。

2. 物理性能

（1）密度

$$\rho=m/V$$

式中　m—— 质量(g)；

V—— 体积(cm^3)。

在实际应用中，除了根据密度计算金属零件的质量外，很重要的一点是考虑金属的比强度（强度 σ_b 与密度 ρ 之比）来帮助选材，以及与无损检测相关的声学检测中的声阻抗（密度 ρ 与声速 c 的乘积）和射线检测中密度不同的物质对射线能量有不同的吸收能力等。

（2）熔点

金属由固态转变成液态时的温度，对金属材料的熔炼、热加工有直接影响，并与材料的高温性能有很大关系。

（3）热膨胀性

随着温度变化，材料的体积也发生变化（膨胀或收缩）的现象称为热膨胀，多用线膨胀系数衡量，亦即温度变化 1℃ 时，材料长度的增减量与其 0℃ 时的长度之比。热膨胀性与材料的比热有关。在实际应用中还要考虑比容（材料受温度等外界影响时，单位质量的材料其容积的增减，即容积与质量之比），特别是对于在高温环境下工作，或者在冷、热交替环境中工作的金属零件，必须考虑其膨胀性能的影响。

（4）磁性

吸引铁磁性物体的性质即为磁性，它反映在磁导率、磁滞损耗、剩余磁感应强度、矫顽磁力等参数上，从而可以把金属材料分成顺磁与逆磁、软磁与硬磁材料。

（5）电学性能

主要考虑其电导率，在电磁无损检测中对其电阻率和涡流损耗等都有影响。

在机械制造业中，一般机械零件都是在常温、常压和非强烈腐蚀性介质中使用的，且在使用过程中各机械零件都将承受不同载荷的作用。金属材料在载荷作用下抵抗破坏的性能，称为机械性能（或称为力学性能）。常用的机械性能包括强度、塑性、硬度、冲击韧性、多次冲击抗力和疲劳极限等。

金属材料的机械性能是零件的设计和选材时的主要依据，外加载荷性质不同（如拉伸、压缩、扭转、冲击、循环载荷等）对金属材料要求的机械性能也不同。

3.机械性能

(1)强度

强度是指金属材料在静荷作用下抵抗破坏(过量塑性变形或断裂)的性能。由于载荷的作用方式有拉伸、压缩、弯曲、剪切等形式,所以强度也分为抗拉强度、抗压强度、抗弯强度、抗剪强度等。由于金属材料在外力作用下从变形到破坏有一定的规律可循,因而通常采用拉伸试验进行测定,即把金属材料制成一定规格的试样,如图1-1所示,将试样在拉伸试验机上进行拉伸,在拉伸过程中,随着载荷的不断增加,可由实验机上安装的自动绘图机构连续描绘出拉应力 σ 和应变量 ε 的关系曲线,直至试样断裂,如图1-2所示。

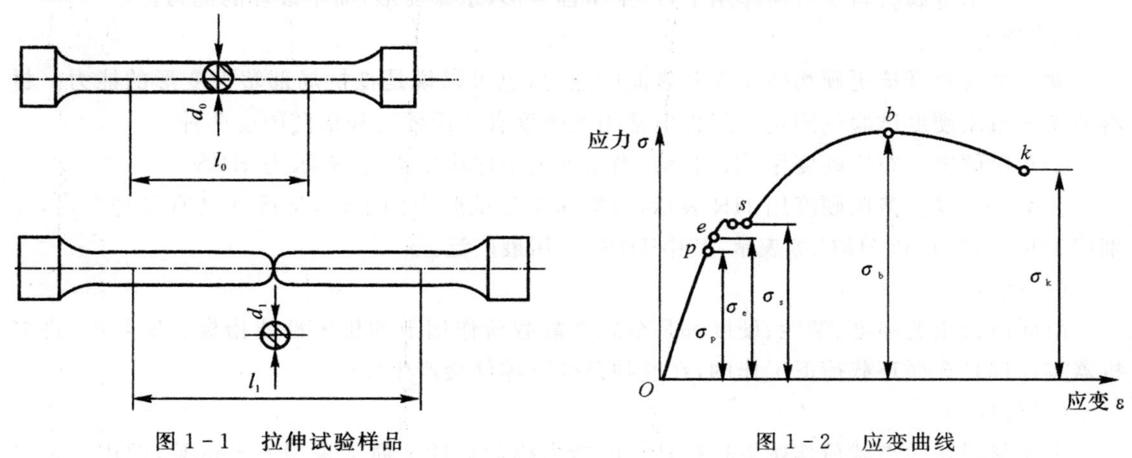

图1-1　拉伸试验样品　　　　图1-2　应变曲线

应力即为单位面积上所受的内力,将其定义为

$$\sigma = F/A$$

式中　F—— 材料所受的外力;

A—— 外力所作用的面积。

① 强度极限。材料在外力作用下能抵抗断裂的最大应力,一般指拉力作用下的抗拉强度极限,以 σ_b 表示,如拉伸试验曲线图中最高点 b 对应的强度极限,常用单位为兆帕(MPa)。

② 屈服强度极限。金属材料试样承受的外力超过材料的弹性极限时,虽然应力不再增加,但是试样仍发生明显的塑性变形,这种现象称为屈服,即材料承受外力到一定程度时,其变形不再与外力成正比而产生明显的塑性变形。产生屈服时的应力称为屈服强度极限,用 σ_s 表示,相应于拉伸试验曲线图中的 s 点称为屈服点。对于塑性高的材料,在拉伸曲线上会出现明显的屈服点,而对于低塑性材料则没有明显的屈服点,从而难以根据屈服点的外力求出屈服极限。因此,在拉伸试验方法中,通常规定试样上的标距长度产生0.2%塑性变形时的应力作为条件屈服极限,用 $\sigma_{0.2}$ 表示。屈服极限指标可用于要求零件在工作中不产生明显塑性变形的设计依据。但是对于一些重要零件还应考虑屈强比(即 σ_s/σ_b)要小,以提高其安全可靠性,不过此时材料的利用率也较低了。

③ 弹性极限。材料在外力作用下将产生变形,但是去除外力后仍能恢复原状的能力称为弹性。金属材料能保持弹性变形的最大应力即为弹性极限,相应于拉伸试验曲线图中的 e 点,以 σ_e 表示,单位为兆帕(MPa)。

$$\sigma_e = F_e/A$$

式中，F_e 为保持弹性时的最大外力（或者说材料最大弹性变形时的载荷）。

④ 弹性模量。弹性模量是材料在弹性极限范围内的应力 σ 与应变 δ（与应力相对应的单位变形量）之比，用 E 表示，单位为兆帕（MPa）。

$$E=\sigma/\delta=\tan\alpha$$

式中，α 为拉伸试验曲线上倾斜直线与水平坐标轴的夹角。弹性模量是反映金属材料刚性的指标，金属材料受力时抵抗弹性变形的能力称为刚性。

(2)塑性

塑性是指金属材料在载荷作用下，产生塑性变形（永久变形）而不破坏的能力。

(3)硬度

硬度是材料抵抗更硬物体压入其表面的能力，也可以说是抵抗局部塑性变形的能力。材料的硬度值用硬度试验机测定。工程上常用的硬度有布氏硬度和洛氏硬度两种。

①布氏硬度。布氏硬度用 HB 表示，当用淬火钢球作压头时，表示为 HBS。

②洛氏硬度。洛氏硬度用 HR 表示，根据压头和试验力的不同，洛氏硬度有多种标尺，分别用 HRA，HRB 和 HRC 等表示，其中 HRC 应用最广泛。

(4)疲劳

前面所讨论的强度、塑性、硬度都是金属在静载荷作用下的机械性能指标。实际上，许多机器零件都是在循环载荷下工作的，在这种条件下零件会产生疲劳。

(5)韧性

金属材料在冲击载荷作用下抵抗破坏的能力称为韧性。通常采用冲击试验，即用一定尺寸和形状的金属试样在规定类型的冲击试验机上承受冲击载荷而折断时，断口上单位横截面积上所消耗的冲击功表征材料的韧性。

1.2.2 金属材料工艺性能

金属对各种加工工艺方法所表现出来的适应性称为工艺性能，主要有以下四个方面。

1. 切削加工性能

切削加工性能反映用切削工具（例如车削、铣削、刨削、磨削等）对金属材料进行切削加工的难易程度。

钢的含碳质量分数对切削加工性能有一定的影响。低碳钢塑性、韧性好，切削时产生的切削热量较大，容易黏刀，而且切屑不宜折断，影响表面粗糙度，因此切削加工性能不好。高碳钢硬度较高，严重磨损刀具，切削性能也差。中碳钢硬度和塑性比较适中，其切削性能较好。一般认为，钢的硬度为 HB250 时切削加工性能较好。

2. 可锻性

金属的可锻性是指金属在压力加工时，能改变形状而不发生裂纹的性能，例如将材料加热到一定温度时其塑性的高低（表现为塑性变形抗力的大小），允许热压力加工的温度范围大小，热胀冷缩特性以及与显微组织、机械性能有关的临界变形的界限、热变形时金属的流动性、导热性能等。低碳钢的可锻性较好，随着含碳质量分数的增加，可锻性逐渐变差。

3. 可铸性

金属的可铸性包括金属的流动性和收缩性。

(1)流动性

流动性是指液态金属充满铸型的能力。对于铁碳合金而言,随着含碳质量分数的增大,钢液的流动性增大。浇注温度越高,流动性越好。

(2)收缩性

金属从浇注温度至室温的冷却过程中,其体积和线尺寸减小的现象称作收缩性。收缩是铸造合金本身的物理性质,是铸件产生缺陷的原因。

对于一定成分的铁碳合金,浇注温度越高,则液态收缩越大;当浇注温度一定时,体积收缩随着含碳质量分数的增大而增大。

4. 可焊性

可焊性反映金属材料在局部快速加热,使结合部位迅速熔化或半熔化(需加压),从而使结合部位牢固地结合在一起而成为整体的难易程度,表现为熔点、熔化时的吸气性、氧化性、导热性、热胀冷缩特性、塑性与接缝部位和附近用材显微组织的相关性以及对机械性能的影响等。

复习思考题

1. 常用的金属材料有哪些? 都有哪些性能?
2. 衡量材料机械性能的指标有哪些?
3. 含碳量不同的钢材切削性能如何?

第2章 量 具

量具是以固定形式复现量值的计量器具，是用来测量零件线性尺寸、角度以及检测零件形位误差的工具。其特点是没有指示器，没有传动机构或传感器。

量具的种类很多，有钢直尺、木直尺、钢卷尺、纤维尺、套管尺、水准标尺、游标卡尺、深度卡尺、高度卡尺、千分尺、内径千分尺、深度千分尺、壁厚千分尺、板厚千分尺、螺纹千分尺、百分表、千分表、杠杆百分表、杠杆千分表、深度百分表、厚度表、内径百分表、内径千分表、卡钳、角尺、量规、角度块以及角度尺等。

按用途可以将其分为以下三类。

1. 标准量具

用作测量或检定标准的量具，如量块、多面棱体、表面粗糙度比较样块等。

2. 通用量具

也称万能量具，一般指由量具厂统一制造的通用性量具，如直尺、平板、角度块、卡尺等。

3. 专用量具

也称非标量具，指专门为检测工件某一技术参数而设计制造的量具，如内外沟槽卡尺、钢丝绳卡尺、步距规等。

为保证被加工零件的各项技术参数符合设计要求，在加工前后和加工过程中，都必须用量具进行检测。选择使用量具时，应当适合于被检测零件的性质，适合于被检测零件的形状、测量范围。通常选择的量具的读数精度应小于被测量公差的 0.15 倍。

2.1 钢 尺

2.1.1 钢尺测量原理

钢尺是最简单的长度量具，钢尺的长度规格有 150 mm，300 mm，500 mm，1 000 mm 四种，常用的是 150 mm 和 300 mm 两种，如图 2-1 所示。

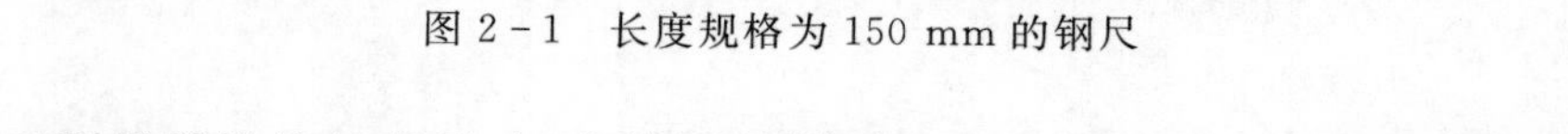

图 2-1 长度规格为 150 mm 的钢尺

钢尺用于测量零件的长度尺寸，它的测量结果不太准确。这是由于钢尺的刻线间距为 1 mm，而刻线本身的宽度就有 0.1～0.2 mm，所以测量时读数误差比较大，只能读出毫米数，即它的最小读数值为 1 mm，比 1 mm 小的数值，只能估读。

钢尺的使用方法，应根据零件形状灵活掌握，例如：

①测量多边形零件的宽度时，要使钢尺和被测零件的一边垂直，和零件的另一边平行，如图 2－2(a)所示。

②测量圆柱体的长度时，要把钢尺准确地放在圆柱体的母线上，如图 2－2(b)所示。

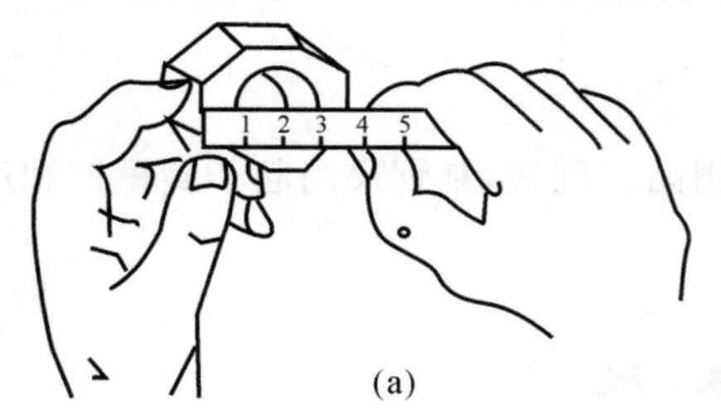

(a)

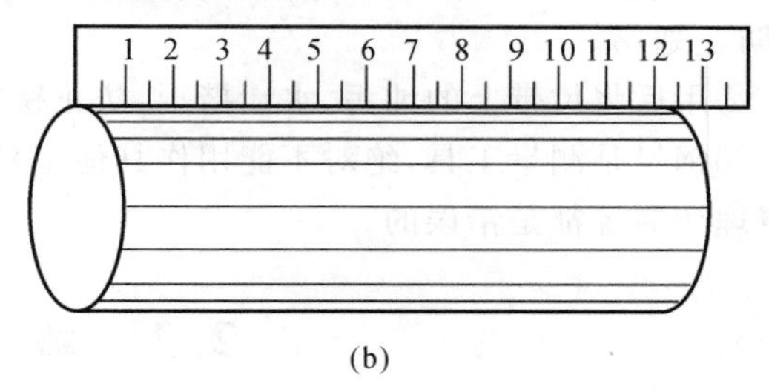

(b)

图 2－2　钢尺的使用方法

(a)测量多边形零件宽度；(b)测量圆柱体长度

③如果用钢直尺直接去测量零件的直径尺寸(轴径或孔径)，测量精度更差。其原因是除了钢直尺本身的读数误差比较大以外，还由于钢直尺无法正好放在零件直径的正确位置。测量圆柱体的外径或圆孔的内径时，要使钢尺靠着零件一面的边线来回摆动，直到获得最大的尺寸，这才是直径的尺寸。零件直径尺寸的测量，也可以利用钢直尺和内外卡钳配合起来进行。

2.1.2　钢尺量距误差分析

钢尺量距误差产生的主要原因有尺长误差、定线误差和倾斜误差、拉力变化误差、温度变化误差等。

1. 尺长误差

钢尺必须经过检定以求得其尺长改正数。尺长误差具有系统积累性，它与所量距离成正比。精密量距时，钢尺虽经检定并在丈量结果中进行了尺长改正，其成果中仍存在尺长误差，因为一般尺长检定方法只能达到 0.5mm 左右的精度。一般量距时可不作尺长改正。

2. 尺子不水平的误差

一般测量时，如果钢尺不水平，总是使所量距离偏大。精密量距时，测出尺段两端点的高差，进行倾斜改正，用普通水准测量的方法是容易达到的。

3. 钢尺垂曲和反曲的误差

钢尺悬空丈量时，中间下垂，称为垂曲。故在钢尺检定时，应按悬空与水平两种情况分别检定，得出相应的尺长方程式，按实际情况采用相应的尺长方程式进行成果整理，这项误差可以不计。

在凹凸不平的地面量距时，凸起部分将使钢尺产生上凸现象，由此而产生距离误差，钢尺测量时应将钢尺拉平丈量以避免反曲误差。

4. 丈量本身的误差

它包括钢尺对点误差、钢尺读数误差等。这些误差是由人的感官能力所限而产生的，误差有正有负，在丈量结果中可以互相抵消一部分，但仍是量距工作的一项主要误差来源。

2.1.3　钢尺的保养

正确地使用量具是保证产品质量的重要条件之一。要保持量具的精度和它工作的可靠性，除了在使用过程中要按照合理的使用方法进行操作之外，还必须做好量具的维护和保养工作。

①尺带的刻线面一般镀镍、铬或其他镀层，要保持清洁。测量时尽量不要使其与被测面摩擦，防止划伤。

②用后将尺带上的油污、水渍揩干，防止锈蚀。

③钢尺是测量工具，绝对不能用作其他工具的代用品。例如，拿钢尺当起子旋螺钉和用钢尺清理切屑等都是错误的。

2.2 游标卡尺

2.2.1 游标卡尺测量原理

游标卡尺是机械制造、修理业中应用广泛的一种通用量具，它是利用游标原理进行读数的。由于游标卡尺结构上不符合阿贝原则，存在原理误差，测量精确度还不够高，其精度等级属于中等水平。游标卡尺可以测量工件的内、外尺寸(如长度、宽度、厚度、深度、高度、内径、外径和孔距等)。它的优点是使用方便、用途广泛、测量范围大、结构简单和价格低廉等；缺点是只能测量孔口、槽边或台边等处的尺寸，测量部位不全面。游标卡尺结构如图 2-3 所示。

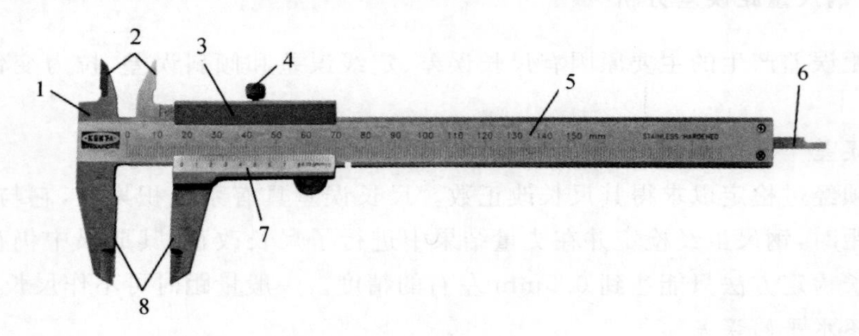

图 2-3 游标卡尺结构

1—尺身； 2—内测量爪； 3—尺框； 4—紧固螺母； 5—主尺； 6—深度尺； 7—游标尺； 8—外测量爪

游标卡尺主要由以下几部分组成。

①具有固定量爪的尺身，如图 2-3 中的 1。尺身上有类似钢尺一样的主尺刻度，如图 2-3中的 5。主尺上的刻线间距为 1 mm。主尺的长度取决于游标卡尺的测量范围。

②内外测量爪，如图 2-3 所示的 2 为内测量爪，用于测量孔类零件的内径，如图 2-3 所示的 8 为外测量爪，用于测量工件的外径及长度尺寸。

③具有活动量爪的尺框，如图 2-3 中的 3。尺框上有游标，如图 2-3 中的 7，游标卡尺的游标读数值可制成 0.1 mm，0.05 mm 和 0.02 mm 三种。游标读数值，就是指使用这种游标卡尺测量零件尺寸时，卡尺上能够读出的最小数值。

④在 0～125 mm 的游标卡尺上，还带有测量深度的深度尺，如图 2-3 中的 6。深度尺固定在尺框的背面，能随着尺框在尺身的导向凹槽中移动。测量深度时，应把尺身尾部的端面靠紧在零件的测量基准平面上。

游标卡尺按测量精度可分为 0.10 mm，0.05 mm，0.02 mm 三个量级。按测量尺寸范围有 0～125 mm,0～150 mm,0～200 mm,0～300 mm 等多种规格。使用时根据零件精度要求及零件尺寸大小进行选择。测量读数时,先在游标以左的主尺上读出最大的整毫米数,然后在游标上读出零线到与主尺刻度线对齐的刻度线之间的格数,将格数与 0.02 相乘得到小数,将主尺读出的整数与游标上得到的小数相加就得到测量的尺寸。

例 2.1 用精度为 0.02 mm 的游标卡尺测量零件,游标卡尺的示数如图 2-4 所示,请读出游标卡尺的示数。

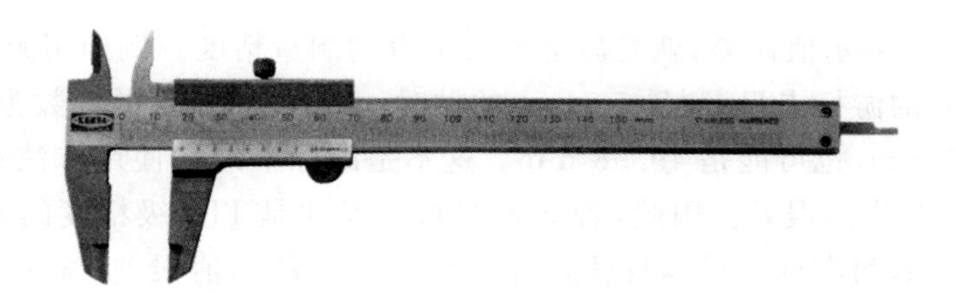

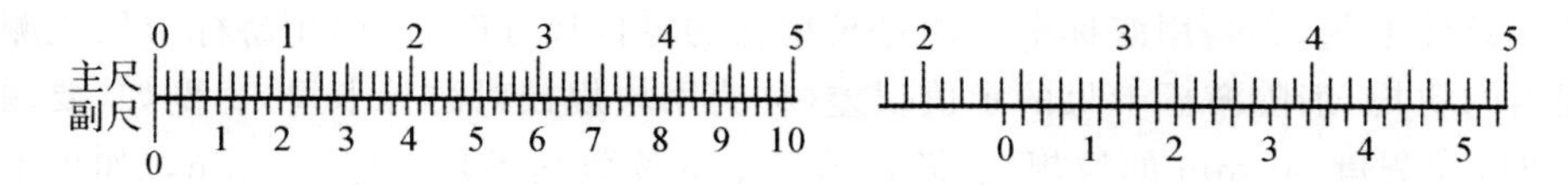

图 2-4 游标卡尺的读数方法

解 在主尺上读出主尺示数 24 mm,观察游标的第 7 小格与主尺对齐,游标读数为 7×0.02 mm,将主尺与游标的读数相加即得零件尺寸。

零件尺寸为

$$24+7\times0.02=24.14\ \text{mm}$$

2.2.2 游标卡尺使用注意事项

使用游标卡尺测量零件尺寸时,必须注意下列几点。

①检查零线。使用前应擦净卡脚,并将两卡脚闭合,检查主、副尺零线是否重合。

②放正卡尺。测量内外圆时,卡尺应垂直于工件轴线,两卡爪应处于直径处。

③用力适当。当卡爪与工件被测量面接触时,用力不能过大,否则会使卡爪变形,加速卡爪的磨损,使测量精度下降。

④防止松动。未读出读数之前游标卡尺离开工件表面,必须先将止动螺钉拧紧。

⑤读数时视线要对准所读刻线并垂直尺面,否则读数不准。

⑥不得用游标卡尺测量毛坯表面和正在运动的工件。

2.2.3 游标卡尺的测量精度

测量或检验零件尺寸时,要按照零件尺寸的精度要求,选用相适应的量具。游标卡尺是一种中等精度的量具,它只适用于中等精度尺寸的测量和检验。用游标卡尺测量锻铸件毛坯或精度要求很高的尺寸,都是不合理的。前者容易损坏量具,后者测量精度达不到要求,因为量具都有一定的示值误差。游标卡尺的示值误差见表 2-1。

表 2-1 游标卡尺示值误差 单位:mm

游标读数值	示值总误差
0.02	±0.02
0.05	±0.05
0.10	±0.10

游标卡尺的示值误差,就是游标卡尺本身的制造精度。例如用游标读数值为 0.02 mm 的 0～125 mm 的游标卡尺,测量 50 mm 的轴时,若游标卡尺上的读数为 50.00 mm,实际直径可能是 50.02 mm,也可能是 49.98 mm。这不是游标卡尺的使用方法有问题,而是它本身制造精度所允许产生的误差。因此,若该轴的直径尺寸是 IT5 级精度的基准轴,则轴的制造公差为 0.025 mm,而游标卡尺本身就有着±0.02 mm 的示值误差,选用这样的量具去测量,显然是无法保证轴径的精度要求的。

如果受条件限制,必须用游标卡尺测量较精密的零件尺寸时,可以用游标卡尺先测量与被测尺寸相当的块规,消除游标卡尺的示值误差(称为用块规校对游标卡尺)。例如,要测量上述 50 mm 轴时,先测量 50 mm 的块规,看游标卡尺上的读数是不是正好 50 mm。如果不是正好 50 mm,而是比 50 mm 大或小的数值,就是游标卡尺的实际示值误差,测量零件时,应把此误差作为修正值考虑进去。例如,测量 50 mm 块规时,游标卡尺上读数为 49.98 mm,即游标卡尺的读数比实际尺寸小 0.02 mm,则测量轴时,应在游标卡尺的读数上加上 0.02 mm,才是轴的实际直径尺寸;若测量 50 mm 块规时的读数是 50.01 mm,则在测量轴时,应在读数上减去 0.01 mm,才是轴的实际直径尺寸。另外,游标卡尺测量时的松紧程度(即测量压力的大小)和读数误差(即看准是哪一根刻线对准)对测量精度影响亦很大。因此,当必须用游标卡尺测量精度要求较高的尺寸时,最好采用和测量相等尺寸的块规相比较的办法。

2.2.4 游标卡尺的保养

使用游标卡尺,除了要遵守测量器具维护保养的一般事项外,还要注意以下几点。

①不准把卡尺的测量尖作划针、圆规或螺钉起子(改锥)使用。

②不准把卡尺当作钩子使用,也不得作为其他工具使用。

③不准把卡尺当卡板使用。

④用完卡尺后,用干净棉丝擦净,放入盒内固定位置,然后存放在干燥、无酸、无振动、无强磁力的地方。没有装盒的卡尺,严禁与其他工具放在一起,以防受压或磕碰而造成损伤。

⑤不准用砂纸、砂布等硬物擦卡尺的任何部位;非专职修理量具人员,不得卸卡尺。

⑥卡尺须实行周期检定。

2.3 百 分 尺

2.3.1 百分尺测量原理

百分尺是微分套筒读数的示值为 0.01 mm 的测量工具,百分尺的测量精度比游标卡尺高，习惯上称之为千分尺。按照用途可分为外径百分尺、内径百分尺和深度百分尺几种，如图2-5所示。

外径百分尺按其测量范围有0～25 mm，25～50 mm，50～75 mm，75～100 mm，100～125 mm等各种规格。外径百分尺的工作原理就是应用螺旋读数机构，它包括一对精密的螺纹——测微螺杆与螺纹轴套和一对读数套筒——固定套筒与微分筒，如图2-5(a)所示。图2-5(b)是外径百分尺的结构示意图。弓形架在左端有固定砧座，右端的固定套筒在轴线方向刻有一条中线(基准线)，上下两排刻线互相错开0.5 mm，形成主尺。微分套筒左端圆周上均布50条刻线，形成副尺。微分套筒和螺杆连在一起，当微分套筒转动一周时，带动测量螺杆沿轴向移动0.5 mm。因此，微分套筒转过一格，测量螺杆轴向移动的距离为0.5÷50＝0.01 mm。当百分尺的测量螺杆与固定砧座接触时，微分套筒的边缘与轴向刻度的零线重合。同时，圆周上的零线应与中线对准。

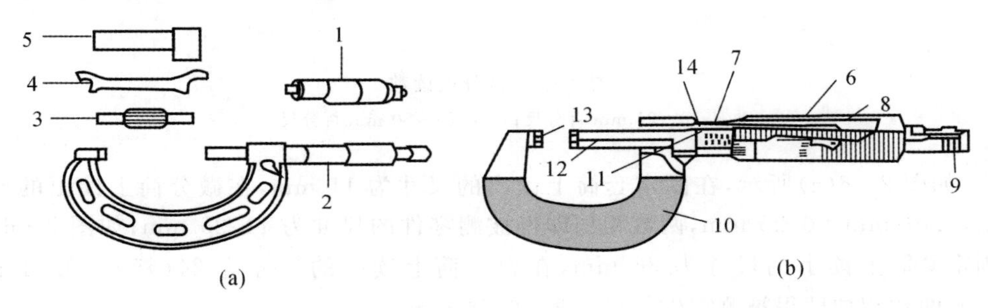

图2-5 百分尺

1—内径百分尺； 2—外径百分尺； 3—标准测量规； 4—专用调整扳手； 5—量杆护架； 6—副尺(外套筒)； 7—板簧； 8—锥形螺母； 9—棘轮保险器； 10—百分尺架； 11—夹子； 12—量杆； 13—测量头； 14—主尺(内套筒)

2.3.2 百分尺的读数方法

用百分尺测量零件的尺寸，就是把被测零件置于百分尺的两个测量面之间。所以两测砧面之间的距离，就是零件的测量尺寸。当测微螺杆在螺纹轴套中旋转时，由于螺旋线的作用，测量螺杆就有轴向移动，使两测砧面之间的距离发生变化。如测微螺杆按顺时针方向旋转一周，两测砧面之间的距离就缩小一个螺距。同理，若按逆时针方向旋转一周，则两砧面的距离就增大一个螺距。常用百分尺测微螺杆的螺距为0.5 mm。因此，当测微螺杆顺时针旋转一周时，两测砧面之间的距离就缩小0.5 mm。当测微螺杆顺时针旋转不到一周时，缩小的距离就小于一个螺距，它的具体数值，可从与测微螺杆结成一体的微分筒的圆周刻度上读出。微分筒的圆周上刻有50个等分线，当微分筒转一周时，测微螺杆就推进或后退0.5 mm，微分筒转过它本身圆周刻度的一小格时，两测砧面之间转动的距离为

$$0.5 \div 50 = 0.01(\mathrm{mm})$$

由此可知，百分尺上的螺旋读数机构，可以正确地读出0.01 mm，也就是百分尺的读数值为0.01 mm。

在百分尺的固定套筒上刻有轴向中线，作为微分筒读数的基准线。另外，为了计算测微螺杆旋转的整数转，在固定套筒中线的两侧，刻有两排刻线，刻线间距均为1 mm，上下两排相互错开0.5 mm。

百分尺的具体读数方法可分为以下三步：

①读出距离微分套筒边缘最近的轴向刻度数(应为 0.5 mm 的整数倍)。

②读出与轴向刻度中线重合的微分套筒周向刻度数值(刻度格数×0.01 mm)。

③将两部分读数相加即为测量尺寸，有

读数＝副尺所指的主尺上整数＋主尺基线所指副尺的格数×0.01

例 2.2　读出如图 2-6 所示百分尺的示数。

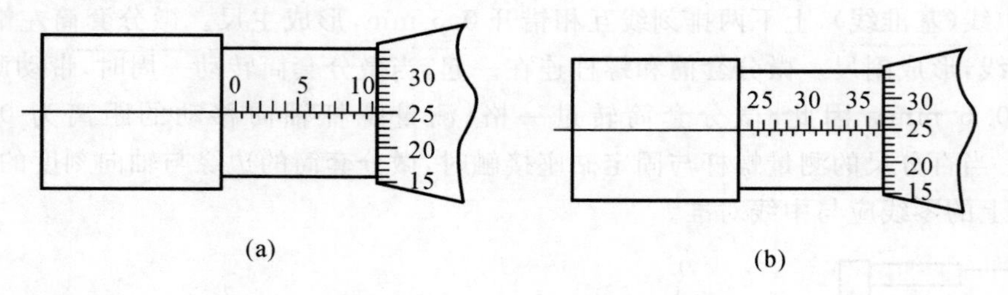

图 2-6　百分尺读数

(a)0～25 mm 百分尺；　(b)25～50 mm 百分尺

解　如图 2-6(a)所示，在固定套筒上读出的尺寸为 11 mm，在微分筒上读出的尺寸为 25(格)×0.01 mm＝0.25 mm，两数相加即得被测零件的尺寸为 11.25 mm；如图 2-6(b)所示，在固定套筒上读出的尺寸为 36 mm，在微分筒上读出的尺寸为 24(格)×0.01 mm＝0.24 mm，两数相加即得被测零件的尺寸为 36.24 mm。

2.3.3　百分尺使用注意事项

百分尺如果使用不妥，零位就要走动，使测量结果不正确。使用百分尺时须注意以下几方面：

①校对零点时，将砧座与螺杆擦拭干净，使它们相接触，看微分套筒圆周刻度零线与中线是否对准。

②测量时，左手握住弓架，用右手旋转微分套筒，当测量螺杆快接近工件时，必须使用右端棘轮(此时严禁使用微分套筒，以防用力过度测量不准或破坏百分尺)以较慢的速度与工件接触。当棘轮发出“嘎嘎”的打滑声时，表示压力合适，应停止旋转。

③从百分尺上读取尺寸，可在工件未取下前进行，读完后松开百分尺，亦可先将百分尺锁紧，取下工件后再读数。

④被测尺寸的方向必须与螺杆方向一致。

⑤百分尺只适用于测量精确度较高的尺寸，不宜用于测量粗糙表面，不能用百分尺测量毛坯表面和运动中的工件。

2.3.4　百分尺的精度及调整

百分尺是一种应用很广的精密量具，按其制造精度可分为 0 级和 1 级两种。0 级的精度较高，1 级次之。百分尺的制造精度主要由其示值误差和测砧面的平面平行度公差的大小来决定，小尺寸百分尺的精度要求见表 2-2。从百分尺的精度要求可知，用百分尺测量IT10～IT6 级精度的零件尺寸较为合适。

表 2-2 百分尺的精度要求

单位:mm

测量上限	示值误差		两侧面平行度	
	0级	1级	0级	1级
15,25	±0.002	±0.004	0.001	0.002
50	±0.002	±0.004	0.001 2	0.002 5
75,100	±0.002	±0.004	0.001 5	0.003

百分尺在使用过程中,由于磨损,特别是使用不妥当时,会使百分尺的示值误差超差,所以应定期进行检查,进行必要的拆洗或调整,以便保持百分尺的测量精度。

1.校正百分尺的零位

百分尺如果使用不妥,零位就要走动,使测量结果不正确,容易造成产品质量事故。因此,在使用百分尺的过程中,应当校对百分尺的零位。所谓"校对百分尺的零位"就是把百分尺的两个测砧面揩干净,转动测微螺杆使它们贴合在一起(这是对0～25 mm的百分尺而言,若测量范围大于0～25 mm时,应在两测砧面间放上校对样棒),检查微分筒圆周上的"0"刻线是否对准固定套筒的中线,微分筒的端面是否正好使固定套筒上的"0"刻线露出来。如果两者位置都是正确的,就认为百分尺的零位是对的,否则就要进行校正,使之对准零位。

如果零位是由于微分筒的轴向位置不准确,如微分筒的端部盖住固定套筒上的"0"刻线,或"0"刻线露出太多,必须进行校正。此时,可用制动器把测微螺杆锁住,再用百分尺的专用扳手,插入测力装置轮轴的小孔内,把测力装置松开(逆时针旋转),微分筒就能进行调整,即轴向移动一点,使固定套筒上的"0"线刚好露出来,同时使微分筒的零线对准固定套筒的中线,然后把测力装置旋紧。

如果零线是由于微分筒的零线没有对准固定套筒的中线,也必须进行校正。此时,可用百分尺的专用扳手,插入固定套筒的小孔内,旋转固定套筒,使之对准零线。

2.调整百分尺的间隙

百分尺在使用过程中,由于磨损等原因,会使精密螺纹的配合间隙增大,从而使示值误差超差,此时必须及时进行调整,以便保持百分尺的精度。

要调整精密螺纹的配合间隙,应先用制动器把测微螺杆锁住,再用专用扳手把测力装置松开,拉出微分筒后再进行调整。在螺纹轴套上,接近精密螺纹一段的壁厚比较薄,且连同螺纹部分一起开有轴向直槽,使螺纹部分具有一定的胀缩弹性。同时,螺纹轴套的圆锥外螺纹上,旋着调节螺母。当调节螺母往里旋入时,因螺母直径保持不变,就迫使外圆锥螺纹的直径缩小,于是精密螺纹的配合间隙就减小了。然后,松开制动器进行试转,看螺纹间隙是否合适。间隙过小会使测微螺杆活动不灵活,可把调节螺母松出一点,间隙过大则使测微螺杆有松动,可把调节螺母再旋紧一点,直至间隙调整好后,再把微分筒装上,对准零位后把测力装置旋紧。

经过上述调整的百分尺,除必须校对零位外,还应当检验百分尺的测量精度,确定百分尺的精度等级后,才能使用。

2.3.5 百分尺的保养

①百分尺要实行周期检定,检定周期长短视使用情况而定。

②不准拿着微分筒快速晃动，以防测微杆加速磨损或两测量面互相猛撞，将螺旋副撞伤。

③不得将百分尺放在潮湿、酸、磁性、高温或振动的地方。

④不准用油石、砂布等硬物擦百分尺的测量面、测微螺杆等部位。

⑤使用百分尺要轻拿轻放，万一掉或摔地上或硬物上，或被撞后，应立即检查百分尺的各部位的相互作用是否符合要求，并校对其"0"位。

⑥不准在百分尺的固定套筒和微分筒之间注入酒精、煤油、柴油、机油或凡士林等，不准把百分尺浸泡在上述油类、水或冷却液中。

⑦使用完百分尺，应用绸或干净的白细布擦净千分尺的测量面和各部位，然后放入盒内保存。如果是比较长的时间不用，应在测量面和测微螺杆上涂防锈油，而且两个测量面不要相互接触。

⑧对于老式结构的百分尺，不准拧后盖，如果后盖松动了，必须校对"0"位后再用。

2.4 其他常用量具

2.4.1 百分表

1.百分表测量原理

百分表是一种指示性量具，主要用于测量制件的尺寸和形状、位置误差等，是一种精度较高的比较测量工具。图2-7所示为百分表的外形图，其构造主要由3个部件组成，分别是表体部分、传动系统和读数装置。

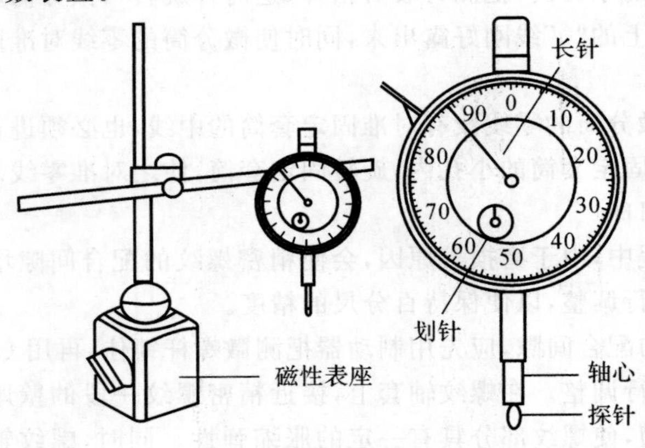

图2-7 百分表

百分表利用齿条齿轮或杠杆齿轮传动，将测杆的直线位移变为指针的角位移的计量器具，表盘上刻有100格刻度，转数指示盘上只刻有10格刻度，当指针转动一格时，相当于测量头向上或向下移动0.01 mm。它只能读出相对的数值，不能测出绝对数值，主要用来检测零件的形状误差和位置误差，也常用于工件装夹时精密找正。百分表的结构较简单，传动机构是齿轮系，外廓尺寸小，重量轻，传动机构惰性小，传动比较大，可采用圆周刻度，并且有较大的测量范围，不仅能作比较测量，也能作绝对测量。

百分表是将被测尺寸引起的测杆微小直线移动，经过齿轮传动放大，变为指针在刻度盘上的转动，从而读出被测尺寸大小的。对百分表读数时，先读小指针转过的刻度线（即毫米整数），再读大指针转过的刻度线（即小数部分），并乘以 0.01，然后两者相加，即得到所测量的数值。

2. 百分表使用注意事项

①使用前，应检查测量杆活动的灵活性。即轻轻推动测量杆时，测量杆在套筒内的移动要灵活，没有任何轧卡现象，每次手松开后，指针能回到原来的刻度位置。

②使用时，必须把百分表固定在可靠的夹持架上，否则容易造成测量结果不准确，或损坏百分表。

③测量时，不要使测量杆的行程超过它的测量范围，也不要用百分表测量表面粗糙度较高或有明显凹凸不平的工件。

④测量平面时，百分表的测量杆要与平面垂直，测量圆柱形工件时，测量杆要与工件的中心线垂直，否则，将使测量杆活动不灵或测量结果不准确。

⑤为方便读数，测量前应让大指针指到刻度盘的零位。

3. 百分表使用的保养

①不使用时，要摘下百分表，使表解除其所有负荷，让测量杆处于自由状态。

②远离液体，不能让冷却液、切削液、水或油与内径百分表接触。

2.4.2 直角尺

直角尺是一种具有至少一个直角和两个或更多直边的量具，用来画或检验直角的工具，亦称“矩尺”，在有些场合还被称为靠尺，简称为角尺，如图 2-8 所示。按材质它可分为铸铁直角尺、镁铝直角尺和花岗石直角尺。它用于检测工件的垂直度及工件相对位置的垂直度，有时也用于划线，适用于机床、机械设备及零部件的垂直度检验、安装加工定位、划线等，是机械行业中的重要测量工具。

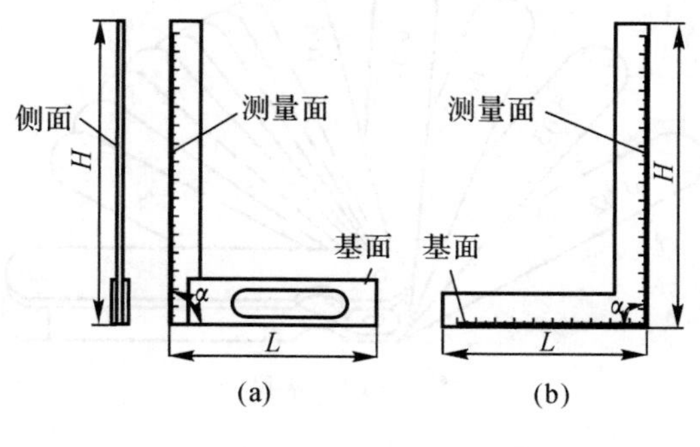

图 2-8 直角尺

1. 直角尺使用方法

直角尺使用方法可分为单手执尺法和双手执尺法，如图 2-9 所示。

(1)单手执尺法

小于 200 mm 直角尺，用单手执尺。左面接触测量时用左手，右面接触测量时用右手，如图 2-9(a)所示。拇指和四指分开握住尺座，食指压在尺座上面的中部。拇指用力将尺座侧面靠紧支撑条板，食指施加压力，使尺座底面贴紧基座基面，其作用是保持直角尺工作面处于正确测量位置。轻轻用力推，使直角尺工作面与固定支撑测头接触。

(2)双手执尺法

大于 200 mm 直角尺，单手执尺不易掌握，可用双手执尺，如图 2－9(b)所示。一手于直角尺的尺座末端，食指压在尺座上面；另一手四指和拇指分开，压住尺座的前端；两手拇指使尺座侧面靠紧支撑条板，前端手用力使直角尺测量面与固定支撑测头接触。

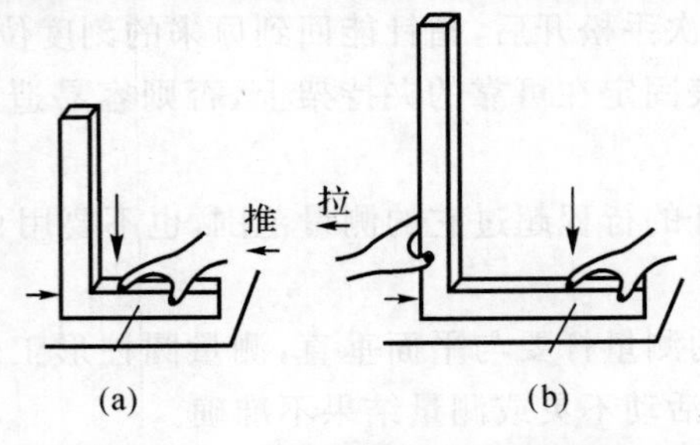

图 2－9　直角尺使用方法示意图

2. 直角尺注意事项

操作中应保证执尺方法的正确性。使用中要轻拿轻放直角尺。在搬运中，不许提着直角尺的长边或短边，而应该是一只手托住短边，一只手扶长边。用毕应擦净直角尺放入盒内保存，如果不装盒，则放在平板上，但不得倒放。

2.4.3　塞尺

塞尺是由一组具有不同厚度级差的薄钢片组成的量规，是如图 2－10 所示。塞尺用于测量间隙尺寸，在检验被测尺寸是否合格时，可以用通止法判断，也可由检验者根据塞尺与被测表面配合的松紧程度来判断。

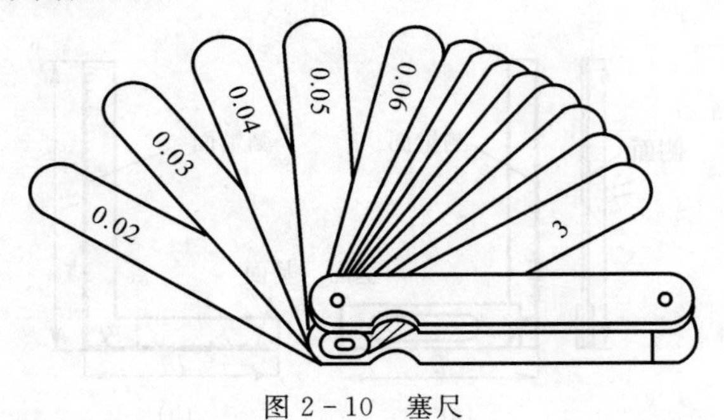

图 2－10　塞尺

塞尺一般用不锈钢制造，最薄的为 0.02 mm，最厚的为 3 mm。自 0.02～0.1 mm 间，各钢片厚度级差为 0.01 mm；自 0.1～1 mm 间，各钢片的厚度级差一般为 0.05 mm；自 1 mm 以上，钢片的厚度级差为 1 mm。

1. 塞尺测量原理

塞尺又称测微片或厚薄规，是用于检验间隙的测量器具之一，横截面为直角三角形，在斜边上有刻度，利用锐角正弦直接将短边的长度表示在斜边上，这样就可以直接读出缝的大小了。塞尺使用前必须先清除塞尺和工件上的污垢与灰尘。使用时可用一片或数片重叠插入间隙，以稍感拖滞为宜。测量时动作要轻，不允许硬插，也不允许测量温度较高的零件。

2.塞尺使用方法及注意事项

使用塞尺前需先清除尺片和测件表面上的灰尘和污垢，检查尺片是否有锈蚀、折痕等外部缺陷。使用时，要先用较薄的尺片插入被测件缝隙内试塞，如果仍有缝隙，就更换较厚的尺片依次试塞，直到尺片塞进手感正好为止，这时塞尺片的厚度就是被测件的缝隙值。如果找不到合适厚度的尺片，也可以将几片塞尺叠放在一起来使用，那么被测间隙就是各片塞尺的尺寸之和，但这样检测带来的误差较大，所以要根据工件表面的间隙情况选择塞尺片数，即尺片数量越少越好。由于塞尺是由不同厚度的尺片组成的，在使用时不能用力太大，特别是较薄的尺片，使用时一定要注意，避免尺片遭受弯曲或折断而造成损坏。此外，不能在温度较高的情况下进行测量，避免热胀冷缩造成测量结果不准确。

2.4.4 量规

量规是不能指示量值，只能根据与被测件的配合间隙、透光程度或者能否通过被测件等来判断被测长度是否合格的长度测量工具。量规控制的是尺寸或规格的上下限，一般包含全部的公差带。

1.量规测量原理

量规结构简单，通常为具有准确尺寸和形状的实体，如圆锥体、圆柱体、块体平板、尺和螺纹件等。常用的量规有量块、角度量块、多面棱体、正弦规、直尺、平尺、平板、塞尺、平晶和极限量规等。

2.量规使用方法

用量规检验工件通常有通止法、着色法、光隙法和指示表法。

(1)通止法

利用量规的通端和止端来控制工件尺寸，使之不超出公差带。如测量孔径时，若光滑塞规的通端通过而止端不通过，则孔径是合格的。利用通止法检验的量规也称极限量规，常见的极限量规还有螺纹塞规、螺纹环规和卡规等。

(2)着色法

在量规工作表面上薄薄涂上一层适当的颜料(如普鲁士蓝或红丹粉)，然后用量规表面与被测表面研合。被测表面的着色面积大小和分布不均匀程度表示其误差。例如用圆锥量规检验机床主轴锥孔和用平尺检验机床导轨直线度等。

(3)光隙法

使被测表面与量规的测量面接触，后面放光源或采用自然光。当间隙小至一定程度时，光学衍射现象使透光成为有色光，间隙小至 0.5 μm 时还能看到透光。根据透光的颜色可判断间隙大小。间隙大小和不均匀程度即表示被测尺寸、形状或位置误差的大小，例如，用直尺检验直线度，用角尺和平板检验垂直度等。

(4)指示表法

利用量规的准确几何形状与被测几何形状比较，以百分表或测微仪等指示被测几何形状误差。例如用平板和百分表等测量尺形工件的直线度等。

3.量规注意事项

量规是一种精密测量器具，使用过程中要与工件多次接触，要保持量规的精度和提高检验结果的可靠性,必须合理正确地使用量规。

1)使用前,要认真地进行检查。

①检查量规有没有检定合格的标记或其他证明。

②核对图纸,看这个量规是不是与要求的检验尺寸和公差相符,以免发生差错。

③还要检查量规的工作表面上是否有锈斑、划痕和毛刺等缺陷,因为这些缺陷容易引起被检验工件表面质量下降,特别是公差等级和表面粗糙度较高的有色金属工件更为突出。

④检查量规测头与手柄连接是否牢固可靠。

⑤最后,检查工件的被检验部位(特别是内孔),是否有毛刺、凸起、划伤等缺陷。

2)使用前,要用清洁的细棉纱或软布,把量规的工作表面擦干净,允许在工作表面上涂一层薄油,以减少磨损。

3)使用前,要辨别哪是通端,哪是止端。

4)使用时,量规的正确操作方法可归纳为"轻""正""冷""全"4 个字。

①轻,就是使用量规时要轻拿轻放,稳妥可靠;不能随意丢掷;不要与工件碰撞,工件放稳后再来检验;检验时要轻卡轻塞。

②正,就是用量规检验时,位置必须放正,不能歪斜。

③冷,就是当被检工件与量规温度一致时才能进行检验,精密工件应与量规进行等温测量。

④全,就是用量规检验工件要全面,这样才能得到正确可靠的检验结果。

5)量规的通端要通过每一个合格的工件,其测量面经常磨损,因此,量规需要定期检定。

6)当机床上装夹的工件还在运转时,不能用量规去检验。

7)不要用量规去检验表面粗糙和不清洁的工件。

2.4.5 水平仪

水平仪主要用来检验平面对水平或垂直的误差,也可用来检验机床导轨的直线度误差、机件相互平行表面间的平行度误差、相互垂直表面间的垂直度误差以及机件上的微小倾角等。

水平仪有条式水平仪、框式水平仪以及比较精密的电子式水平仪等。常用的一般是框式水平仪。

1. 框式水平仪

框式水平仪有 150 mm×150 mm,200 mm×200 mm 和 300 mm×300 mm 等几种规格,其分度值有 0.4 mm/1 000 mm,0.02 mm/1 000 mm 及 0.01 mm/1 000 mm 等几种,通常用的是 200 mm×200 mm、分度值为 0.02 mm/1 000 mm 的框式水平仪。

框式水平仪由框架和水准器(封闭玻璃管)组成。框架的测量面上制有 V 形槽,便于测量圆柱形零件,如图 2-11(a)所示。

玻璃管内壁应成一定曲率半径的弧状,内装酒精等流动性较好的液体,并留有一定长度的气泡。水平仪的读数是以气泡偏移一格,表面所倾斜的角度 φ(或气泡偏移一格,表面在 1 m 内倾斜的高度差 Δh)来表示。

若把 0.02 mm/1 000 mm 的水平仪放在 1 000 mm 长的直尺上,把直尺一端垫高 0.02 mm,即相当于水平仪回转角度为 $\varphi=4''$,这时水平仪气泡便移动一格,如图 2-11(b)所示。如果水平仪放在 200 mm 长的垫板上,其一端垫高 0.004 mm,则水平仪的回转角度同样

也为 $\varphi=4''$，此时气泡也移动一格。因此如果两点间距离不等于 1 000 mm 就应该进行换算，其公式为

$$\Delta h=L\alpha$$

式中 Δh—— 水平仪移动一格时两支点在垂直面内的绝对值(mm)；

L—— 支点距离(mm)；

α—— 水平仪分度值(0.02 mm/1 000 mm)。

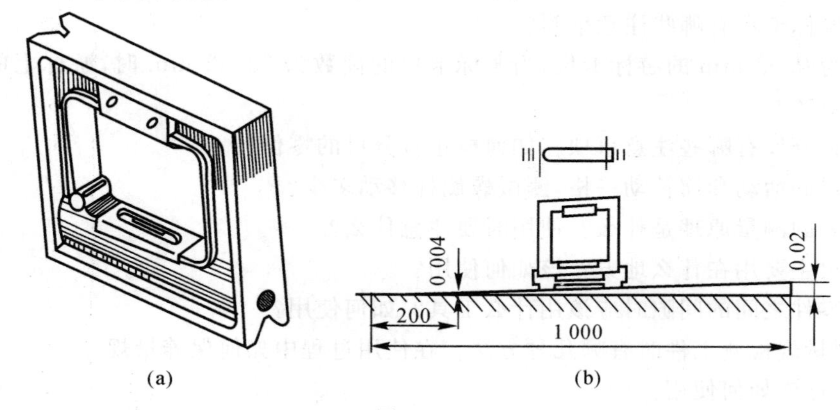

图 2-11

(a)框式水平仪；(b)水平仪刻线原理

例 2.3 将一分度值为 0.02 mm/1 000 mm 的水平仪放在长度为 800 mm 直尺上，要使水平仪气泡移动一格，那么在直尺一端应垫多少高度？

解 $\Delta h=L\alpha=800\times\dfrac{0.02}{1\ 000}=0.016$ mm。

水平仪的使用方法如下：

①根据被测量精度要求，选用合适的水平仪。因为水平仪的精度越高，稳定气泡的时间越长，成本也越高，且需要精心维护。

②测量前，应仔细擦净表面，并检查被测表面有无毛刺，发现毛刺用磨石或者锉刀打磨。

③为减少水平仪测量面的磨损，不可将水平仪在被测表面上拖动，最好将水平仪放置在特定的垫板上使用。

④尽量避免过冷和过热，不允许有任何撞击。

2. 电子式水平仪

电子式水平仪是具有一个基座测量面，以电容摆的平衡原理测量被测面相对水平面微小倾角的测量器具，如图 2-12 所示。它主要用来测量高精度的工具机，如 NC 车床、铣床、切削加工机、三次元量床等床面，其灵敏度非常高，若以测量时可左右偏移 25 刻度计算，测量工件只可在一定的倾斜范围内测量。

图 2-12 电子式水平仪

电子式水平仪原理有电感式和电容式两种。根据测量方向不同还可分为一维和二维电子

式水平仪。

复习思考题

1. 常用的量具有哪几种？常用的量具刻度和读数原理有何异同？

2. 钢尺在测量工件时有何优点？

3. 使用游标卡尺有哪些注意事项？

4. 精度为0.02 mm的游标卡尺，当游标卡尺的读数为30.42 mm时，游标上的第几小格与主尺刻线对齐？

5. 使用百分尺有哪些注意事项？如何校正百分尺的零位？

6. 百分尺的活动套筒转动一格，测微螺旋杆移动多少？

7. 百分表的测量原理是什么？使用时要注意什么？

8. 直角尺主要用在什么地方？该如何使用？

9. 检测零件之间的间隙时应该用什么工具？如何使用？

10. 使用量规检测工件时有哪几种方法？在使用过程中如何保养量规？

11. 水平仪该如何使用？

第3章 车削加工

金属切削机床是机械制造业的主要加工设备之一，在机械加工行业中车床被认为是所有设备的工作“母机”。1797年，英国机械发明家莫兹利创制了用丝杠传动刀架的现代车床，并于1800年采用交换齿轮，可改变进给速度和被加工螺纹的螺距。1817年，另一位英国人罗伯茨采用了四级带轮和背轮机构来改变主轴转速。为了提高机械化自动化程度，1845年，美国的菲奇发明了转塔车床。1848年，美国又出现了回轮车床。1873年，美国的斯潘塞制成一台单轴自动车床，不久他又制成三轴自动车床。20世纪初出现了由单独电机驱动的带有齿轮变速箱的车床。第一次世界大战后，由于军火、汽车和其他机械工业的需要，各种高效自动车床和专门化车床迅速发展。为了提高小批量工件的生产率，20世纪40年代末，带液压仿形装置的车床得到推广，与此同时，多刀车床也得到发展。20世纪50年代中，发展了带穿孔卡、插销板和拨码盘等的程序控制车床。数控技术于20世纪60年代开始用于车床，20世纪70年代后得到迅速发展。

3.1 车削概述

3.1.1 车床在机械加工中的地位和作用

在车床上，工件作旋转运动，刀具作平面或曲线运动，完成机械零件切削加工的过程，称为车削加工。常见的机械零件，其表面形状大多是由直线、折线、曲线绕某一周线旋转而成的旋转表面，因此，车削加工是切削加工中最基本、最常见的加工方法。车削加工所用的车床种类很多，主要有卧式车床、立式车床、转塔车床、仿形车床、自动车床、数控车床及各种专用车床，其中卧式车床是最常用的一种车床，其工艺范围很广，能进行多种表面的加工。各类车床也约占金属切削机床总数的一半，其在生产中占有重要的地位。

3.1.2 车床加工范围

车削加工既适合于小批量零件的加工生产，又适合于大批零件的生产，主要用来加工各种回转表面，如内、外圆柱面，内、外圆锥面，端面，内、外沟槽，内、外螺纹，内、外成形表面，可进行丝杠、钻孔、扩孔、铰孔、镗孔、攻丝、套丝、滚花等，切削过程平稳，如图3-1所示。

3.1.3 车床加工精度及表面粗糙度

车削加工的尺寸精度较宽，一般可达IT12～IT7，精车时可达IT6～IT5。表面粗糙度 R_a（轮廓算术平均高度）数值的范围一般是6.3～0.8 μm。尤其对不宜磨削的有色金属进行精车加工，可获得更高的尺寸精度和更小的表面粗糙度。常用车削精度与相应表面粗糙度值见表3-1。

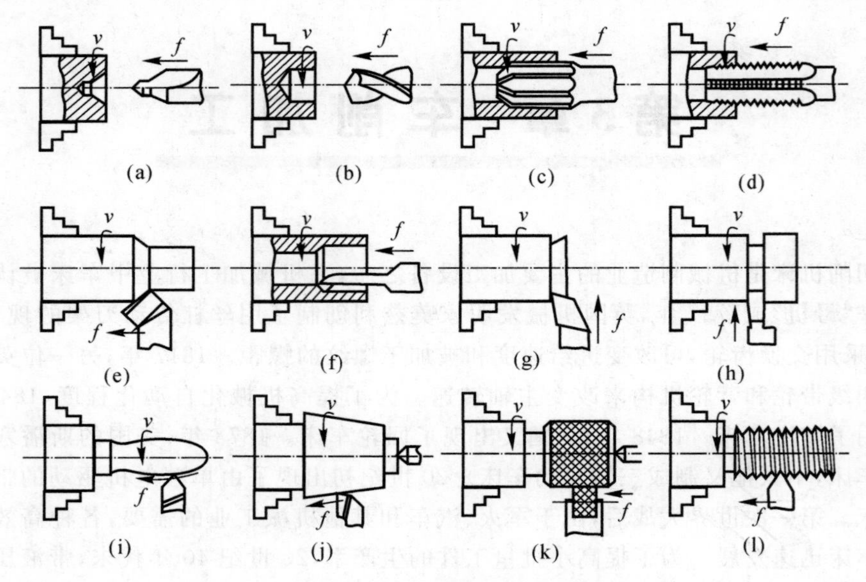

图 3-1 车床加工范围

(a)钻中心孔；(b)钻孔；(c)铰孔；(d)攻螺纹；(e)车外圆；(f)镗孔；(g)车端面；(h)切槽；(i)车成形面；(j)车锥面；(k)滚花；(l)车螺纹

表 3-1 常用车削精度与相应表面粗糙度值

加工类别	加工精度	相应表面粗糙度值 $R_a/\mu m$	标注代号	表面特征
粗车	IT12	25～50	50/25 ▽	可见明显刀痕
	IT11	12.5	12.5 ▽	可见刀痕
半精车	IT10	6.3	6.3 ▽	可见加工痕迹
	IT9	3.2	3.2 ▽	微见加工痕迹
精车	IT8	1.6	1.6 ▽	不见加工痕迹
	IT7	0.8	0.8 ▽	可辨加工痕迹方向
粗细车	IT6	0.4	0.4 ▽	微辨加工痕迹方向
	IT5	0.2	0.2 ▽	不辨加工痕迹

3.1.4　机床切削运动

在切削过程中，为了切除多余的金属，必须使工件和刀具作相对运动，机床切削运动是由刀具和工件作相对运动而实现的。按切削运动所起作用可分为三类，主运动（图 3－2 中的 v）、进给运动（图 3－2 中的 f）和辅助运动。

1. 主运动

直接切除工件上的切削层，使之转变为切屑，从而形成新表面的运动称为主运动。主运动是切除工件切屑形成新表面必不可少的基本运动，其速度最高，消耗功率最多。切削加工的主运动只能有一个。车削时，工件的旋转运动为主运动，如图 3－2 中 v。

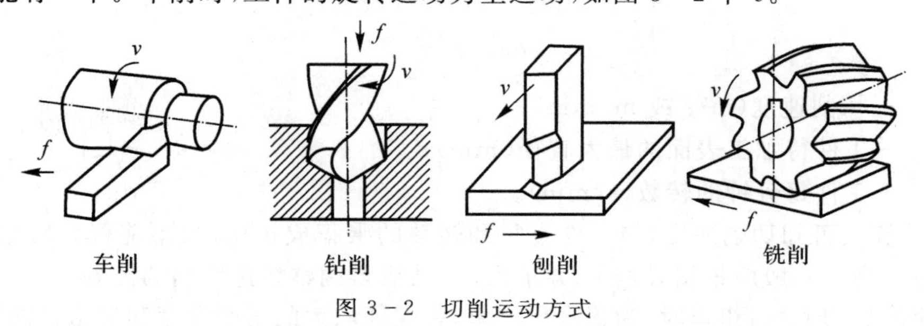

图 3－2　切削运动方式

2. 进给运动

在切削运动中，能使新的切削层不断地投入切削的运动称为进给运动。进给运动使切削层间断或连续投入切削，从而加工出完整表面，其速度小，消耗功率少。进给运动有一个或几个。车削时，刀具的纵向、横向和斜向运动统称为进给运动，如图 3－2 中 f。

3. 辅助运动

为切削创造条件的运动，称为辅助运动，如进刀、退刀、回程等。在通常情况下，往往使切削运动重复多次才能得到所需要的精度尺寸。为了重复切削运动，刀具返回和快速靠近工件等，这些都是辅助运动。

3.1.5　切削时产生的表面

在切削运动作用下，工件上的切削层不断地被刀具切削并转变为切屑，从而加工出所需要的工作新表面。因此，工件在切削过程中形成了 3 个不断变化着的表面，如图 3－3 所示。

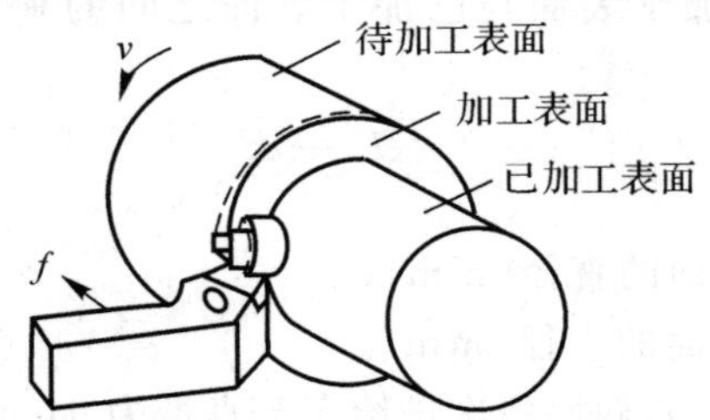

图 3－3　车削时形成的 3 个表面

①待加工表面——工件上即将被切去切屑的表面。

②已加工表面——工件上已切去切屑的表面。

③加工表面——工件上正被刀刃切削的表面。

3.1.6 切削用量

切削用量包括切削速度、进给量和背吃刀量(切削深度),俗称切削三要素。它们是表示主运动和进给运动最基本的物理量,是切削加工前调整机床运动的依据,并对加工质量、生产率及加工成本都有很大影响,合理地选择切削用量能有效地提高生产率。

1.切削速度 v_c

它是指在单位时间内,工件与刀具沿主运动方向的最大线速度。车削时的切削速度由下式计算:

$$v_c = \frac{\pi d n}{1\ 000}$$

式中 v_c—— 切削速度(m/s 或 m/min);

d—— 工件待加工表面的最大直径(mm);

n—— 工件每分钟的转数(r/min)。

由 v_c 计算式可知切削速度,与工件直径和转数的乘积成正比,故不能仅凭转数高就误认为是切削速度高。一般应根据 d 与 n,并求出 v_c,然后再调整转速手柄的位置。

切削速度选用原则:粗车时,为提高生产率,在保证取大的切削深度和进给量的情况下,一般选用中等或中等偏低的切削速度,如取 50～70 m/min(切钢),或 40～60 m/min(切铸铁);精车时,为避免刀刃上出现积屑瘤而破坏已加工表面质量,切削速度取较高(100 m/min 以上)或较低(6 m/min 以下),但采用低速切削生产率低,只有在精车小直径的工件时采用,一般用硬质合金车刀高速精车时,切削速度取 100～200 m/min(切钢)或 60～100 m/min(切铸铁)。初学者对车床的操作不熟练,不宜采用高速切削。

2.进给量 f

它是指在主运动的一个循环(或单位时间)内,车刀与工件之间沿进给运动方向上的相对位移量,又称走刀量,其单位为 mm/r,即工件转一转,车刀所移动的距离。

进给量选用原则:粗加工时可选取适当大的进给量,一般取 0.15～0.4mm/r;精加工时,采用较小的进给量可使已加工表面的残留面积减少,有利于提高表面质量,一般取 0.05～0.2mm/r。

3.背吃刀量(切削深度)a_p

车削时,切削深度是指待加工表面与已加工表面之间的垂直距离,又称吃刀量,单位为 mm,其计算式为

$$a_p = \frac{d_w - d_m}{2}$$

式中 d_w—— 工件待加工表面的直径(mm);

d_m—— 工件已加工表面的直径(mm)。

如已知工件直径为 100 mm,现用一次进给车至直径为 94 mm,其背吃刀量为

$$a_p = \frac{d_w - d_m}{2} = (100 - 94)/2 = 3\ \text{mm}$$

切削深度选用原则:粗加工应优先选用较大的切削深度,一般可取 2～4mm;精加工时,选择较小的切削深度对提高表面质量有利,但过小又使工件上原来凹凸不平的表面可能没有完

全切除掉而达不到满意的效果，一般取0.3～0.5mm（高速精车）或0.05～0.10mm（低速精车）。

影响切削用量选择的重要因素，与被加工工件上的3个表面有关，即已加工表面、过渡表面（加工表面）和待加工表面。选择时要考虑这3个表面的加工要求，然后确定加工性质是采用粗加工还是精加工。

粗加工时，若是快速切除工件上多余的坯料，并留出一定用量的话，应优先考虑采用大的背吃刀量（切削深度），然后是大的进给量，最后选取一定的切削速度，从而保证获得较大的切削效率。

粗车时的切削用量：背吃刀量为2～4 mm；进给量为0.15～0.40 mm/r；用硬质合金车刀加工钢料时，切削速度取50～70 m/min，加工铸铁时，切削速度取40～60 m/min。

精加工时应当考虑到保证工件的尺寸精度和表面粗糙度符合图纸要求。因此，选择切削用量时应采取较大的切削速度，然后以较小的进给量和背吃刀量（切削深度）进行车削，以获得良好的表面加工精度和质量。

3.1.7　车床种类及编号

车床的种类很多，最常用的为卧式车床、立式车床（见图3-4）和数控车床（见图3-5）。

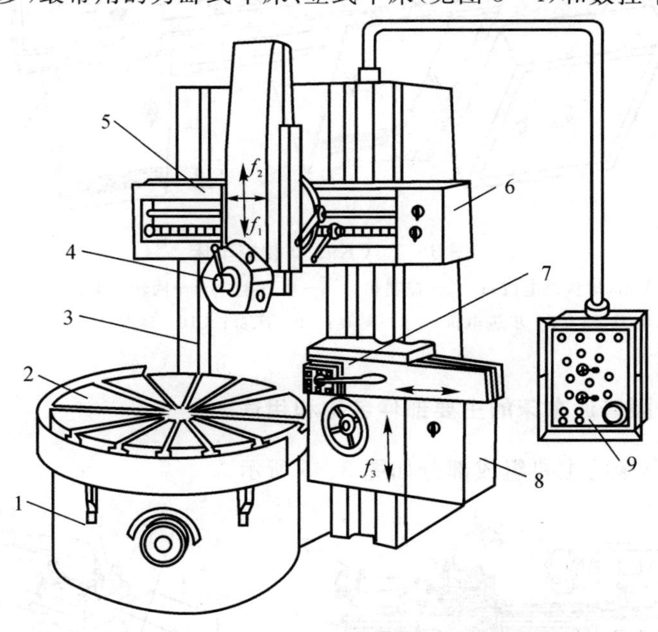

图3-4　立式车床

1—底座；　2—工作台；　3—立柱；　4—垂直刀架；　5—横梁；　6—刀架进给箱；　7—侧刀架；　8—侧刀架进给箱；　9—控制箱

根据国际规定，车床编号均采用汉语拼音字母和阿拉伯数字按一定规则组合编码，以表示机床的类型和主要规格。例如在C6132，C616车床型号中，其字母与数字有以下含义。

“C”为“车”字的汉语拼音的第一个字母，直接读音为“车”。

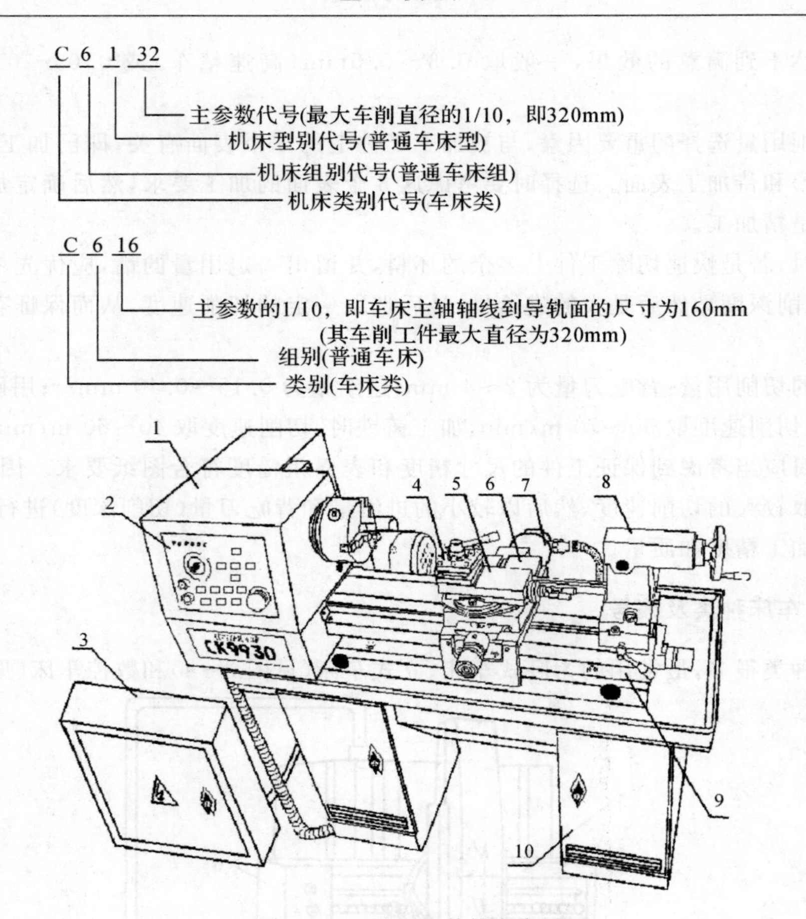

图 3-5 CK9930 数控车床

1—床头箱(附步进电机)； 2—控制箱； 3—电气柜； 4—回转刀架； 5—小刀架；
6—中刀架； 7—步进电机； 8—尾架； 9—床身； 10—床脚

3.1.8 C6132 型普通车床的主要部件名称和用途

C6132 型普通车床的主要组成部分如图 3-6 所示。

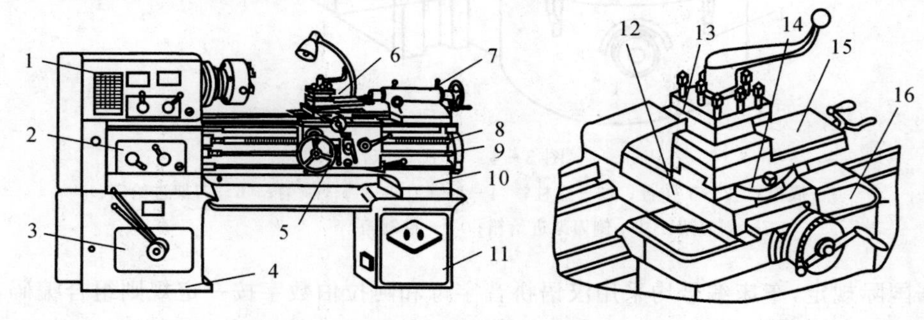

图 3-6 C6132 普通车床

1—床头箱； 2—进给箱； 3—变速箱； 4—前床脚； 5—溜板箱； 6—刀架；
7—尾架； 8—丝杠； 9—光杠； 10—床身； 11—后床脚； 12—中刀架；
13—方刀架； 14—转盘； 15—小刀架； 16—大刀架

1. 床头箱

床头箱又称主轴箱，内装有主轴和变速机构。变速是通过改变设在床头箱外面的手柄位置，可使主轴获得12种不同的转速（45～1 980 r/min）。主轴是空心结构，能通过长棒料，棒料能通过主轴孔的最大直径是29 mm。主轴的右端有外螺纹，用以连接卡盘、拨盘等附件。主轴右端的内表面是莫氏5号的锥孔，可插入锥套和顶尖，当采用顶尖并与尾架中的顶尖同时使用安装轴类工件时，其两顶尖之间的最大距离为750 mm。床头箱的另一重要作用是将运动传给进给箱，并可改变进给方向。

2. 进给箱

进给箱又称走刀箱，它是进给运动的变速机构。它固定在床头箱下部的床身前侧面。变换进给箱外面的手柄位置，可将床头箱内主轴传递下来的运动转为进给箱输出的光杠或丝杠获得不同的转速，以改变进给量的大小或车削不同螺距的螺纹。其纵向进给量为0.06～0.83 mm/r，横向进给量为0.04～0.78 mm/r，可车削17种公制螺纹（螺距为0.5～9 mm）和32种英制螺纹（每英寸2～38牙）。

3. 变速箱

变速箱安装在车床前床脚的内腔中，并由电动机（4.5 kW，1 440 r/min）通过联轴器直接驱动变速箱中齿轮传动轴。变速箱外设有两个长的手柄，分别移动传动轴上的双联滑移齿轮和三联滑移齿轮，可共获6种转速，通过皮带传动至床头箱。

4. 溜板箱

溜板箱又称拖板箱，它是进给运动的操纵机构。它使光杠或丝杠的旋转运动，通过齿轮和齿条或丝杠和开合螺母，推动车刀作进给运动。溜板箱上有3层滑板，当接通光杠时，可使床鞍带动中滑板、小滑板及刀架沿床身导轨作纵向移动，中滑板可带动小滑板及刀架沿床鞍上的导轨作横向移动，故刀架可作纵向或横向直线进给运动。当接通丝杠并闭合开合螺母时，可车削螺纹。溜板箱内设有互锁机构，使光杠、丝杠两者不能同时使用。

5. 刀架

它用来装夹车刀，并可作纵向、横向及斜向运动。刀架是多层结构，它由下列部分组成。

(1)大刀架

它与溜板箱牢固相连，可沿床身导轨作纵向移动。

(2)中刀架

它装置在大刀架顶面的横向导轨上，可作横向移动。

(3)转盘

它固定在中刀架上，松开紧固螺母后，可转动转盘，使它和床身导轨成一个所需要的角度，而后再拧紧螺母，以加工圆锥面等。

(4)小刀架

它装在转盘上面的燕尾槽内，可作短距离的进给移动。

(5)方刀架

它固定在小刀架上，可同时装夹四把车刀。松开锁紧手柄，即可转动方刀架，把所需要的车刀更换到工作位置上。

6. 尾架

它用于安装后顶尖，以支持较长工件进行加工，或安装钻头、铰刀等刀具进行孔加工。偏移尾架可以车出长工件的锥体。尾架的结构由下列部分组成。

(1)套筒

其左端有锥孔,用以安装顶尖或锥柄刀具。套筒在尾架体内的轴向位置可用手轮调节,并可用锁紧手柄固定。将套筒退至极右位置时,即可卸出顶尖或刀具。

(2)尾架体

它与底座相连,当松开固定螺钉时,拧动螺杆可使尾架体在底板上作微量横向移动,以便使前后顶尖对准中心或偏移一定距离车削长锥面。

(3)底板

它直接安装于床身导轨上,用以支撑尾架体。

7. 光杠与丝杠

光杠用于一般车削,丝杠用于车螺纹,其主要作用是将进给箱的运动传至溜板箱。

8. 床身

它是车床的基础件,用来连接各主要部件并保证各部件在运动时有正确的相对位置。在床身上有供溜板箱和尾架移动用的导轨。

9. 前床脚和后床脚

它们是用来支撑和连接车床各零部件的基础构件,床脚用地脚螺栓紧固在地基上。车床的变速箱与电机安装在前床脚内腔中,车床的电气控制系统安装在后床脚内腔中。

3.1.9 机床附件及工件的安装

为了满足机床上加工工件的不同工艺要求,正确地安装工件是必需的。工件安装的主要任务是使工件准确定位及夹持牢固,并使加工表面的中心线与车床主轴的中心线重合。由于各种工件的形状和大小不同,所以有各种不同的安装方法。车床上常用的装夹附件有三爪卡盘、四爪卡盘、顶尖、中心架、花盘、心轴和弯板等。

1. 用三爪卡盘装夹工件

三爪卡盘是车床最常用的附件,如图 3-7 所示。三爪卡盘上的 3 个爪是同时动作的,可以达到自动定心兼夹紧的目的,其装夹操作方便,但定心精度不高,工件上同轴度要求较高的表面,应尽可能在一次装夹中车出。三爪卡盘传递的扭矩不大,故适用于夹持圆柱形、六角形等中小工件。当安装直径较大的工件时,可使用“反爪”进行装夹。

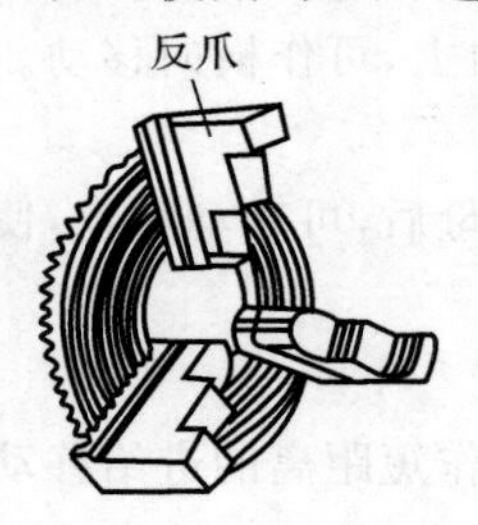

图 3-7 三爪卡盘

2. 用四爪卡盘装夹工件

四爪卡盘也是车床常用的附件,如图 3-8 所示,四爪卡盘上的 4 个爪分别通过转动螺杆而实现单动。根据加工的要求,利用划针盘校正后,安装精度比三爪卡盘高,四爪卡盘的夹紧力大，适用于夹持较大的圆柱形工件或形状不规则的工件。

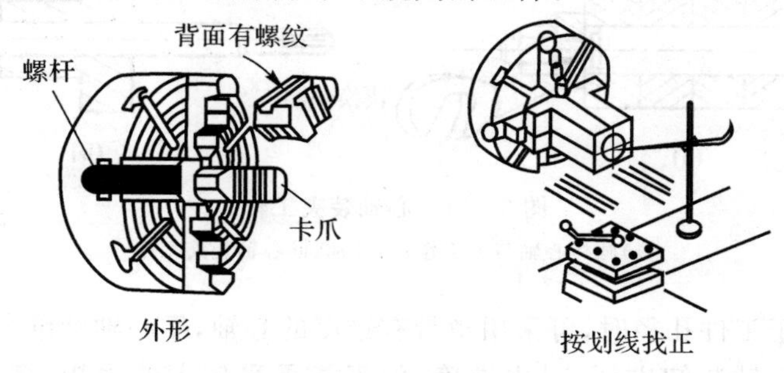

图 3-8　四爪卡盘

3. 用顶尖装夹工件

常用的顶尖有死顶尖和活顶尖两种，如图 3-9 所示。

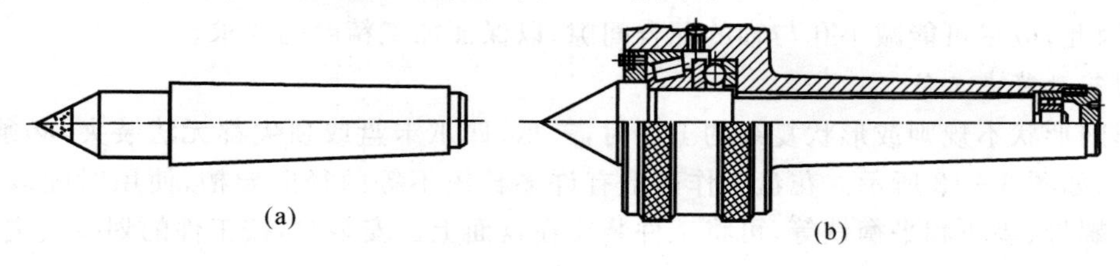

图 3-9　顶尖

(a)死顶尖；(b)活顶尖

4. 工件在两顶尖之间的安装

较长或加工工序较多的轴类工件，为保证工件同轴度要求，常采用两顶尖的装夹方法，如图 3-10(a)所示。工件支撑在前、后两顶尖间，由卡箍、拨盘带动旋转。前顶尖装在主轴锥孔内，与主轴一起旋转。后顶尖装在尾架锥孔内固定不转，有时亦可用三爪卡盘代替拨盘，如图 3-10(b)所示。此时前顶尖用一段钢棒车成，夹在三爪卡盘上，卡盘的卡爪通过鸡心夹头带动工件旋转。

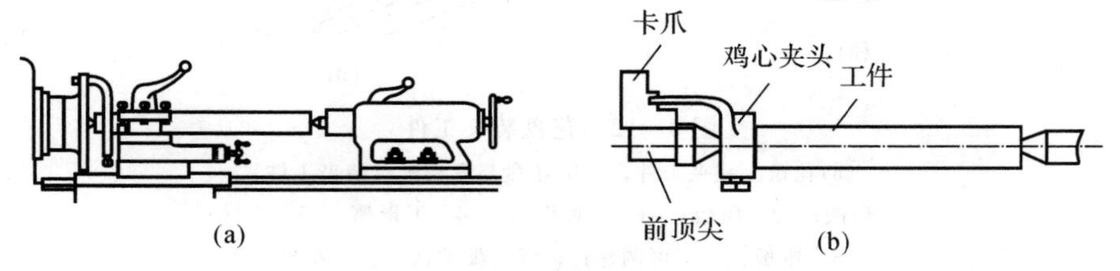

图 3-10　两顶尖安装工件

(a)用拨盘两顶尖安装工件；(b)用三爪卡盘代替拨盘安装工件

5. 用心轴装夹工件

盘套类零件的外圆、孔一般有同轴度要求，与断面有垂直度要求。这就需要加工时在一次装夹中完成全部加工工序。此种情况下应先加工孔，然后以孔定位，安装在心轴上，再一起安装在两顶尖上进行外圆和端面的加工。

根据工件的形状、尺寸精度要求，应采用不同结构的心轴，常用的有锥度心轴和圆柱心轴，如图 3-11 所示。

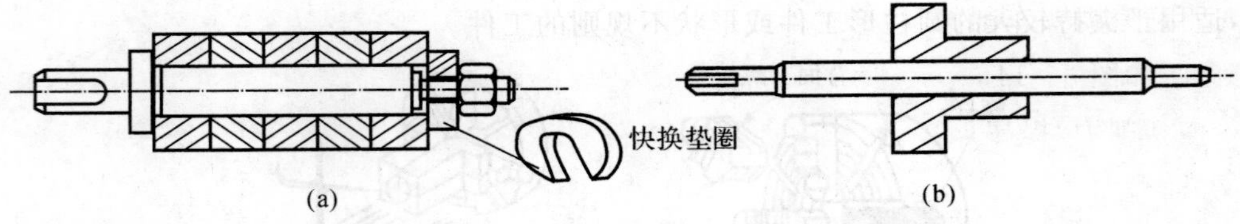

图 3-11 心轴装夹工作

(a)圆柱心轴装夹工作；(b)圆锥心轴装夹工作

当工件长度大于工件孔径时，可采用稍带有锥度的心轴，靠心轴圆锥表面与工件的变形来将工件夹紧。这种心轴装卸方便，对中准确，但不能承受较大的力矩，多用于精加工盘套类零件。

当工件长度比孔径小时，常用圆柱心轴。工件左端紧靠心轴的台阶，右端右螺母及垫圈压紧，因此夹持力较大，多用于加工盘类零件。由于零件孔与心轴之间有一定的配合间隙，对中性较差，因此，应尽可能减小孔与轴的配合间隙，以保证加工精度的要求。

6. 用花盘装夹工件

在车削形状不规则或形状复杂的工件时，三爪、四爪卡盘或顶尖都无法装夹，必须用花盘进行装夹，如图 3-12 所示。花盘工作面上有许多长短不等的径向导槽，使用时配以角铁、压块、螺栓、螺母、垫块和平衡铁等，可将工件装夹在盘面上。安装时，按工件的划线痕进行找正，同时要注意重心的平衡，以防止旋转时产生振动。

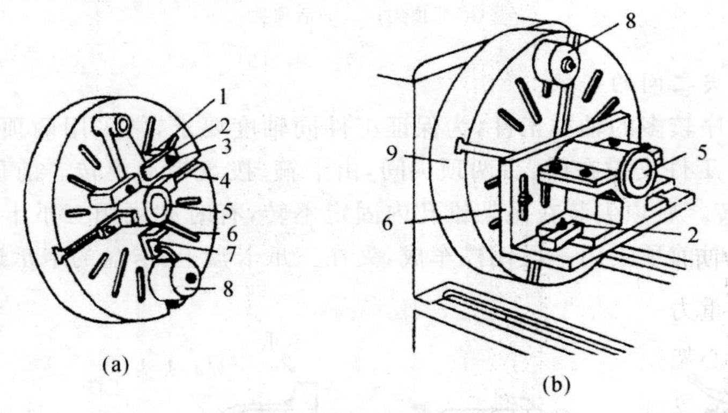

图 3-12 花盘装夹工件

(a)花盘上装夹工件；(b)花盘与弯板配合装夹工件

1—垫铁；2—压板；3—压板螺钉；4—T 形槽；5—工件；

6—弯板；7—可调螺钉；8—配重铁；9—花盘

7. 中心架和跟刀架的使用

当车削长度为直径 20 倍以上的细长轴或端面带有深孔的细长工件时，由于工件本身的刚性很差，当受到切削力的作用时，往往容易产生弯曲变形和振动，容易把工件车成两头细中间粗的腰鼓形。为防止上述现象发生，需要附加辅助支撑，即中心架或跟刀架，如图 3-13 所示。

中心架主要用于加工有台阶或需要调头车削的细长轴，以及端面和内孔(钻中孔)。中心架固定在床身导轨上的，车削前调整其三个爪与工件轻轻接触，并加上润滑油。

对不适宜调头车削的细长轴，不能用中心架支撑，而要用跟刀架支撑进行车削，以增加工件的刚性，如图3－14所示。跟刀架固定在床鞍上，一般有两个支撑爪，它可以跟随车刀移动，抵消径向切削力，提高车削细长轴的形状精度和减小表面粗糙度。

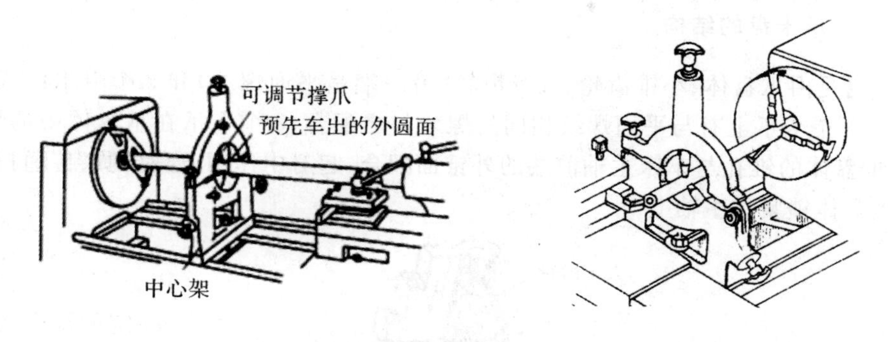

图3－13用中心架车削外圆、内孔及端面

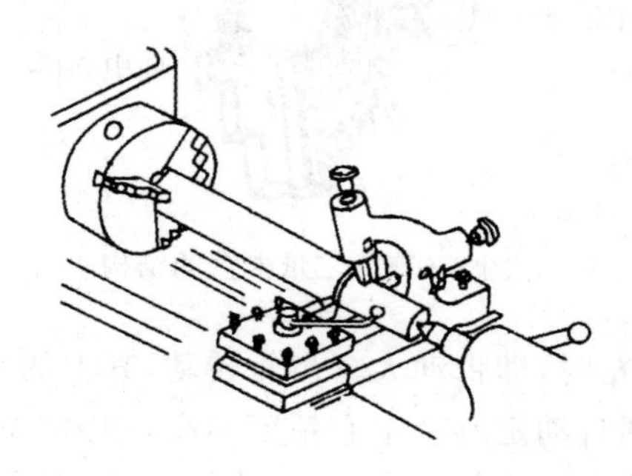

图3－14　用跟刀架车削工件

图3－15(a)为两爪跟刀架，车刀给工件的切削抗力使工件贴在跟刀架的两个支撑爪上，但由于工件本身的重力以及偶然的弯曲，车削时工件会瞬时离开和接触支撑爪，因而产生振动。比较理想的中心架是三爪中心架，如图3－15(b)所示，由三爪和车刀抵住工件，使之上下、左右都不能移动，车削时工件就比较稳定，不易产生振动。

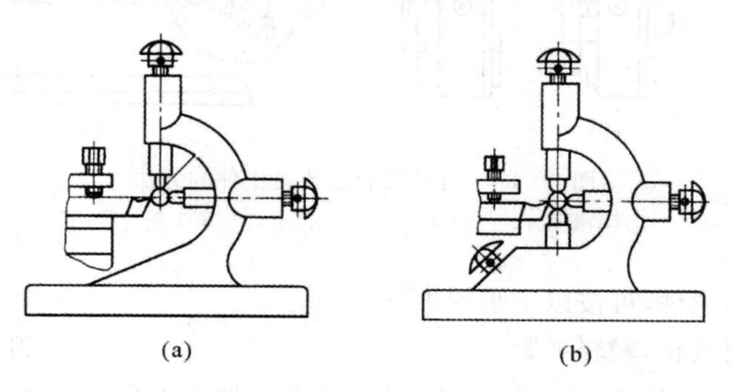

图3－15　跟刀架支撑车削细长轴

(a)两爪跟刀架；　(b)三爪跟刀架

3.2 车削工艺

3.2.1 三爪卡盘的结构

三爪卡盘是由爪盘体、小锥齿轮、大锥齿轮(另一端是平面螺纹)和3个卡爪组成的,如图3-16所示。3个卡爪上有与平面螺纹相同的螺牙与之配合,3个卡爪在爪盘体中的导槽中呈120°均布,爪盘体的锥孔与车床主轴前端的外锥面配合,起对中作用,通过键来传递扭矩,最后用螺母将爪盘体锁紧在主轴上。

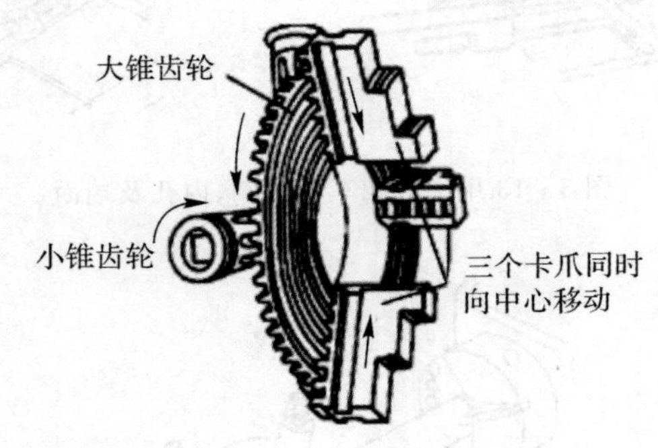

图3-16 三爪卡盘的结构

当转动其中一个小伞齿轮时,即带动大伞齿轮转动,其上的平面螺纹又带动3个卡爪同时向中心或向外移动,从而实现自动定心。定心精度不高,约为0.05～0.15 mm。3个卡爪有正爪和反爪之分,有的卡盘可将卡爪反装即成反爪,当换上反爪即可安装较大直径的工件,装夹方法如图3-17所示。当直径较小时,工件置于3个卡爪之间装夹,如图3-17(a)所示;可将3个卡爪伸入工件内孔中利用卡爪的径向张力装夹盘、套、环状零件,如图3-17(b)所示;当工件直径较大、用顺爪不便装夹时,可将3个顺爪换成反爪进行装夹,如图3-17(c)所示;当工件长度大于4倍直径时,应在工件右端用尾架顶尖支撑,如图3-17(d)所示。

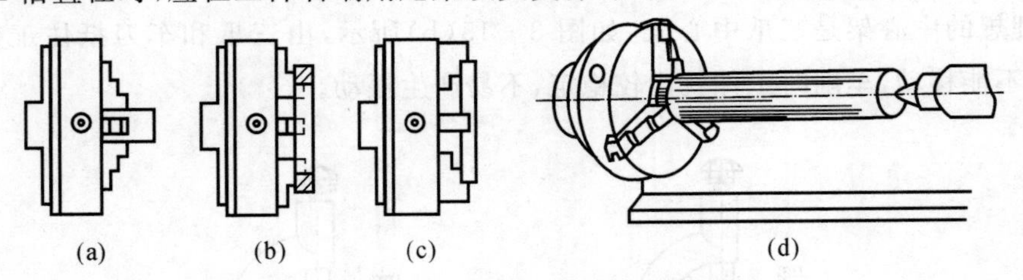

图3-17 用三爪卡盘装夹工件的方法

(a)(b)顺爪; (c)反爪; (d)三爪卡盘与顶尖配合使用

用三爪卡盘安装工件,可按以下步骤进行。

①工件在卡爪间放正,轻轻夹紧。

②放下安全罩,开动机床,使主轴低速旋转,检查工件有无偏摆,若有偏摆应停车,用小锤轻敲校正,然后紧固工件,紧固后,必须取下扳手,并放下安全罩。

③移动车刀至车削行程的左端,用手旋转卡盘,检查刀架是否与卡盘或工件碰撞。

3.2.2　车刀的种类和用途

车刀切削部分在很高的切削温度下工作，连续经受强烈的摩擦，并接受很大的切削力和冲击力，所以车刀的切削部分必须具有高的硬度、较好的耐磨性、足够的强度和韧性、较好的耐热性及较好的工艺性。目前，常用的车刀材料有高速钢、硬质合金、涂层刀具材料和超硬刀具材料。在车削过程中，由于零件的形状、大小和加工要求不同，采用的车刀也不相同。车刀的种类很多，用途各异，常用车刀如图3－18所示。

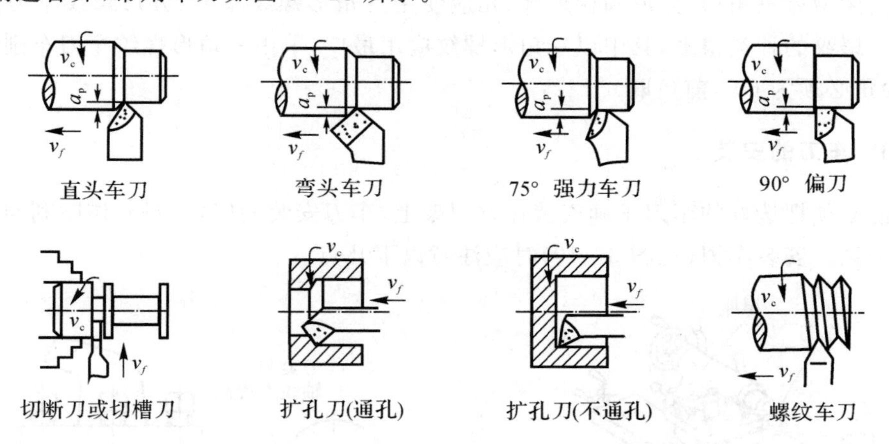

图3－18　常用车刀的种类和用途

1. 外圆车刀

外圆车刀又称尖刀，主要用于车削外圆、平面和倒角。外圆车刀一般有三种形状。

(1)直头尖刀

主偏角与副偏角基本对称，一般在45°左右，前角可在5°～30°之间选用，后角一般为6°～12°。

(2)45°弯头车刀

它主要用于车削不带台阶的光轴，可以车外圆、端面和倒角，使用比较方便，刀头和刀尖部分强度高。

(3)75°强力车刀

主偏角为75°，适用于粗车加工余量大、表面粗糙、有硬皮或形状不规则的零件，它能承受较大的冲击力，刀头强度高，耐用度高。

2. 偏刀

偏刀的主偏角为90°，用来车削工件的端面和台阶，有时也用来车外圆，特别是用来车削细长工件的外圆，可以避免把工件顶弯。偏刀分为左偏刀和右偏刀两种，常用的是右偏刀，它的刀刃向左。

3. 切断刀和切槽刀

切断刀的刀头较长，其刀刃亦狭长，这是为了减少工件材料消耗和切断时能切到中心的缘故。因此，切断刀的刀头长度必须大于工件的半径。

切槽刀与切断刀基本相似，只不过其形状应与槽间一致。

4. 扩孔刀

扩孔刀又称镗孔刀，用来加工内孔。它可以分为通孔刀和不通孔刀两种。通孔刀的主偏角小于90°，一般为45°～75°，副偏角为20°～45°，扩孔刀的后角应比外圆车刀的稍大，一般为10°～20°。不通孔刀的主偏角应大于90°，刀尖在刀杆的最前端，为了使内孔底面车平，刀尖与刀杆外端距离应小于内孔的半径。

5. 螺纹车刀

螺纹按牙型有三角形、方形和梯形等，相应使用三角形螺纹车刀、方形螺纹车刀和梯形螺纹车刀等。螺纹的种类很多，其中以三角形螺纹应用最广，采用三角形螺纹车刀车削公制螺纹时，其刀尖角必须为60°，前角取0°。

3.2.3 车刀的安装

车削前必须把选好的车刀正确安装在方刀架上，车刀安装的好坏，对操作顺利与加工质量都有很大关系。安装车刀(见图3－19)时应注意以下几点。

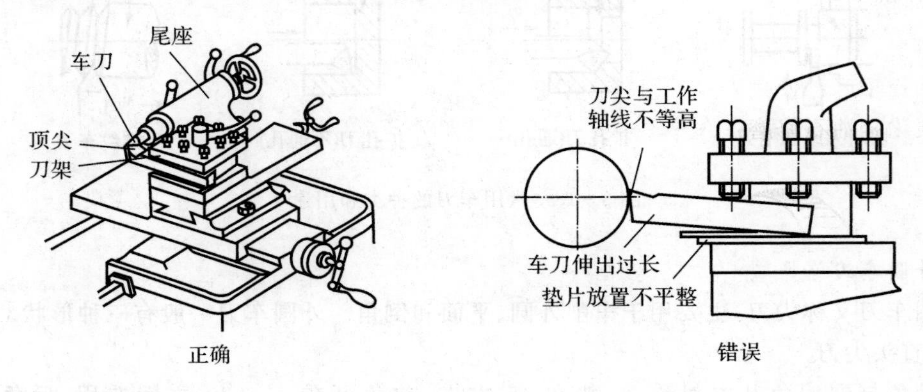

图3－19 车刀的安装

①车刀刀尖应与工件轴线等高。如果车刀装得太高，则车刀的主后面会与工件产生强烈的摩擦；如果装得太低，切削就不顺利，甚至工件会被抬起来，使工件从卡盘上掉下来，或把车刀折断。为了使车刀对准工件轴线，可按床尾架顶尖的高低进行调整。

②车刀不能伸出太长。因车刀伸得太长，切削起来容易发生振动，使车出来的工件表面粗糙，甚至会把车刀折断。但也不宜伸出太短，太短会使车削不方便，容易发生刀架与卡盘碰撞。一般伸出长度不超过刀杆高度的1.5倍。

③每把车刀安装在刀架上时，不可能刚好对准工件轴线，一般会低于轴线，因此可用一些厚薄不同的垫片来调整车刀的高低。垫片必须平整，其宽度应与刀杆一样，长度应与刀杆被夹持部分一样，同时应尽可能用少数垫片来代替多数薄垫片的使用，将刀的高低位置调整合适，垫片用得过多会造成车刀在车削时接触刚度变差而影响加工质量。

④车刀刀杆应与车床主轴轴线垂直。

⑤车刀位置装正后，应交替拧紧刀架螺丝。

⑥车刀装好后，应检查车刀在工件的加工极限位置时是否产生运动干涉或碰撞。

3.2.4 车刀的刃磨

无论硬质合金车刀或高速钢车刀，在使用之前都要根据切削条件所选择的合理切削角度进行刃磨；一把用钝了的车刀，为恢复原有的几何形状和角度，也必须重新刃磨。

1. 磨刀步骤(见图 3-20)

(1)磨前刀面

磨出前角和刃倾角。

(2)磨主后刀面

磨出主偏角和主后角。

(3)磨副后刀面

磨出副偏角和副后角。

(4)磨刀尖圆弧

圆弧半径约为0.5～2mm。

(5)研磨刀刃

车刀在砂轮上磨好以后，再用油石加些机油研磨车刀的前面及后面，使刀刃锐利和光洁。这样可延长车刀的使用寿命。车刀用钝程度不大时，也可用油石在刀架上修磨。硬质合金车刀可用碳化硅油石修磨。

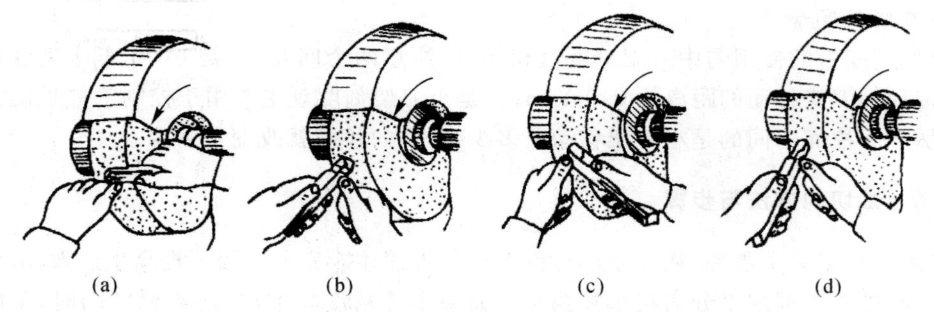

图 3-20 刃磨外圆车刀的一般步骤

(a)磨前刀面； (b)磨主后刀面； (c)磨副后刀面； (d)磨刀尖圆弧

2. 磨刀注意事项

①磨刀时，人应站在砂轮的侧前方，双手握稳车刀，用力要均匀。

②刃磨时，将车刀左右移动着磨，否则会使砂轮产生凹槽。

③磨硬质合金车刀时，不可把刀头放入水中，以免刀片突然受冷收缩而碎裂。磨高速钢车刀时，要经常冷却，以免失去硬度。

3.2.5 刻度盘及刻度盘手柄的使用

车削时，为了正确和迅速掌握切深，必须熟练地使用中刀架和小刀架上的刻度盘。

1. 中刀架刻度盘

中刀架刻度盘紧固在中刀架丝杠轴上，丝杠螺母固定在中刀架上，当中刀架上的手柄带着刻度盘转一周时，中刀架丝杠也转一周，这时丝杠螺母带动中刀架移动一个螺距。因此，中刀架横向进给的距离(即切深)可按刻度盘的格数计算。

刻度盘每转一格,横向进给的距离=丝杠螺距÷刻度盘格数(mm)。

如C616车床中刀架丝杠螺距为4mm,中刀架刻度盘等分为200格,当手柄带动刻度盘每转一格时,中刀架移动的距离为4÷200=0.02mm,即进刀切深为0.02mm。由于工件是旋转的,所以工件上被切下的部分是车刀切深的两倍,也就是工件直径改变了0.04mm。

进刻度时,如果刻度盘手柄过了头,或试切后发现尺寸不对而需将车刀退回时,由于丝杠与螺母之间有间隙存在,绝不能将刻度盘直接退回到所要的刻度,应反转约一周后再转至所需刻度,如图3-21所示。

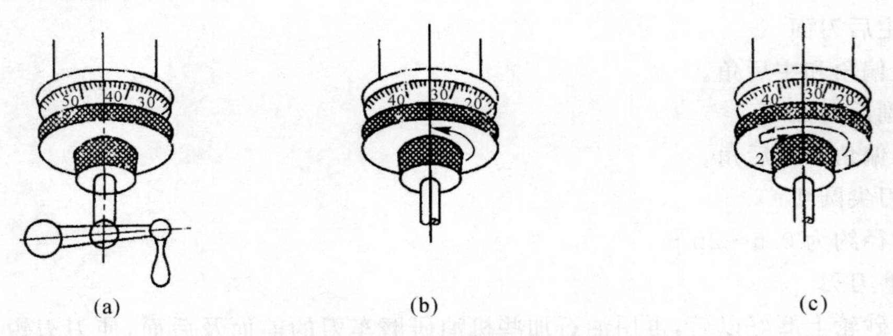

图3-21 手柄摇过头后的纠正方法

(a)要求手柄转至30但摇过头成40; (b)错误:直接退至30; (c)正确:反转约一周后,再转至30

2.小刀架刻度盘

小刀架刻度盘的使用与中刀架刻度盘相同,应注意两个问题:一是C616车床刻度盘每转一格,则带动小刀架移动的距离为0.05mm;二是小刀架刻度盘主要用于控制工件长度方向的尺寸,与加工圆柱面不同的是小刀架移动了多少,工件的长度就改变了多少。

3.2.6 试切的方法与步骤

在车床上加工一个零件,往往要经过许多车削步骤才能完成。为了提高生产效率,保证加工质量,生产中把车削加工分为粗车和精车。如果零件精度要求高,还需要磨削时,车削又可分为粗车和半精车。

工件在车床上安装以后,要根据工件的加工余量决定走刀次数和每次走刀的切深。半精车和精车时,为了准确地定切深,保证工件加工的尺寸精度,只靠刻度盘进刀达不到精度要求。因为刻度盘和丝杠都有误差,往往不能满足半精车和精车的要求,这就需要采用试切的方法。试切的方法与步骤如图3-22所示。

以上是试切的一个循环,如果尺寸还大,则进刀仍按以上的循环进行试切,如果尺寸合格,则按所确定切深加工整个表面。

3.2.7 粗车和精车

粗车的目的是尽快地从工件上切去大部分加工余量,使工件接近最后的形状和尺寸。粗车对精度和表面粗糙度等技术要求都较低,要给精车留有合适的加工余量。实践证明,加大切深不仅使生产率提高,而且对车刀的耐用度影响不大。因此,粗车时要优先选用较大的切深,其次根据可能适当加大进给量,最后选用中等偏低的切削速度。

粗车和精车(或半精车)留的加工余量一般为0.5~2mm,加大切深对精车来说并不重要。

精车的目的是要保证零件的尺寸精度和表面粗糙度等技术要求，精加工的尺寸精度可达 IT9～IT7，表面粗糙度数值 R_a 达 1.6～0.8 μm。精车的车削用量见表 3－2。其尺寸精度主要是依靠准确地度量、准确地进刻度并加以试切来保证的。因此，操作时要细心认真。

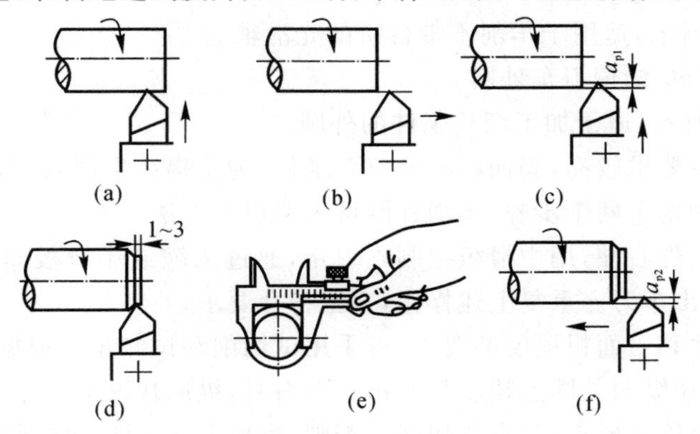

图 3－22　试切的步骤

(a)开车对刀，使车刀与工件表面轻微接触；　(b)向右退出车刀；　(c)横向进刀 a_{p1}；
(d)切削纵向长度 1～3 mm；　(e)退出车刀，进行度量；　(f)如果尺寸不到，再进刀 a_{p2}

精车时，为保证表面粗糙度要求宜采用较小的主偏角、副偏角或刀尖磨有小圆弧等措施来减少残留面积，减小表面粗糙度 R_a 值；通过选用较大的前角，并用油石把车刀的前刀面和后刀面打磨光滑，亦可减小表面粗糙度 R_a 值；同时，合理选择切削用量，当选用高的切削速度、较小的切深以及较小的进给量时，都有利于减少残留面积，从而提高表面质量。

表 3－2　精车切削用量

		a_p/mm	f/(mm · r^{-1})	v/(mm · min^{-1})
车削铸铁件		0.1～0.15	0.05～0.2	60～70
车削钢件	高速	0.3～0.50		100～120
	低速	0.05～0.10		3～5

3.2.8　基本切削工作

1. 车外圆

在车削加工中，外圆车削是一个基础，几乎绝大部分的工件都少不了外圆车削这道工序。车外圆(见图 3－23)时常见的方法有以下几种。

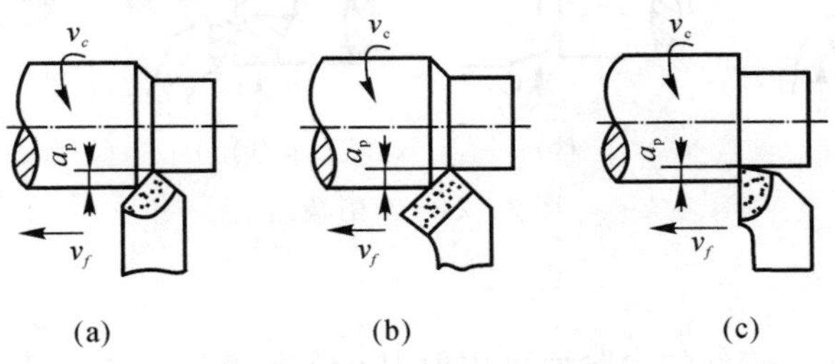

图 3－23　车削外圆

(1)用直头车刀车外圆

如图 3-23(a)所示,这种车刀强度较好,常用于粗车外圆。

(2)用 45°弯头车刀车外圆

如图 3-23(b)所示,适用于车削不带台阶的光滑轴。

(3)用主偏角为 90°的偏刀车外圆

如图 3-23(c)所示,适于加工细长工件的外圆。

外圆加工的精度要求较高,表面粗糙度值要求低,为了提高生产效率,保证加工质量,车削方法一般采用粗车和精车两个步骤,车削外圆可采取以下方法。

①移动床鞍至工件右端,用中滑板控制吃刀量,通过床鞍或小滑板作纵向移动车外圆,一次车削完毕,横向退出车刀。重复上述操作,直至符合要求。

②为了保证尺寸和表面粗糙度的要求,可采用试切削和试测量。根据工件直径余量的1/2作横向车削,当车刀在纵向外圆上移动至 2 mm 左右时,纵向快速退出车刀,横向不变,然后停车测量。如尺寸已经符合要求,可进行切削。否则,可按上述方法继续进行试切割和试测量。

③为了确保外圆的车削长度,通常先采用刻线痕法后采用测量法进行。即在车削前根据重要的长度,用钢直尺、样板、卡钳及尖刀在工件表面上刻一条线痕,然后根据线痕进行车削,完毕后,再进行测量直至符合要求。

2. 车端面和台阶

圆柱体两端的平面叫作端面。由直径不同的两个圆柱体相连接的部分叫作台阶。

(1)车端面

车端面常用的刀具有偏刀和弯头车刀两种。

①用右偏刀车端面。用右偏刀车端面时,如果是由外向里进刀,则是利用副刀刃在进行切削,切削不顺利,表面也车不光滑,车刀嵌在中间,使切削力向里,车刀容易扎入工件而形成凹面,如图 3-24(a)所示。

②用左偏刀由外向中心车端面。主切削刃切削,切削条件有所改善,如图 3-24(b)所示。

③用右偏刀由中心向外车削端面。利用主切削刃进行切削,切削顺利,也不易产生凹面,如图 3-24(c)所示。

④用弯头刀车端面。弯头车刀的刀尖角等于 90°,刀尖强度要比偏刀的大,不仅用于车端面,还可车外圆和倒角等工件,以主切削刃进行切削,切削顺利,如果再提高转速,也可车出较光滑的表面,如图 3-24(d)所示。

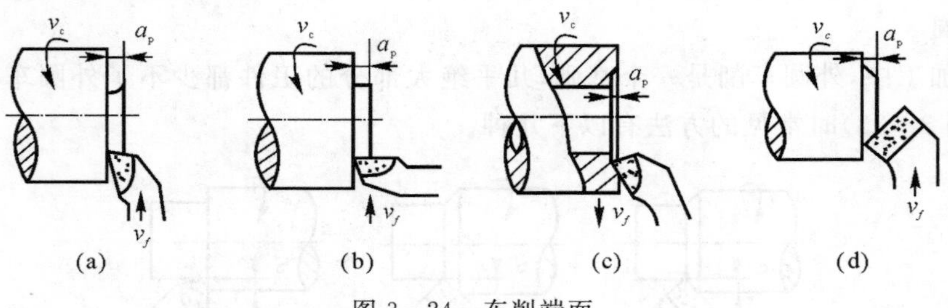

图 3-24 车削端面

(2)车台阶

①低台阶车削方法。较低的台阶面可用偏刀在车外圆时一次走刀同时车出,车刀的主切

削刃要垂直于工件的轴线，如图 3-25(a)所示，可用角尺对刀或以车好的端面来对刀，使主切削刃和端面贴平，如图 3-25(b)所示。

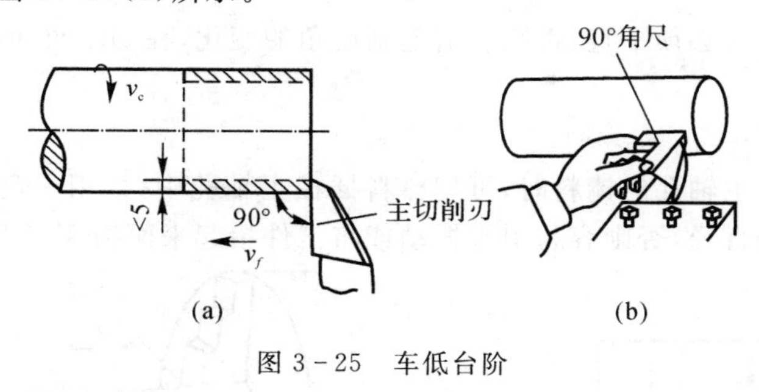

图 3-25　车低台阶

②高台阶车削方法。车削高于 5 mm 台阶的工件，因肩部过宽，车削时会引起振动。因此高台阶工件可先用外圆车刀车出台阶大致形状，然后将偏刀的主切削刃装得与工件端面有 5°左右的间隙，分层进行切削，如图 3-26 所示。但最后一刀必须用横走刀完成，否则会使车出的台阶偏斜。

为使台阶长度符合要求，可用刀尖预先刻出线痕作为加工界限。

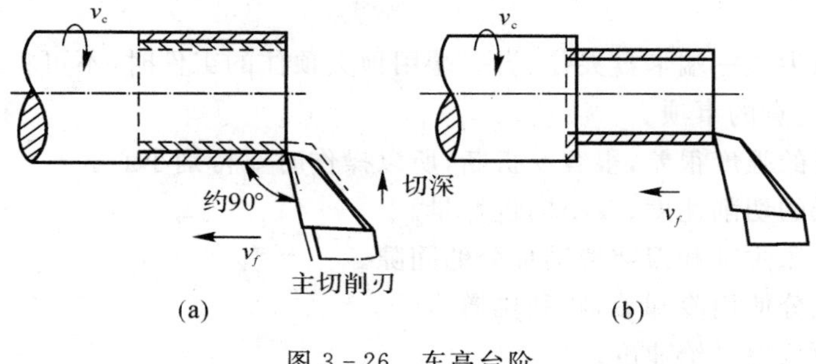

图 3-26　车高台阶

3. 切断和车外沟槽

在车削加工中，经常需要把太长的原材料切成一段一段的毛坯，然后再进行加工，也有一些工件在车好以后，再从原材料上切下来，这种加工方法叫切断。有时工件为了车螺纹或磨削时退刀，需要在靠近台阶处车出各种不同的沟槽。

(1)切断刀的安装

①刀尖必须与工件轴线等高，否则不仅不能把工件切下来，而且很容易使切断刀折断，如图 3-27 所示。

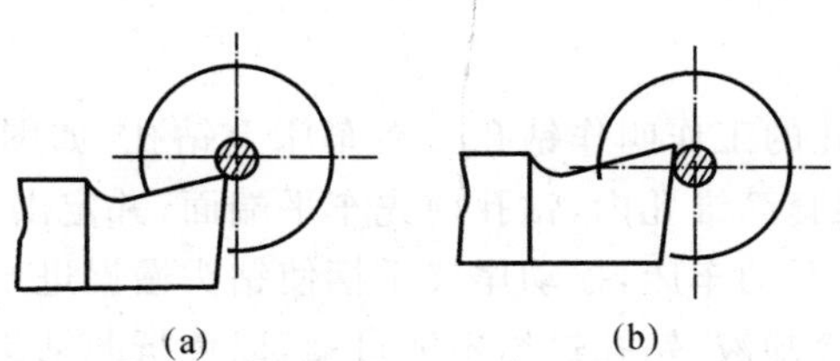

图 3-27　切断刀尖须与工件中心同高

(a)刀尖过低易被压断；（b)刀尖过高不易切削

②切断刀和切槽刀必须与工件轴线垂直，否则车刀的副切削刃与工件两侧面产生摩擦，如图 3－28 所示。

③切断刀的底平面必须平直，否则会引起副后角的变化，在切断时切刀的某一副后刀面会与工件强烈摩擦。

(2)切断的方法

①切断直径小于主轴孔的棒料时，可把棒料插在主轴孔中，并用卡盘夹住，切断刀离卡盘的距离应小于工件的直径，否则容易引起振动或将工件抬起来而损坏车刀，如图 3－29 所示。

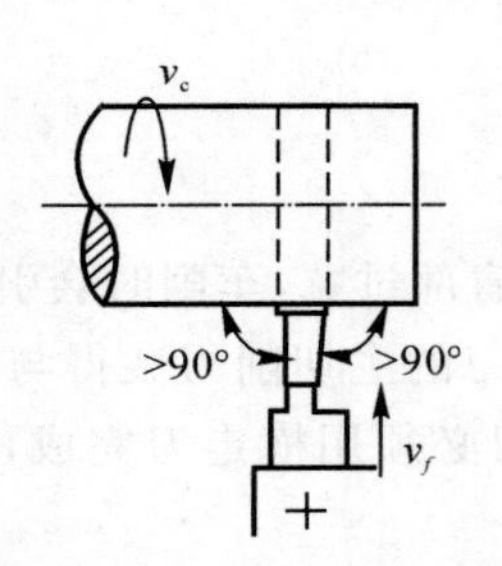

图 3－28　切槽刀的正确位置

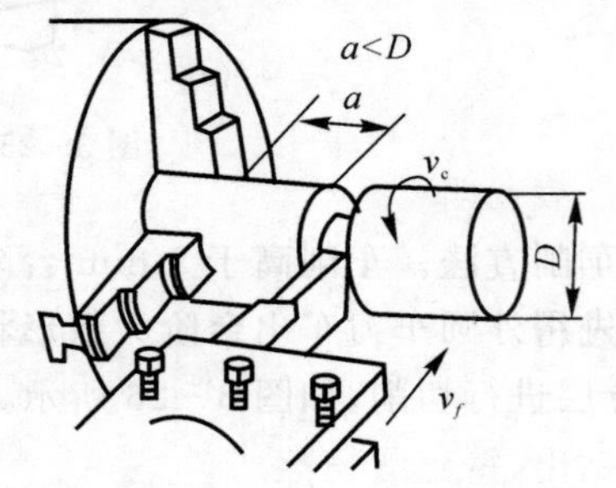

图 3－29　切断

②切断在两顶尖或一端卡盘夹住、另一端用顶尖顶住的工件时，不可将工件完全切断。

(3)切断时应注意的事项

①切断刀本身的强度很差，很容易折断，所以操作时要特别小心。

②应采用较低的切削速度、较小的进给量。

③应调整好车床主轴和刀架滑动部分的间隙。

④切断时应充分使用冷却液，顺利排屑。

⑤快切断时须放慢进给速度。

(4)车外沟槽的方法

①车削宽度不大的沟槽，可用刀头宽度等于槽宽的切槽刀一刀车出。

②在车削较宽的沟槽时，应先用外圆车刀的刀尖在工件上刻两条线，确定沟槽的宽度和位置，然后用切槽刀在两条线之间进行粗车，但这时必须在槽的两侧面和槽的底部留下精车余量，最后根据槽宽和槽底进行精车。

4. 钻孔和镗孔

在车床上加工圆柱孔时，可以用钻头、扩孔钻、铰刀和镗刀进行钻孔、扩孔、铰孔和镗孔工作。

(1)钻孔、扩孔和铰孔

在实体材料上加工出孔的工作叫作钻孔。在车床上钻孔，如图 3－30 所示。把工件装夹在卡盘上，钻头安装在尾架套筒锥孔内，钻孔前先车平端面，并定出一个中心凹坑，调整好尾架位置并紧固于床身上，然后开动车床，摇动尾架手柄使钻头慢慢进给，注意经常退出钻头，排出切屑。钻钢料要不断注入冷却液，钻孔进给不能过猛，以免折断钻头，一般钻头越小，进给量也越小，但切削速度可加大。钻大孔时，进给量可大些，但切削速度应放慢。当孔将钻穿时，因横刃不参加切削，应减小进给量，否则容易损坏钻头，孔钻通后应把钻头退出后再停车。钻孔的精度较低、表面粗糙，多用于对孔的粗加工。

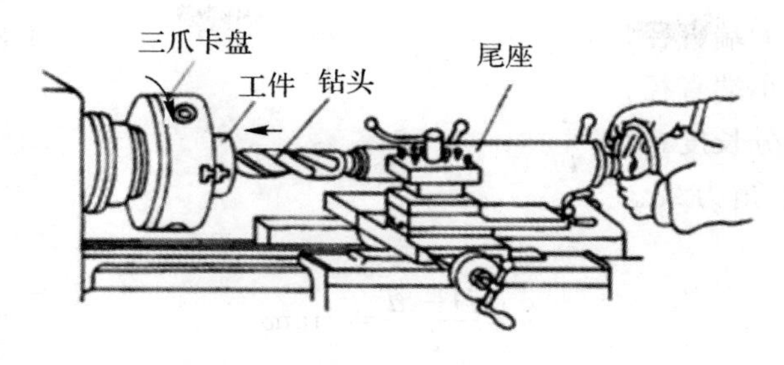

图 3-30 在车床上钻孔

扩孔常用于铰孔前或磨孔前的预加工，常使用扩孔钻作为钻孔后的预精加工。为了提高孔的精度和降低表面粗糙度，常用铰刀对钻孔或扩孔后的工件再进行精加工。

在车床上加工直径较小，而精度要求较高和表面粗糙度要求较高的孔，通常采用钻、扩、铰的加工工艺来进行。

(2)镗孔

镗孔是对钻出、铸出或锻出的孔的进一步加工，如图 3-31 所示，其目的是达到图纸上精度等技术要求。在车床上镗孔要比车外圆困难，因镗杆直径比外圆车刀细得多，而且伸出很长，这样往往因刀杆刚性不足而引起振动，因此，切深和进给量都要比车外圆时小，切削速度也要小 10%～20%。镗不通孔时，由于排屑困难，所以进给量应更小。

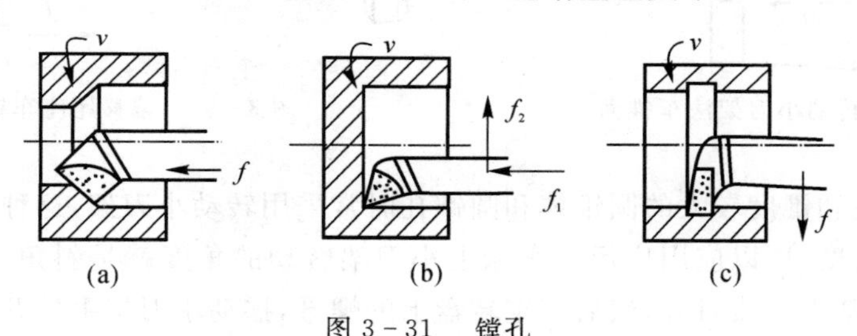

图 3-31 镗孔

(a)镗通孔； (b)镗盲孔； (c)切内槽

镗孔刀尽可能选择粗壮的刀杆，刀杆装在刀架上时伸出的长度只要略等于孔的深度即可，这样可减少因刀杆太细而引起的振动。装刀时，刀杆中心线必须与进给方向平行，刀尖应对准中心，精镗或镗小孔时可略为装高一些。

粗镗和精镗时，应采用试切法调整切深。为了防止因刀杆细长而让刀所造成的锥度，当孔径接近最后尺寸时，应用很小的切深重复镗削几次，消除锥度。另外，在镗孔时一定要注意，手柄转动方向与车外圆时相反。

5. 车圆锥面

圆锥面具有配合紧密、定位准确、装卸方便等优点，并且即使发生磨损，仍能保持精密的定心和配合作用，因此圆锥面应用广泛。圆锥分为外圆锥(圆锥体)和内圆锥(圆锥孔)两种。

圆锥体大端直径为

$$D=d+2l\tan\alpha$$

圆锥体小端直径为

$$d=D-2l\tan\alpha$$

式中 D—— 圆锥体大端直径；

d—— 圆锥体小端直径；

l—— 锥体部分长度；

α—— 斜角，锥角为 2α。

锥度为

$$C=\frac{D-d}{l}=2\tan\alpha$$

斜度为

$$M=\frac{D-d}{2l}=\tan\alpha=\frac{C}{2}$$

圆锥面的车削方法有很多种，如转动小刀架车圆锥如图 3－32 所示，偏移尾架法如图 3－33 所示，也可选用靠模法和样板刀法等。

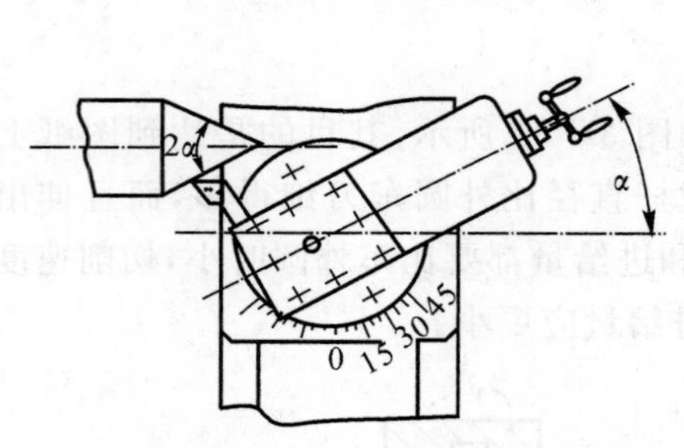

图 3－32　转动小刀架法车锥面

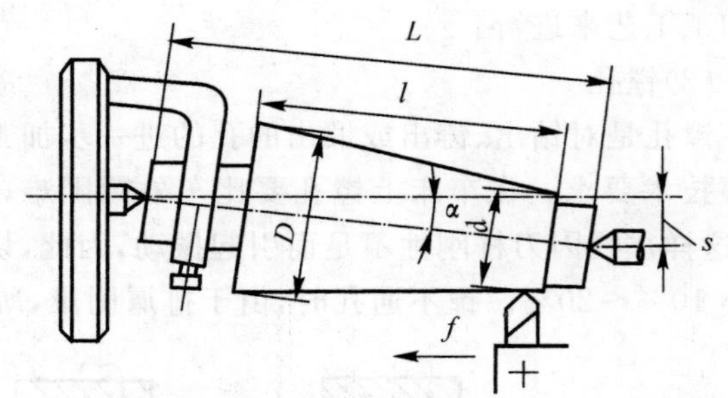

图 3－33　偏移尾座车锥面

车削长度较短和锥度较大的圆锥体和圆锥孔时常采用转动小刀架，这种方法操作简单，能保证一定的加工精度，所以应用广泛。车床上小刀架转动的角度就是斜角 α。将小拖板转盘上的螺母松开，与基准零线对齐，然后固定转盘上的螺母，摇动小刀架手柄开始车削，使车刀沿着锥面母线移动，即可车出所需要的圆锥面。这种方法的优点是能车出整锥体和圆锥孔，能车角度很大的工件，但只能用手动进刀，劳动强度较大，表面粗糙度也难以控制，且由于受小刀架行程限制，只能加工锥面不长的工件。

6. 车成形面

有些机器零件，如手柄、手轮、圆球、凸轮等，它们不像圆柱面、圆锥面那样母线是一条直线，而是一条曲线，这样的零件表面叫作成形面。在车床上加工成形面的方法有双手控制法、用样板刀法和用靠模板法等。

所谓双手控制法，就是左手摇动中刀架手柄，右手摇动小刀架手柄，两手配合，使刀尖所走过的轨迹与所需的成形面的曲线相同。在操作时，左右摇动手柄要熟练，配合要协调，最好先做个样板，对照它来进行车削，如图 3－34 所示。车好以后，如果表面粗糙度达不到要求，可用砂布或锉刀进行抛光。双手控制法的优点是不需要其他附加设备，缺点是不容易将工件车得很光整，需要较高的操作技术，生产率也较低。

用成形刀车成形面，如图 3－35 所示，要求刀刃形状与工件表面吻合，装刀时刃口要与工件轴线等高。由于车刀和工件接触面积大，容易引起振动，因此需要采用小切削量，只作横向进给，且要有良好润滑条件。此法操作方便，生产率高，且能获得精确的表面形状。但由于受工件表面形状和尺寸的限制，且刀具制造、刃磨较困难，因此只在成批生产较短成形面的零件时采用。

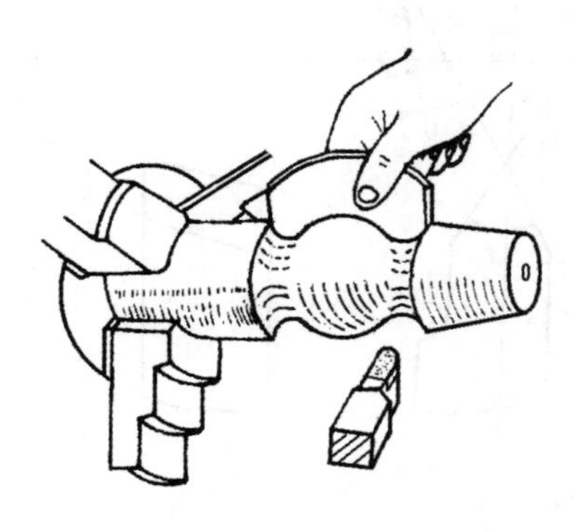

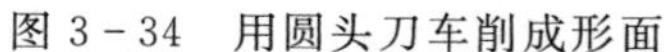

图 3－34　用圆头刀车削成形面

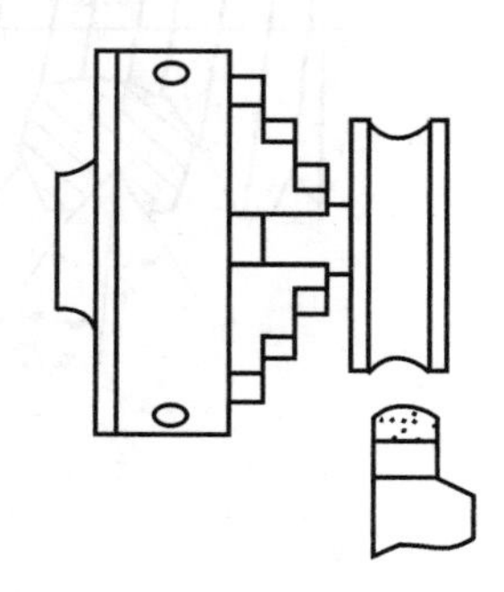

图 3－35　用成形车刀车成形面

用靠模车成形面，如图 3－36 所示，车削成形面的原理和靠模车削圆锥面相同。加工时，只要把滑板换成滚柱，把锥度靠模板换成带有所需曲线的靠模板即可。此法加工工件尺寸不受限制，可采用机动进给，生产效率高，加工精度高，广泛用于成批量生产中。

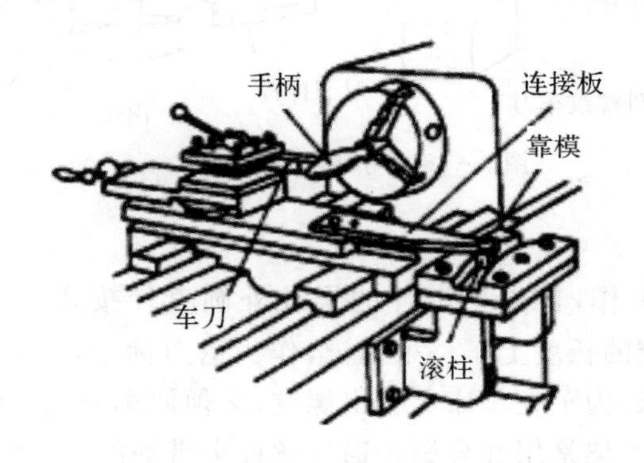

图 3－36　用靠板车成形面

7. 车螺纹

螺纹的加工方法有很多种，在专业生产中，广泛采用滚丝、轧丝及搓丝等一系列先进工艺，但在一般机械厂，尤其在机修工作中，通常采用车削方法加工。现在介绍三角形螺纹的车削工艺。

（1）螺纹车刀的角度和安装

螺纹车刀的刀尖角直接决定螺纹的牙型角（螺纹一个牙两侧之间的夹角），对公制螺纹其牙型角为 60°，它对保证螺纹精度有很大的关系。螺纹车刀的前角对牙型角影响较大，如图 3－37所示。如果车刀的前角大于或小于零度，所车出螺纹牙型角会大于车刀的刀尖角，前角越大，牙型角的误差也就越大。精度要求较高的螺纹，常取前角为零度。粗车螺纹时为改善切削条件，可取正前角的螺纹车刀。

安装螺纹车刀时，应使刀尖与工件轴线等高，否则会影响螺纹的截面形状，并且刀尖的平分线要与工件轴线垂直。如果车刀装得左右歪斜，车出来的牙型就会偏左或偏右。为了使车刀安装正确，可采用样板对刀，如图 3－38 所示。

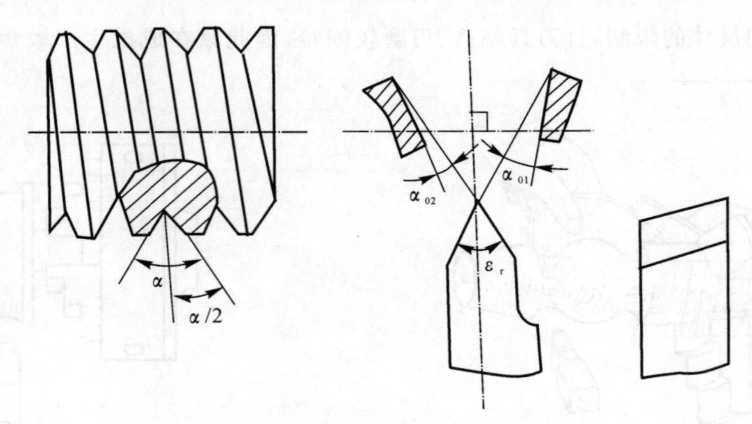

图 3-37 三角螺纹车刀

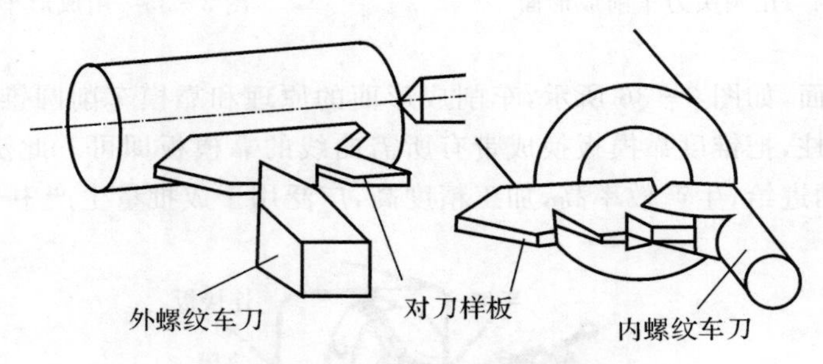

图 3-38 用对刀样板对刀

(2)螺纹的车削方法

车螺纹前要做好准备工作，首先把工件的螺纹外圆直径按要求车好(比规定要求应小0.1～0.2 mm)，然后在螺纹的长度上车一条标记，作为退刀标记，最后将端面处倒角，装夹好螺纹车刀。其次调整好车床，为了在车床上车出螺纹，必须使车刀在主轴每转一周得到一个等于螺距大小的纵向移动量，刀架是用开合螺母通过丝杠来带动的，只要选用不同的配换齿轮或改变进给箱手柄位置，即可改变丝杠的转速，从而车出不同螺距的螺纹。一般车床都有完善的进给箱和挂轮箱，车削标准螺纹时，可以从车床的螺距指示牌中，找出进给箱各操纵手柄应放的位置进行调整。车床调整好后，选择较低的主轴转速，开动车床，合上开合螺母，开正反车数次后，检查丝杠与开合螺母的工作状态是否正常，为使刀具移动较平稳，需消除车床各拖板间隙及丝杠螺母的间隙，车外螺纹操作步骤如图 3-39 所示。

①开车，使车刀与工件轻微接触，记下刻度盘读数，向右退出车刀，如图 3-39(a)所示。

②合上开合螺母，在工件表面工车出一条螺旋线，横向退出车刀，停车，如图 3-39(b)所示。

③开反车使车刀退到工件右端，停车，用钢直尺检查螺距是否正确，如图 3-39(c)所示。

④利用刻度盘调整切削深度，开车切削，如图 3-39(d)所示。

⑤车刀将至行程终了时，应做好退刀停车准备，先快速退出车刀，开反车退回刀架，如图 3-39(e)所示。

⑥再次横向切入，继续切削，其切削过程的路线如图 3-39(f)所示。

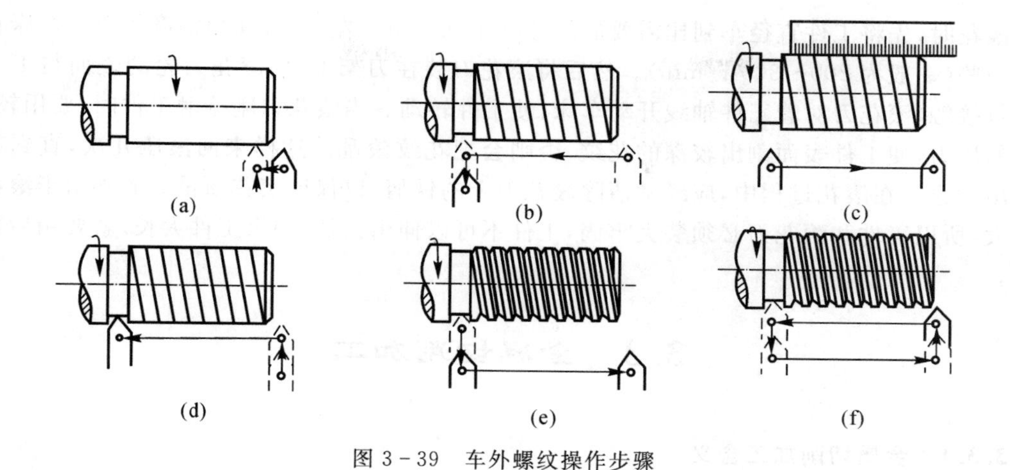

图 3－39　车外螺纹操作步骤

在车削时，有时出现乱扣，乱扣就是在车第二刀时不是在第一刀的螺纹槽内。为了避免乱扣，可用丝杠螺距除以工件螺距，即 P/T，若比值为 N 且为整数，就不会乱扣。若不为整数，就会乱扣。因此在加工前应首先确定是否乱扣，如果不乱扣就可以采用提闸（提开合螺母）的加工方法，即在第一条螺纹槽车好以后，退刀提闸，然后用手将大拖板摇回螺纹头部，再合上开合螺母车第二刀，直至螺纹车好为止。若经计算会产生乱扣时，为避免乱扣，在车削过程和退刀时，应始终保持主轴至刀架的传动系统不变，如中途需拆下刀具刃磨，磨好后应重新对刀。对刀必须在合上开合螺母使刀架移到工件的中间停车进行。此时移动刀架使车刀切削刃与螺纹槽相吻合且工件与主轴的相对位置不能改变。

车削螺纹的方法有直进切削法和左右切削法两种。直进切削法是在车削螺纹时车刀的左右两侧都参加切削，每次加深吃刀时，只由中刀架作横向进给，直至把螺纹工件车好为止。这种方法操作简单，能保证牙型清晰，且车刀两侧刃所受的轴向切削分力有所抵消。但用这种方法车削时，排出的切屑会绕在一起，造成排屑困难。如果进给量过大，还会产生扎刀现象。由于车刀的受热和受力情况严重，刀尖容易磨损，螺纹表面粗糙度不易保证。直进切削法一般用在车削螺距较小和脆性材料的工件。

8. 滚花

有些机器零件或工具，为了便于握持和外形美观，往往在工件表面上滚出各种不同的花纹，这种工艺叫滚花。这些花纹一般是在车床上用滚花刀滚压而成的，如图 3－40 所示。花纹有直纹和网纹两种，滚花刀相应有直纹滚花刀和网纹滚花刀两种。

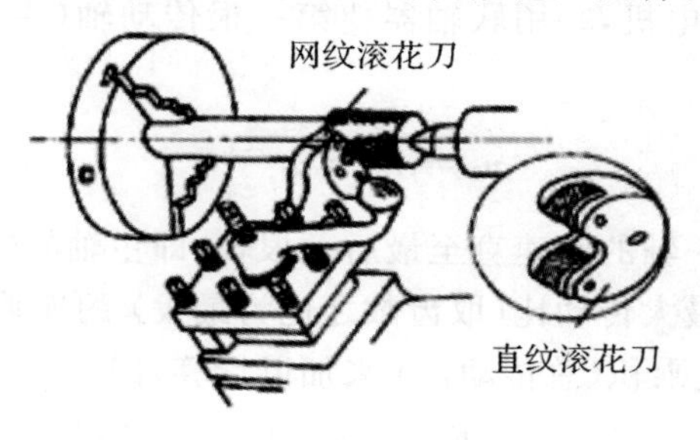

图 3－40　在车床上滚花

滚花时，先将工件直径车到比需要的尺寸略小 0.5 mm 左右，表面粗糙度较差。车床转速要低一些(一般为 200～300 r/min)。然后将滚花刀装在刀架上，使滚花刀轮的表面与工件表面平行接触，滚花刀对着工件轴线开动车床，使工件转动。当滚花刀刚接触工件时，要用较大、较猛的压力，使工件表面刻出较深的花纹，否则会把花纹滚乱。这样来回滚压几次，直到花纹滚凸出为止。在滚花过程中，应经常清除滚花刀上的铁屑，以保证滚花质量。此外由于滚花时压力大，所以工件和滚花刀必须装夹牢固，工件不可以伸出太长，如果工件太长，就要用后顶尖顶紧。

3.3 金属切削加工

3.3.1 金属切削加工含义

金属切削加工是指用刀具从毛坯(铸件、锻件、焊接件或型材)上切除多余的金属材料，以获得形状、尺寸、位置精度和表面质量等符合技术要求的零件的加工过程。切削加工可分为机械加工和钳工两部分。

3.3.2 C6132 车床主运动传动

主运动传动是指从电动机到车床主轴，使主轴带动工件，从而实现主运动，并能满足车床主轴变速和换向的要求，如图 3-41 所示。

主轴的多种转速，是用改变传动比来达到变速目的的。传动比 i 是传动轴之间的转速之比。若主动轴的转速为 n_1，被动轴的转速为 n_2，则机床传动比为(与机械零件设计中的传动比规定相反)

$$i=\frac{n_2}{n_1}$$

这样规定，是因为机床传动件多且传动路线长，并且写出传动链和计算方便。机床传动轴之间，可以通过胶带和各种齿轮等来传递运动。现设主动轴上的齿轮齿数为 z_1、被动轴上齿轮齿数为 z_2，则机床传动比可转换为主动齿轮齿数与被动齿轮齿数之比，即

$$i=\frac{n_2}{n_1}=\frac{z_1}{z_2}$$

若使被动轴获得多种不同的转速，可在传动轴上设置几个固定齿轮或采用双联滑移齿轮等，使两轴之间有多种不同的齿数比来达到。

车床电动机一般为单速电机，并用联轴器使第一根传动轴(主动轴)同步旋转，若知被动轴的转速，则

$$n_2=n_1 i=n_1\frac{z_1}{z_2}$$

依此类推，可计算出任一轴的转速直至最后一根轴，即主轴的转速。若只求主轴最高或最低转速，则可用各传动轴的最大传动比(取齿数之比为最大)的连乘积(总传动比)或最小传动比(取齿数之比为最小)的连乘积(总传动比)来加以计算，即

$$n_{\max}=n_1 i_{\max}$$
$$n_{\min}=n_1 i_{\min}$$

要求主轴全部12种转速，可将各传动轴之间的传动比分别都用上式加以计算得出。在计算主轴转速时，必须先列出主运动传动路线（或称传动系统，或称传动链）：

$$\text{电动机}-\text{Ⅰ}-\begin{bmatrix}\dfrac{33}{22}\\ \dfrac{19}{34}\end{bmatrix}-\text{Ⅱ}-\begin{bmatrix}\dfrac{34}{32}\\ \dfrac{28}{39}\\ \dfrac{22}{45}\end{bmatrix}-\text{Ⅲ}-\frac{\phi 176}{\phi 200}\varepsilon-\text{Ⅳ}-\begin{bmatrix}\dfrac{27}{27}\\ \dfrac{27}{63}\quad\dfrac{17}{58}\end{bmatrix}-\text{Ⅵ 主轴}$$

$$n=1\ 440\ \text{r/min}$$

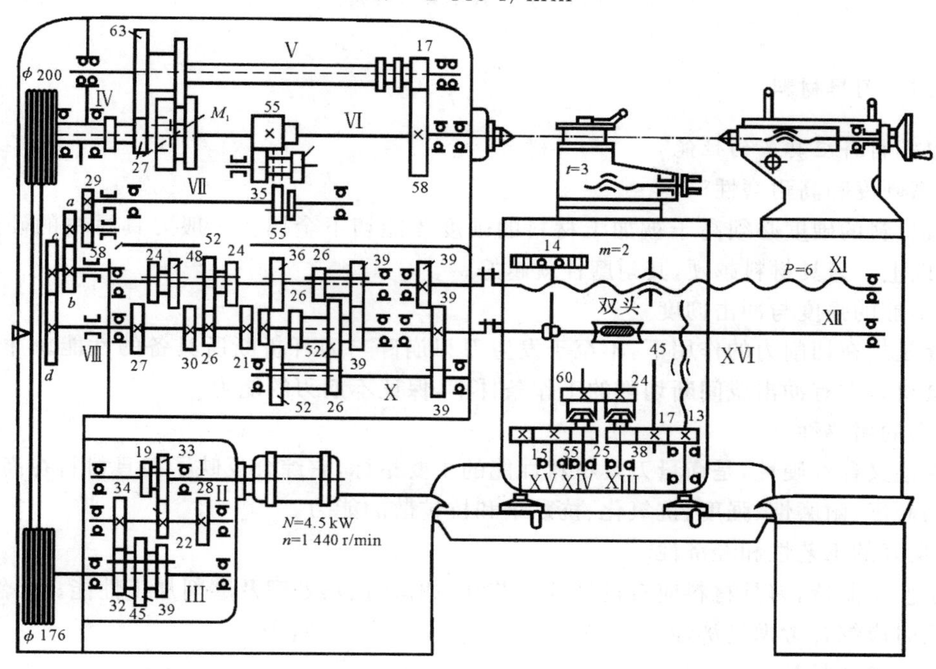

图 3-41 C6132 普通车床传动系统图

按上述齿轮啮合的情况，主轴最高与最低转速为

$$n_{\max}=1\ 440\times\frac{33}{22}\times\frac{34}{32}\times\frac{176}{200}\times 0.98=1\ 980(\text{r/min})$$

$$n_{\min}=1\ 440\times\frac{19}{34}\times\frac{22}{45}\times\frac{176}{200}\times 0.98\times\frac{27}{63}\times\frac{17}{58}=45(\text{r/min})$$

两式中的0.98为皮带的滑动系数。

3.3.3 零件加工质量

要保证零件的加工质量就必须要保证达到零件图纸上所提出的各项技术要求（见图3-42）。

加工精度是指零件加工后，经过测量所达到的精确程度，若加工精度在图纸上所规定的公差范围内，则为合格零件，否则为不合格零件。图纸上所提出的技术要求，是设计人员根据零件的使用性能要求以及零件所采用的加工方法，再依照国家标准而确定的。因此，作为设计人员必须要有广泛的加工工艺知识，以便为设计工作打下良好的工艺基础。对于一般的零件，都应有尺寸精度和表面粗糙度的要求，对要求较高或较低的零件，就必须提出形状精度和位置精度的要求。

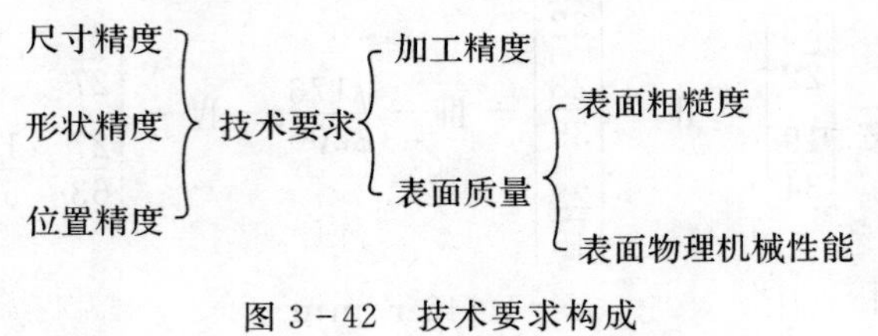

图 3-42　技术要求构成

3.3.4　刀具材料

1. 刀具材料应具备的性能

(1)高硬度和高耐磨性

刀具材料的硬度必须高于被加工材料的硬度才能切下金属。一般刀具材料的硬度应在HRC60 以上。刀具材料越硬，其耐磨性就越好。

(2)足够的强度与冲击韧度

强度是指在切削力的作用下，不至于发生刀刃崩碎与刀杆折断所具备的性能。冲击韧度是指刀具材料在有冲击或间断切削的工作条件下，保证不崩刃的能力。

(3)高的耐热性

耐热性又称红硬性，是衡量刀具材料性能的主要指标，它综合反映了刀具材料在高温下仍能保持高硬度、耐磨性、强度、抗氧化、抗黏结和抗扩散的能力。

(4)良好的工艺性和经济性

为了便于制造，刀具材料应有良好的工艺性，如锻造、热处理及磨削加工性能。当然，在制造和选用时应综合考虑经济性。

2. 常用刀具材料

目前，车刀广泛应用硬质合金刀具材料，在某些情况下也应用高速钢刀具材料。

(1)硬质合金

以耐热高和耐磨性好的碳化物和钴为黏结剂，采用粉末冶金的方法压制成各种形状的刀片，然后用铜钎焊的方法焊在刀头上作为切削刀具的材料。硬质合金的耐磨性和硬度比高速钢高得多，但塑性和冲击韧度不及高速钢。

按 GB/T 2075—1998(采用 ISO 标准)，可将硬质合金分为 P，M，K 三类。

①P 类硬质合金。主要成分为 WC+TiC+Co，用蓝色作标志，相当于原钨钛钴类(YT)。主要用于加工长切屑的黑色金属，如钢类等塑性材料。此类硬质合金的耐热性为 900℃。

②M 类硬质合金。主要成分为 WC+TiC+TaC(NbC)+Co，用黄色作标志，又称通用硬质合金，相当于原钨钛钽类通用合金(YW)。主要用于加工黑色金属和有色金属。此类硬质合金的耐热性为 1 000～1 100℃。

③K 类硬质合金。主要成分为 WC+Co，用红色作标志，又称通用硬质合金，相当于原钨钴(YG)。主要用于加工短切屑的黑色金属(如铸铁)、有色金属和非金属材料。此类硬质合金的耐热性为 800℃。

(2)高速钢

高速钢是一种高合金钢,俗称白钢、锋钢、风钢等。其强度、冲击韧度、工艺性很好,是制造复杂形状刀具的主要材料,如成形车刀、麻花钻头、铣刀、齿轮刀具等。高速钢的耐热性不高,约在640℃左右其硬度下降,不能进行高速切削。

3.3.5　车刀组成及车刀角度

车刀是形状最简单的单刃刀具,其他各种复杂刀具都可以看作是车刀的组合和演变,有关车刀角度的定义,均适用于其他刀具。

1. 车刀的组成

车刀是由刀头(切削部分)和刀体(夹持部分)所组成的。刀头用于切削,又称切削部分;刀杆一方面用于装夹和固定刀头,另一方面用来将车刀夹固在车床方刀架上。车刀的切削部分是由三面、二刃、一尖所组成的,即一点二线三面,如图3-43所示。

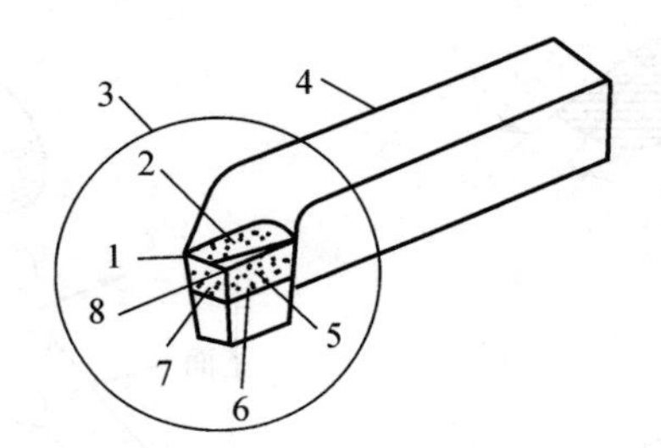

图3-43　车刀的组成

1—副切削刃；2—前刀面；3—刀头；4—刀体；5—主切削刃；
6—主后刀面；7—副后刀面；8—刀尖

(1)前刀面

切削时,切屑流出所经过的表面。

(2)主后刀面

切削时,与工件加工表面相对的表面。

(3)副后刀面

切削时,与工件已加工表面相对的表面。

(4)主切削刃

前刀面与主后刀面的交线。它可以是直线或曲线,担负着主要的切削工。

(5)副切削刃

前刀面与副后刀面的交线。一般只担负少量的切削工作。

(6)刀尖

主切削刃与副切削刃的相交部分。为了强化刀尖,常磨成圆弧形或成一小段直线称过渡刃,如图3-44所示。

2. 车刀角度

车刀的主要角度有前角、后角、主偏角、副偏角和刃倾角,如图3-45所示。

车刀的角度是在切削过程中形成的,它们对加工质量和生产率等起着重要作用。在切削时,与工件加工表面相切的假想平面称为切削平面,与切削平面相垂直的假想平面称为基面,另外采用机械制图的假想剖面(主剖面),由这些假想的平面再与刀头上存在的三面二刃就可构成实际起作用的刀具角度,如图 3-46 所示。对车刀而言,基面呈水平面,并与车刀底面平行。切削平面、主剖面与基面相互垂直。

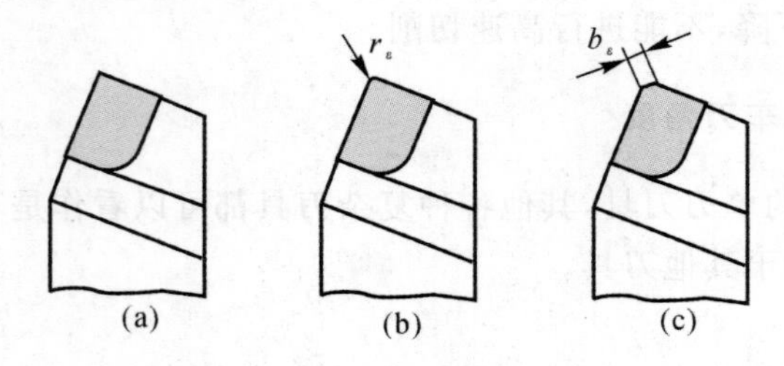

图 3-44　刀尖的形成

(a)切削刃的实际交点；（b)圆弧过渡刃；（c)直线过渡刃

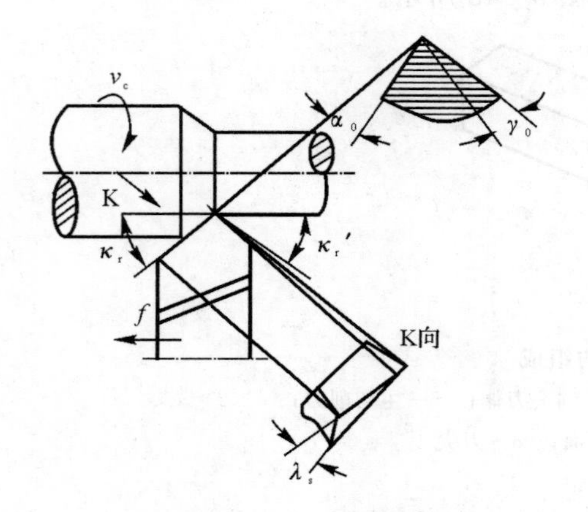

图 3-45　车刀的主要角度

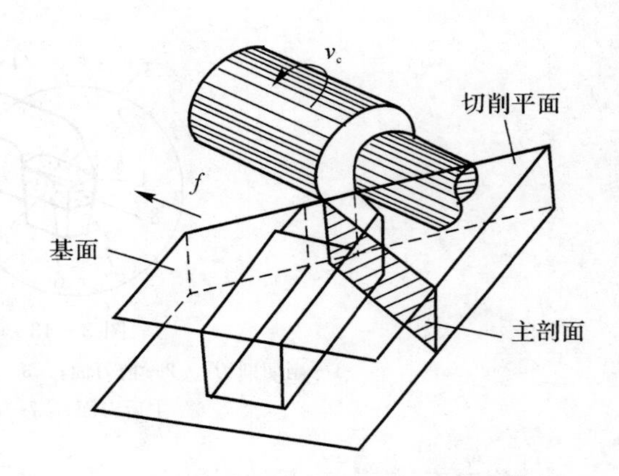

图 3-46　确定车刀角度的辅助平面

(1)前角 γ_0

前刀面与基面之间的夹角,表示前刀面的倾斜程度。前角可分为正、负、零,前刀面在基面之下则前角为正值,反之为负值,相重合为零。一般所说的前角是指正前角,图 3-47 为前角与后角的剖视图。

前角的作用:增大前角,可使刀刃锋利、切削力降低、切削温度低、刀具磨损小、表面加工质量高。但过大的前角会使刃口强度降低,容易造成刃口损坏。

前角选择原则:用硬质合金车刀加工钢件(塑性材料等),一般选取 $\gamma_0 = 10° \sim 20°$;加工灰口铸铁(脆性材料等),一般选取 $\gamma_0 = 5° \sim 15°$;精加工时,可取较大的前角,粗加工应取较小的前角。工件材料的强度和硬度大时,前角取较小值,有时甚至取负值。

(2)后角 α_0

主后刀面与切削平面之间的夹角,表示主后刀面的倾斜程度。

后角的作用:减少主后刀面与工件之间的摩擦,并影响刃口的强度和锋利程度。

后角选择原则:一般后角可取 $\alpha_0 = 6° \sim 8°$。

(3)主偏角 κ_r

主切削刃与进给方向在基面上投影间的夹角(见图 3-48)。

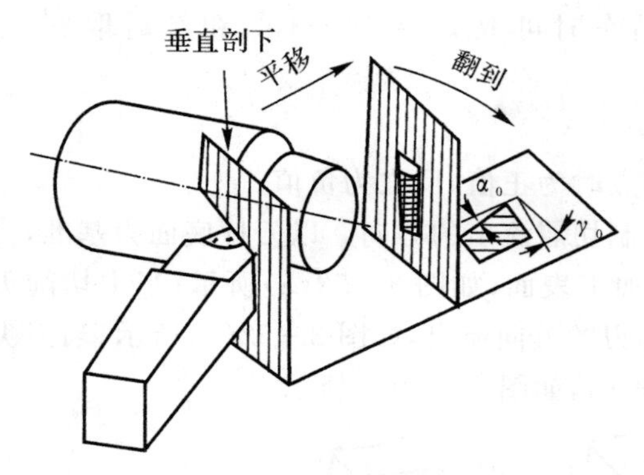

图 3-47　前角与后角的剖视图

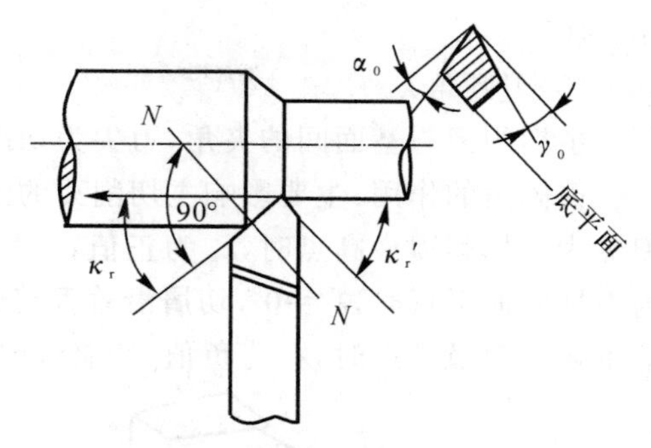

图 3-48　车刀的主偏角与副偏角

主偏角的作用：影响切削刃的工作长度(见图 3-49)、切深抗力、刀尖强度和散热条件等，主偏角越小，则切削刃工作长度越长，散热条件越好，但切深抗力越大，如图 3-50 所示。

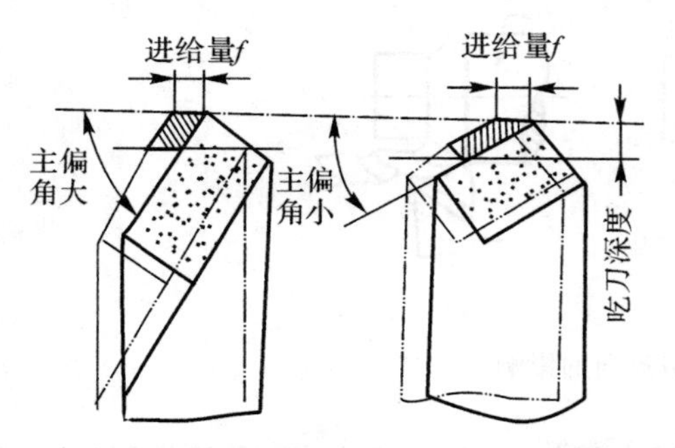

图 3-49　主偏角改变时，对主刀刃工作长度的影响

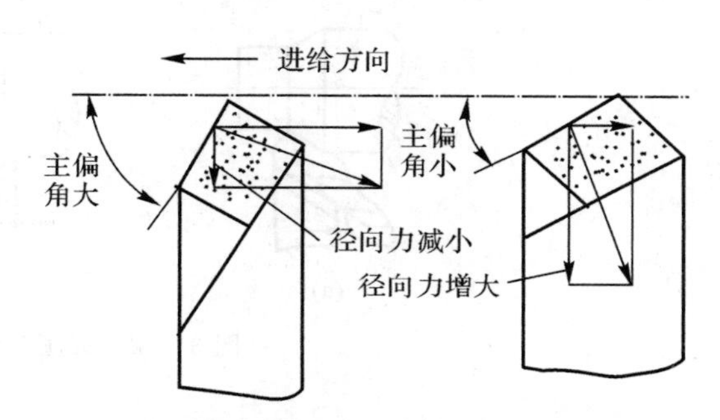

图 3-50　主偏角改变时，径向切削力的变化图

主偏角选择原则：车刀常用的主偏角有 45°，60°，75°，90°几种。工件粗大、刚性好时，可取较小值。车细长轴时，为了减少径向力而引起工件弯曲变形，宜选取较大值。

(4)副偏角 κ'_r

副切削刃与进给方向在基面上投影间的夹角(见图 3-48)。

副偏角的作用：影响已加工表面的表面粗糙度(见图 3-51)，减小副偏角可使已加工表面光洁。

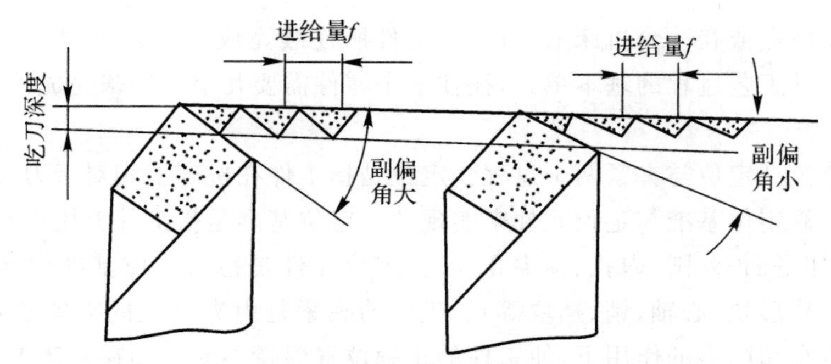

图 3-51　副偏角对残留面积高度的影响

副偏角选择原则：一般选取 $\kappa'_r=5°\sim15°$，精车时可取 $\kappa'_r=5°\sim10°$，粗车时取 $\kappa'_r=10°\sim15°$。

(5)刃倾角 λ_s

主切削刃与基面间的夹角，刀尖为切削刃最高点时为正值，反之为负值。

刃倾角的作用：主要影响主切削刃的强度和控制切屑流出的方向。以刀杆底面为基准，当刀尖为主切削刃最高点时，λ_s 为正值，切屑流向待加工表面，如图 3－52(a)所示；当主切削刃与刀杆底面平行时，$\lambda_s=0°$，切屑沿着垂直于主切削刃的方向流出，如图 3－52(b)所示；当刀尖为主切削刃最低点时，λ_s 为负值，切屑流向已加工表面，如图 3－52(c)所示。

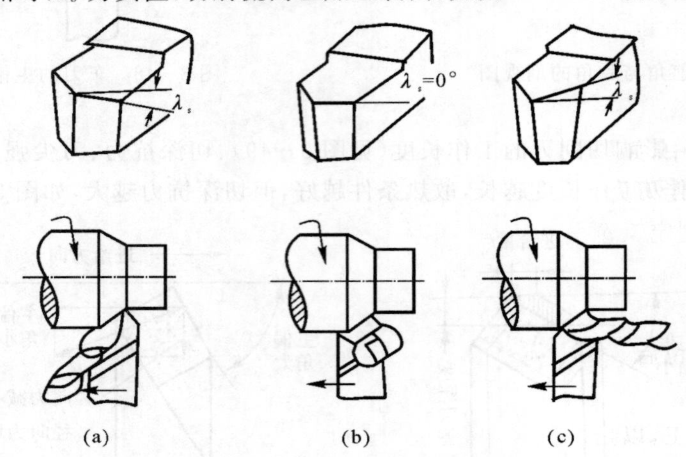

图 3－52　刃倾角对切屑流向的影响

刃倾角的选择原则：一般 λ_s 在 $0°\sim\pm5°$之间选择。粗加工时，常取负值，虽然切屑流向已加工表面，但保证了主切削刃的强度。精加工常取正值，使切屑流向待加工表面，从而不会划伤已加工表面。

3.3.6　机械加工工艺过程

工艺过程即直接改变原材料或毛坯的形状、尺寸等，使之成为成品的过程。工艺过程的组成是，工序—安装—工步—走刀。

1. 工序

在一个工作地点或在一台机床上，对一个工件所连续完成的工艺过程。“地点”是工序的主要因素。工序是工艺过程的基本单元，往往一个零件需要几个工序来完成。

2. 安装

工件的安装包括定位与夹紧两个过程。定位是指工件在机床上相对于刀具处于一个正确的位置。定位是靠定位基准与定位元件来实现的。定位基准是指工件上用以在机床上确定正确位置的表面(如平面、外圆、内孔、顶尖孔等)。定位元件是指与定位基准相接触而在夹具上的元件(如卡爪、V 形块、心轴、销、挡块等)。工件的夹紧是由夹具上的夹紧装置(如螺旋压板等)来完成的，以在切削力的作用下，使工件的正确位置保持不变。如在车床上车外圆时，用三爪卡盘夹持工件外圆，其外圆面即为定位基准，与外圆面相接触的三爪即为定位元件，也是夹紧元件。

定位基准可分为粗基准与精基准。粗基准是工件上的毛基准，只能用一次，不得重复使用。精基准是经过加工了的基准。以精基准定位，并遵循基准重合原则和基准同一原则，才能保证零件加工的质量。

工件在一次装夹中所完成的工艺过程叫作安装。在一个工序中可以包括一次或数次安装，安装次数增多，就会降低加工精度，同时也会增加装卸工件的时间。在加工过程中，要尽可能减少安装次数。但是，在用前后顶尖装夹工件（轴类）的情况下，增加调头次数，反而可以保证和提高精加工质量。

3. 工步

在一个工序内的一次安装中，当加工表面、切削刀具、切削用量中的转速和进给量均不变时所完成的工艺过程。

4. 走刀

在一个工步中，如加工余量很大，不能在一次走刀中完成，须进行多次分层车削，每次车削称为一次走刀。走刀为工步的一部分，在同一工步内切削用量、切削刀具均不改变。制定加工工艺卡时，主要制定工序和工步，走刀一般不作详细规定。

5. 加工顺序安排的一般原则

(1)先基面后其他

以粗基准定位后，首先加工出下一步加工所用的精基准的表面（基面）。

(2)先粗后精

先进行粗加工，以切除大部分加工余量。后进行精加工，以达到图纸上各项技术要求。

(3)先主后次

先加工主要表面，以早发现该表面是否有缺陷。次要表面穿插安排加工。

3.4 典型综合件车工实例

例 3.1 采用 $\phi16$ 圆棒料（45 钢）加工榔头柄，如图 3-53 所示。它的加工工艺过程可在车床上一道工序中完成，分为以下工步：

第一工步　第一次安装，车端面。

第二工步　同一次安装，钻中心孔。

第三工步　第二次安装，车另一端面并车夹位（定位基准）。

第四工步　第三次安装，车外圆、滚花。

第五工步　同一次安装，车外圆、车圆锥面、车 R 圆角。

第六工步　第四次安装，车圆弧。

第七工步　第五次安装，车外圆、切退刀槽。

第八工步　同一次安装，车螺纹或套丝。

在机械加工中，有些零件由于加工内容多，可将较多的工步划分成为少数的几个“工序”，“工序”中包含相关工步内容和安装次数，如榔头柄可作为五道工序：

第一道工序　第一次安装，车端面、钻中心孔。

第二道工序　第二次安装，车另一端面并车夹位（定位基准）。

第三道工序　第三次安装，车外圆、滚花、车圆锥面、车 R 圆角。

第四道工序　第四次安装，车圆弧。

第五道工序　第五次安装，车外圆、切削退刀槽、车螺纹或套丝。

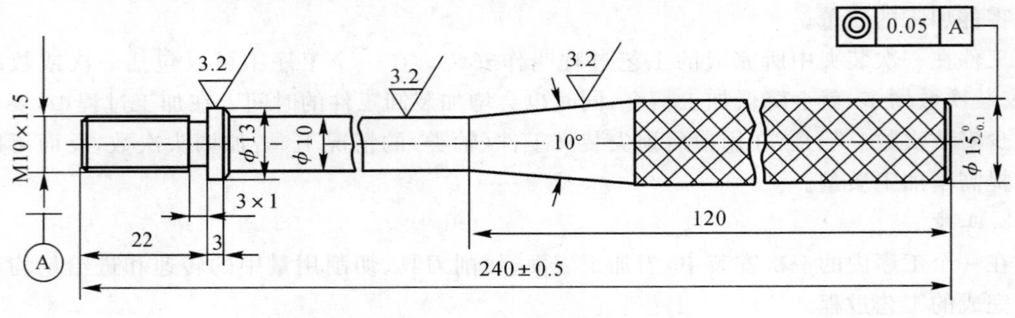

图 3-53　榔头柄

3.5　车床加工中的振动原因分析及对策

当车床发生振动时，工件表面质量恶化，产生明显的表面振纹，粗糙度增大，这时必须降低切削用量，使车床的各种效率大大降低。强烈振动时，会产生崩刃现象，使切削加工过程无法进行。振动将使车床和刀具磨损加剧，缩短车床和刀具的使用寿命；振动伴随有噪音，危害工人的身心健康，使工作环境恶化。因此，应了解振动产生的原因，掌握其规律，并加以限制或消除。

1. 振动的概念及分类

在自然界和生产实践中，人们经常可以看到物体在其平衡位置附近作往复运动的现象，这种往复性的机械运动，称为机械振动。机械振动的形式很多，随着分类方法不同，可分为许多类型。

按产生振动的原因分类，则可分为自由振动、强迫振动和自激振动。

(1)自由振动

当系统的平衡被破坏时，只靠其弹性恢复力来维持的振动称为自由振动。由于振动系统存在阻尼，故自由振动往往很快衰减而消失。

(2)强迫振动

系统在周期性变化的外力作用下所产生的振动称为强迫振动。

(3)自激振动

系统具有非振荡性能源和反馈特性，从而引起一种稳定的周期性振动，维持振动的交变力由运动本身产生和控制。

2. 车床振动的原因分析

车床在工作中影响加工的振动主要属于强迫振动和自激振动。

(1)强迫振动产生的原因

强迫振动是由外界周期性的干扰力所引起和维持的振动。支持振动的干扰力，是由外界产生的，振动的特性由外界决定。因此，为了消除强迫振动，首先必须了解振动产生的原因，并确定引起振动的根源——振源。

强迫振动产生的原因如下：

①系统外部的周期性干扰源；

②旋转零件质量偏心产生的离心力；

③运动传递过程中传动零件的误差；

④切削过程中的间隙特性。

车床在机械加工过程中，产生振动的振源有两种：一种是来自车床内部的机内振源，另一种是来自机床外部的机外振源。机内振源指车床上电动机的振动，包括转子旋转不平衡及电磁力不平衡引起的振动；机床回转零件的不平衡，如皮带轮、卡盘、刀盘和工件不平衡引起的振动；运动传递过程中引起的振动，如变速操纵机构中的齿轮啮合时的冲击力，卸荷带轮把径向载荷卸给箱体时的振动，三角皮带的厚度不均匀，皮带轮质量偏心，双向多片摩擦离合器、滑动轴承和滚动轴承尺寸及形位误差引起的振动；往复部件运动的惯性力，如离合器控制箱体的正反转引起的惯性力振动；切削时的冲击振动，如切削带有键槽的工件表面时循环冲击载荷引起的振动；车床液压系统的压力脉动。

机外振源即其他机床、锻压设备、火车、汽车等通过地基传给车床的振动。

(2)自激振动产生的原因

自激振动是在没有外来的周期性干扰力的条件下，由振动系统本身引起的交变力作用而产生的振动。在机械加工过程中，这种振动是由振动过程本身引起某种切削力的周期性变化，又由这个周期性变化的切削力反过来加强和维持振动，使振动系统补充了由阻尼作用消耗的能量。当振动运动停止时，该交变力也就消失。这种在金属切削过程中的自激振动，一般称为切削颤振，简称为颤振。

自激振动的特点如下：

①自激振动是一种不衰减振动，外部振源在最初起触发作用，但维持振动所需交变力是振动过程本身产生的。因此系统运动一停止，交变力也随之消失。即停止切削运动，自激振动也随之消失。

②自激振动的频率接近或等于系统的固有频率。

③自激振动是否产生及振幅的大小，取决于振动系统周期内输入和消耗的能量对比。

(3)减小和消除强迫振动的措施

①减小或消除振源的激振力。其一，是消减工艺系统中回转零件的不平衡。对转速在600 r/min以上的回转零件，在使用时就应注意其结构与回转中心的对称性；在使用中应进行动、静平衡，以减小回转类零件因不平衡引起的离心力及冲击力。其二，是提高传动零件的制造精度。提高传动零件的制造精度是为了减小或消除传动过程中的冲击。因此，可以通过提高传动齿轮的制造精度和装配质量，或采用对振动冲击不敏感的高阻尼类材料制造传动件，以有效地减小振动。

②改进传动机构的缺陷与隔振。为了防止液压传动引起的振动，最好将液压泵与机床分离开，并采用软管连接。技术要求高的精密机床，最好采用叶片泵或螺旋泵，减小压力脉动。对于从机床外部由地基传来的干扰振动，则主要是采用隔振措施，使由内、外振源激起的振动不能传到刀具和工件上去，如电动机安装隔振橡皮。

③提高工艺系统本身的抗振性。提高机床、工件及刀具的刚度，都会增加系统的抗振性，增加阻尼，也是减小振动的有效办法。应在结构设计时，考虑增加阻尼及刚度，以达到减振

目的。

④调节振动源频率。在选择转速时,尽可能使旋转件的频率远离机床有关元件的固有频率,避开共振区。

⑤采用减振器与阻尼器。当使用上述方法仍无效时,可考虑使用阻尼器或减振器。需要指出的是,强迫振动只有在高速切削车床和重型车床发生谐振的情况下,才会影响加工质量。在大多数中等速度的车床上,强迫振动常常是离谐振频率范围较远的非高频振动;这种振动并不引起处于不同方位的结合面中的间隙的改变,故不影响车床的工作性能。

(4)减小和消除自激振动的措施

切削过程中的自激振动,既与切削过程有关,又与工艺系统的结构有关。消除、减小自激振动的最关键的问题,是减小内激振力,在工艺上有以下途径:

①合理地选择切削用量,其包括切削速度、进给量和背吃刀量的合理选择;

②合理地选择刀具的几何参数,其包括前角、主偏角、后角及刀尖圆角的选择。

3. 提高工艺系统抗振性的措施

(1)提高工件系统的抗振性

在工艺系统中,工件系统往往是易于发生振动的薄弱环节,因此提高工件系统的抗振性是十分必要的,通常可根据具体情况相应地采取下列措施。

①尽可能在接近加工处夹紧工件,使切削力接近夹持处;

②沿工件全长多夹数点,以减少在切削力作用下的变形;

③车削薄壁管时,管内灌水、油或砂,以提高工件系统的阻尼性能;

④提高轴类工件顶尖孔的质量;

⑤加工细长轴时采用中心架;

⑥采用一种能在刀具和工件间实现附加联系的装置。

(2)提高刀具系统的抗振性

①增大车刀截面,减小悬伸距,磨光车刀定位面;

②提高刃磨质量;

③装在圆柱刀杆上的刀具,要采用保证正确定心的配合。

3.6 车床加工安全与防护

3.6.1 车床加工时的不安全因素

车床的运动是主轴通过卡具带动工件旋转为主运动,拖板刀架带动刀具作沿工件轴线方向的纵向直线送进或作垂直工件轴线方向的横向直线送进为进给运动。从车床的运动特点可以看出,车削加工的不安全因素主要来自两个方面:一是工件及其夹紧装置(卡盘、花盘、鸡心夹、顶尖及夹具)的旋转,二是切削过程中所产生的飞溅的高温切屑。

3.6.2 车床加工伤害事故的原因

①操作者没有穿戴合适的防护服和护目镜,使过分肥大的衣物卷入旋转部件中。

②操作者与旋转的工件或夹具,尤其是与不规则工件的凸出部分相撞击或者是在未停车

的情况下，用手去清除切屑、测量工件、调整机床造成伤害事故。

③被抛出的崩碎切屑或带状切屑打伤、划伤或灼伤。

④工件、刀具没有夹紧，开动车床后，工件或刀具飞出伤人。

⑤车床局部照明不足或其灯光放置位置不利于操作者观察操作过程，而产生错误操作导致伤害事故。

⑥车床周围布局不合理，卫生条件不好，工件、半成品堆放不合理，废铁屑未能及时清理，妨碍生产人员的正常活动，造成滑倒致伤或工件(具)掉落伤人。

3.6.3　车床加工事故防范

在车削加工时，暴露在外的旋转部分，如工件的旋转运动、装夹工件的拨盘、卡盘、鸡心夹等的旋转都有可能对操作者造成伤害。为防止这类伤害事故的发生，应采用防护罩或安全装夹方式将危险部分隔开。

(1)旋转工件的防护

车削时旋转工件上凸出的部分钩住衣服或打击身体造成伤害。有时也会因工件装夹不牢而飞出伤人。为防止这类事故发生，在高速旋转时，要防止工件飞出，应保证夹具有良好的工作状态；使用顶尖支撑工件时，后顶尖要保持良好的润滑，以防因顶尖过热磨损造成工件脱落飞出。在加工长棒料时，其暴露在车身外面，转速很高时一旦触到，就可能卷入或打伤。为防止这类事故，可采用长棒料的防护安全装置，将旋转的棒料与人隔开。

(2)旋转夹具的防护

车床上经常使用拨盘、鸡心夹、卡盘。拨盘的拨杆、鸡心夹的尾端、卡盘的卡盘爪在转动时都有可能钩住操作者的衣服，引起伤害事故。为消除这些危险，应该使用安全型鸡心夹头，其优点在于没有凸出部分，周围有一轮缘，在旋转时就不会钩住操作者衣服。还可采用安全拨盘，其形状成杯状，杯的边缘可以起保护作用，用这种安全拨盘时，可用一般鸡心夹。

卡盘安全防护罩的结构是将卡爪罩起来。工作时，通过手柄将活动网罩拉出，卡盘被逮住。金属罩壳用管和螺钉装紧在两个横杆上，横杆通过底座固定在机床上。

3.6.4　车床加工安全操作规程

①穿紧身工作服，袖口不要敞开，长发要戴防护帽，操作时不能戴手套。

②在机床主轴上装卸卡盘应在停机后进行，不可用电动机的力量取下卡盘。

③夹持工件的卡盘、拨盘、鸡心夹的凸出部分最好使用防护罩，以免绞住衣服及身体的其他部位。如无防护罩，操作时应注意距离，不要靠近。

④用顶尖装夹工件时，顶尖与中心孔应完全一致，不能用破损或歪斜的顶尖，使用前应将顶尖和中心孔擦净。后尾座顶尖要顶牢。

⑤车削细长工件时，为保证安全应采用中心架或跟刀架，长出车床部分应有标志。

⑥车削形状不规则的工件时，应装平衡块，并试转平衡后再切削。

⑦刀具装夹要牢靠，刀头伸出部分不要超出刀体高度1.5倍，垫片的形状尺寸应与刀体形状尺寸相一致，垫片应尽可能地少而平。

⑧除车床上装有运转中自动测量装置外，均应停车测量工件，并将刀架移动到安全位置。

⑨对切削下来的带状切屑、螺旋状长切屑，应用钩子及时清除，严禁用手拉。

⑩为防崩碎切屑伤人，应在合适的位置上安装透明挡板。

⑪用砂布打磨工件表面时，应把刀具移动到安全位置，不要让衣服和手接触工件表面。加工内孔时，不可用手指支持砂布，应用木棍代替，同时速度不宜太快。

⑫禁止把工具、夹具或工件放在车床床身上和主轴变速箱上。

复习思考题

1. 车削加工有何特点？并写出其加工范围和加工精度。
2. 车削时工件和刀具作哪些运动？切削用量包括哪些内容？单位是什么？
3. 车刀切削部分的组成是什么？外圆车刀主要的角度有哪几个？主要作用是什么？
4. 车床上用于装夹工件的方法有哪些？其装夹特点是什么？如何选用？
5. 试从加工要求、刀具形状、切削用量、切削步骤等方面说明粗车和精车的区别。
6. 车外圆时有哪些装夹方法？为什么车削长轴类零件时常用双顶尖装夹？
7. 车刀按其用途和刀具材料是如何进行分类的？
8. 如何防止车螺纹时的“乱扣”现象？试说明车螺纹的步骤。

第4章 铣削加工

铣削加工是基本的金属切削加工方法之一。铣削加工中,铣刀的旋转为主运动,工件或铣刀作进给运动。铣刀是多刃刀具,与单刃刀具比较,旋转的多刃铣刀切削时能承受更大的切削载荷,可采用更大的切削用量,所以铣削的加工精度和生产效率较高,加工范围广。

1818 年美国人 E. 惠特尼研制了卧式铣床。为了铣削麻花钻头的螺旋槽,美国人 J. R. 布朗于 1862 年研制了第一台万能铣床,它是升降台铣床的雏形。1884 年前后出现了龙门铣床。20 世纪 20 年代出现了半自动铣床,工作台利用挡块可完成“进给－快速”或“快速－进给”的自动转换。

1950 年以后,铣床在控制系统方面发展很快,数字控制的应用大大提高了铣床的自动化程度。20 世纪 70 年代以后,微处理机的数字控制系统和自动换刀系统在铣床上得到应用,扩大了铣床的加工范围,提高了加工精度与效率。

4.1 铣床的分类

铣床是机械制造业中的重要设备之一。铣床的种类有很多,常用的铣床有卧式铣床、立式升降台铣床、万能工具铣床和龙门铣床等。本节主要介绍万能卧式铣床和立式铣床。

4.1.1 万能卧式铣床

万能卧式铣床的外形如图 4－1 所示。它的主要特点是主轴和工作台面相平行,呈水平位置。可以在水平面内左右扳转 45°。X6132 万能卧式铣床编号含义如下:

X——铣床;

6——卧式铣床;

1——万能升降台铣床;

32——工作台宽度的 1/10(即工作台宽度为 320 mm)。

现在介绍 X6132 万能卧式铣床的主要组成部分及其功用。

1. 床身

床身是用来支撑和固定铣床各部件的。顶面上有水平导轨,用于横梁的移动。前壁有燕尾形的垂直导轨,供升降台上下移动。内部装有主轴、主轴变速箱、电器设备及润滑油泵等部件。

2. 主轴

主轴是用来安装刀杆并带动铣刀旋转的。主轴做成空心的,前端有锥孔,以便安装刀杆锥柄。

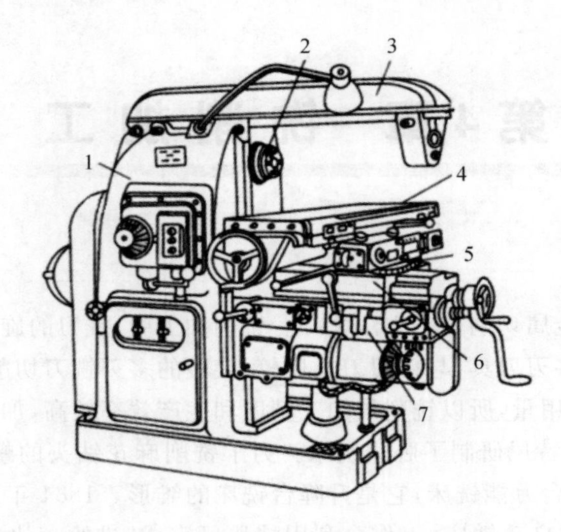

图 4-1　万能卧式铣床结构图

1—床身；　2—主轴；　3—横梁；　4—工作台；　5—转台；　6—横溜板；　7—升降台

3. 横梁

横梁上装有吊架，用来支持刀杆的外端，以减少刀杆的弯曲和颤动。横梁伸出长度可根据刀杆长度来调整。

4. 工作台

工作台用来安装工件和夹具，台面上有 3 条 T 形直槽，槽内放进螺栓即可紧固工件和夹具。工作台的下部有一根传动丝杠，通过它使工作台带动工件作纵向进给运动。有些铣床的丝杠和螺母之间的间隙还可以调整，以减少工作台在铣削时产生窜动。工作台前侧面还有一条 T 形槽，可以用来固定挡铁，以便实现机床的半自动化操作。

5. 转台

转台的上面有水平导轨，供工作台作纵向移动，下面与横向溜板用螺钉相连。松开螺钉，可以使转台带动工作台在水平面内旋转一个角度（最大为±45°），以使工作台作斜向移动。

6. 横溜板

横溜板用以带动工作台沿升降台的水平导轨作横向移动，在对刀时调整工件与铣刀间的横向位置。

7. 升降台

升降台位于工作台、转台、横向溜板的下面。升降台内部装有进给运动的电机及传动系统。升降台可以使整个工作台沿床身的垂直导轨上下移动，以调整工作台面到铣刀的距离，并作垂直进给。带有转台的卧式铣床，由于其工作台除了能作纵向、横向和垂直方向的移动外，还能在水平内左右扳转 45°，因此称为万能卧式铣床。

4.1.2　立式铣床

根据铣头与床身的连接方式，立式铣床可以分为整体式立式铣床和回转式立式铣床。整体式立式铣床，铣头与床身连成一个整体，刚性好，在加工时可以采用较大的切削用量。回转式立式铣床，铣头与床身分为两部分，中间靠转盘相连，可根据加工需要，将铣头主轴相对于工作台台面扳转一定角度，以铣削斜面，从而扩大了铣床的加工范围。

立式铣床的外形如图4－2所示，它与卧式万能铣床的主要区别是主轴是与工作台垂直的。在立式铣床上能装镶有硬质合金刀片的端铣刀进行高速铣削。

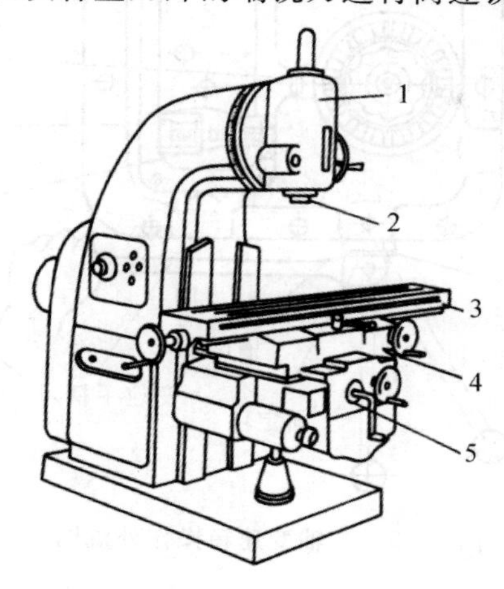

图4－2 立式铣床结构图

1—立铣头； 2—主轴； 3—工作台； 4—床鞍； 5—升降台

4.2 铣床的操作与日常维护

4.2.1 铣床的操作

1. 工作台手动进给手柄的操作

操作时给手柄纵向加力，接通其手动进给离合器。摇动工作台任何一个手动进给手柄，就能带动工作台作相对应方向的手动进给运动。顺时针摇动手柄，即可使工作台前进(或上升)；反之，若逆时针摇动手柄，则工作台后退(或下降)。

在进给手柄刻度盘上刻有“1格＝0.05 mm；1圈＝2 mm”的标识。说明进给手柄每转过1小格，工作台移动0.05 mm，每转动1圈，工作台移动2 mm。摇动各自的手柄，通过刻度盘控制工作台在各进给方向的移动距离。为避免丝杠与螺母间隙的影响，手柄若摇过了刻度，不可直接摇回，必须将其旋转1圈后，再重新摇到要求的刻度线位置。

2. 主轴变速

主轴变速操纵箱在床身左侧窗口上，变速主轴转速可通过一个手柄和一个刻度盘来实现(见图4－3)，变速时，操作顺序如下：

①把手柄向下压，使手柄的键块自槽中滑出，然后拉动手柄，使键块落进第二道键槽为止。

②转动刻度盘，把所需的转速数字对准指针，把手柄推回原来的位置，使键块落进槽内，变速时为了使齿轮容易啮合，扳动手柄可使电动机有一个瞬时冲动，冲动时间的长短与手柄的运动速度有关。为了避免齿轮的撞击，冲动时间越短越好，因此，当把手柄向原来位置推动时，要求推动速度快些，只是在接近最终位置时，需要将推动速度减慢，以利于齿轮啮合。为了避免打牙，不能在主轴运动中变速，必须是在主轴完全停止后才能进行。

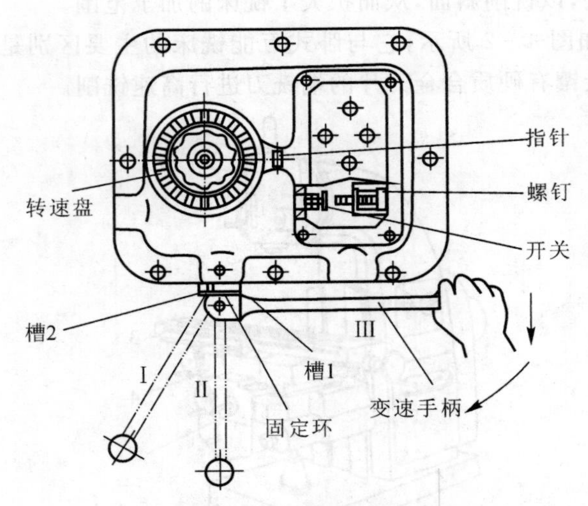

图 4-3　主轴变速箱操作外观图

3.工作台机动进给的操作

工作台的自动进给必须启动主轴才能进行。工作台纵向、横向、垂向的自动进给操纵手柄均为复式手柄。机动进给手柄的设置使操作方便、不易出错。纵向进给操纵手柄有 3 个位置，如图 4-4 所示。

横向和垂向由同一手柄操纵，该手柄有五个位置，如图 4-5 所示。手柄推动的方向即工作台移动的方向，停止进给时，把手柄推至中间位置。

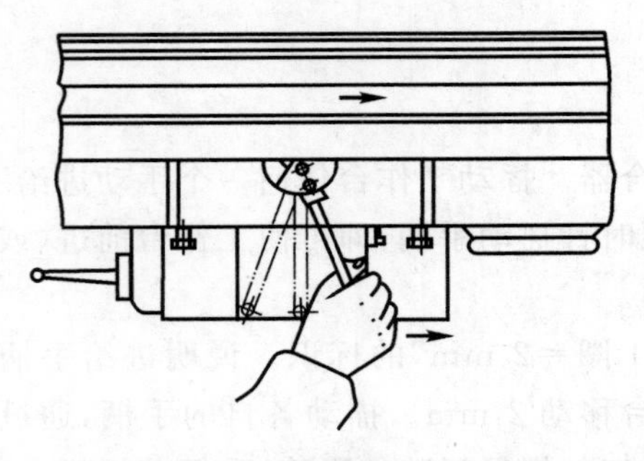

图 4-4　工作台纵向进给手柄

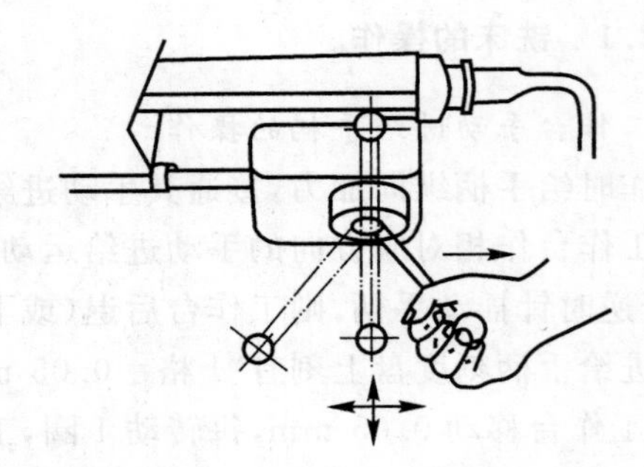

图 4-5　工作台的横向、垂向进给

变换进给速度时应先停止进给，然后将变速手柄向外拉并转动，带动转速盘转至所需要的转速数，对准指针后，再将变速手柄推回原位，如图 4-6 所示。转速盘上有 23.5～1 180 r/min共 8 种进给速度。

4.进给变速的操作

进给变速箱是一个独立部件，装在升降台左边，变速箱包括五根传动轴，利用传动轴的两个三联齿轮和一套背轮的不同啮合可组合 18 级进给速度。速度的变换由进给操纵箱来控制，操纵箱装在进给变速箱的前面，变速进给速度的顺序如下：

①把蘑菇形手柄 1 向前拉出。

②转动手柄，把刻度盘 2 所需要的进给速度对准指针 3。

③把蘑菇形手柄推回原位，即可完成进给变速的操作。

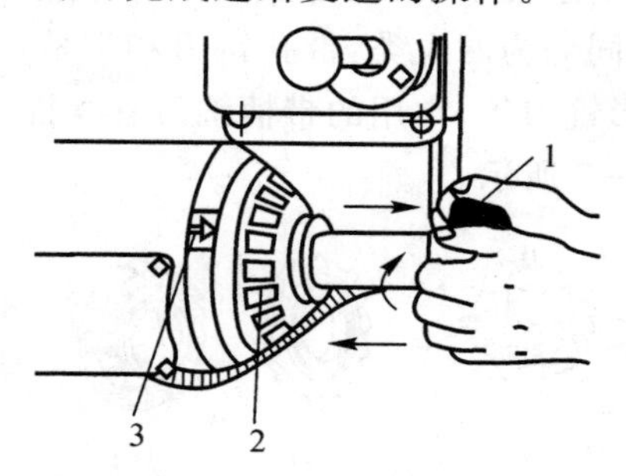

图4-6　进给变速

1—变速手柄；　2—进给速度盘；　3—指针

4.2.2　铣床的日常维护保养

1. 铣床的日常维护保养要求

①严格遵守操作规程。

②熟悉机床性能和使用范围，不超负荷工作。

③若发现机床有异常现象，则应立即停机检查。

④工作台、导轨面上不准乱放工具、工件或杂物，毛坯工件直接装夹在工作台上时应用垫片。

⑤工作前应先检查各个手柄是否处在规定位置，然后开空车数分钟，观察机床是否正常运转。

⑥工作完毕，应将机床擦拭干净，并注润滑油。做到每天一小擦，每周一大擦，定期一级保养。

2. 铣床的保养作业内容

①清洗、调整工作台、丝杠手柄及柱上镶条。

②检查、调整离合器。

③清洗三向导轨及油毛毡，清洁电动机、机床内外部及附件。

④检查油路，加注各部润滑油。

⑤紧固各部螺丝。

3. 铣床的润滑

定期对铣床通过注入润滑油进行保养润滑，一般采用手捏式油壶作为注油工具，采用纯净无杂质的润滑油，一般使用L-AN32全损耗系统用油。主轴传动箱、进给传动箱、手动油泵和挂架上都有带有游标的油池，要经常注意油池的油量，当油量低于标线时，应及时补足。

4.3　铣削加工的基本知识

4.3.1　铣刀及其安装

1. 铣刀

铣刀是一种多刃刀具，在铣削时铣刀的每个刀刃在铣刀每次旋转中只参与一次切削，有利于切削热量的散失。铣刀在切削过程中属于多刀切削,因此生产效率较高。

铣刀可根据装夹方式的不同分为两大类:带孔铣刀和带柄铣刀。常用的带孔铣刀有圆柱铣刀、圆盘铣刀、角度铣刀、成形铣刀等,常用的带柄铣刀有立铣刀、键槽铣刀、T 形铣刀和镶齿端铣刀等。铣刀的分类如图 4 - 7 所示。

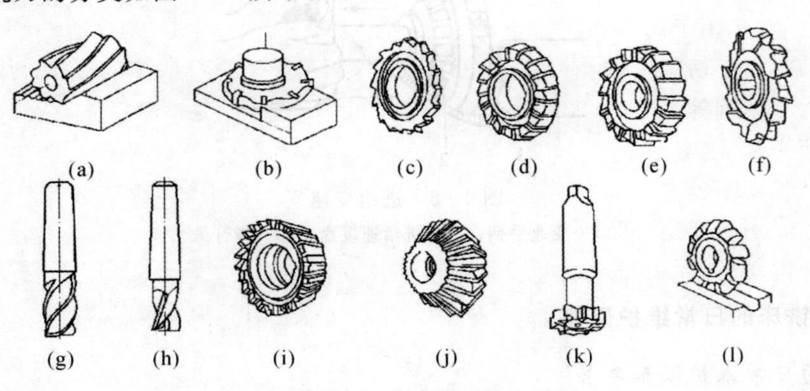

图 4 - 7　铣刀的类型

(a)圆柱铣刀; (b)面铣刀; (c)槽铣刀; (d)两面刃铣刀; (e)三面刃铣刀;
(f)错齿三面刃铣刀; (g)直柄立铣刀; (h)锥柄立铣刀; (i)单角度铣刀;
(j)双角度铣刀; (k)T 形槽铣刀; (l)成形铣刀

常用铣刀的用途:

①圆柱铣刀,主要用其圆柱面的刀齿铣削平面。

②面铣刀,通常刀杆上装有硬质合金刀片,刀片伸出部分短,故刚性较好,可以用于平面的高速切削。生产效率较高,加工表面质量好。

③槽铣刀,主要用于加工槽类零件,也可用于加工平面。

④两面刃铣刀,除圆周表面具有主切削刃外,一个侧面也有副切削刃,一般用于铣平面和台阶。

⑤三面刃铣刀,除圆周表面具有主切削刃外,两侧面也有副切削刃,从而改善了切削条件,提高了切削效率,减小了表面粗糙度。一般用于铣沟槽和台阶。

⑥错齿三面刃铣刀,圆周表面的刀刃交错,两侧也有副切削刃,加工适应性强,一般用于铣平面、台阶和沟槽。

⑦立铣刀,有直柄与锥柄两种。它相当于一把带柄的圆柱铣刀,多用于加工沟槽、小平面、台阶轴等。

⑧角度铣刀,主要分为单角度铣刀和双角度铣刀。它具有各种不同的角度,用于加工各种角度的沟槽及斜面等。

⑨T 形槽铣刀,专门用于加工 T 形槽。

⑩成形铣刀,切削刃呈凸圆弧、凹圆弧、齿槽形等,用来加工与切削刃形状对应的成形面。

2. 铣刀刀齿的形状

按刀齿形状可将铣刀分为尖齿铣刀和铲齿铣刀两种。

尖齿铣刀的齿背是直线或折线形,刃口锋利,刃磨方便,用钝后刃磨铣刀的齿背。铲齿铣刀的齿背是阿基米德螺线形,刃口不够锋利,用钝后刃磨前刀面,刃磨后刀齿的几何形状不变,如齿轮铣刀。

3. 铣刀的材料

①高速钢，用于制造形状较复杂的低速切削用铣刀，常用的牌号有 W18Cr4V，W6Mo5Cr4V2 等。

②硬质合金，多用于制造高速切削用铣刀，常用的硬质合金有：钨钛钴（YT）用于切削钢材，钨钴类（YG）用于切削铸铁、有色金属及其合金，通用硬质合金（YW1，YW2）用于切削高强度钢、耐热钢、不锈钢等。

4. 铣刀的安装

(1)圆柱铣刀、圆盘铣刀和角度铣刀的安装

在卧式铣床上多使用长刀杆安装圆柱铣刀、圆盘铣刀和角度铣刀。刀杆的一端为锥体，装入机床前端的锥孔中，并用拉杆穿过主轴将刀杆拉紧。主轴的动力通过锥面和前端的键带动刀杆旋转。铣刀装在刀杆上应尽量靠近主轴的前端，以减少刀杆的变形。

(2)立铣刀的安装

对于直径为 3～20 mm 的直柄立铣刀，可用弹簧夹头装夹，弹簧夹头可装入机床主轴孔中；对于直径为 10～15 mm 的锥柄铣刀，可利用过渡套筒装入机床主轴孔中。

(3)镶齿端铣刀的安装

镶齿端铣刀一般中间带有圆孔，通常先将铣刀装在短刀轴上，再将刀轴装入机床的主轴上，并用拉杆螺丝拉紧。

4.3.2 铣床上工件的装夹

在铣床上装夹工件时，最常用的两种方法是用平口钳和用压板装夹工件。对于小型工件一般采用平口钳装夹，对于较大的工件则多是在铣床工作台上用螺钉、压板来装夹。

1. 平口钳

平口钳适用于加工小的零件平面、台阶、斜面和轴类零件、键槽的铣削等。平口钳的种类很多，有固定式、回转式、自定心、V 形、手动液压等，其中固定式和回转式的应用最为广泛，图 4-8 所示为回转式机用平口钳。

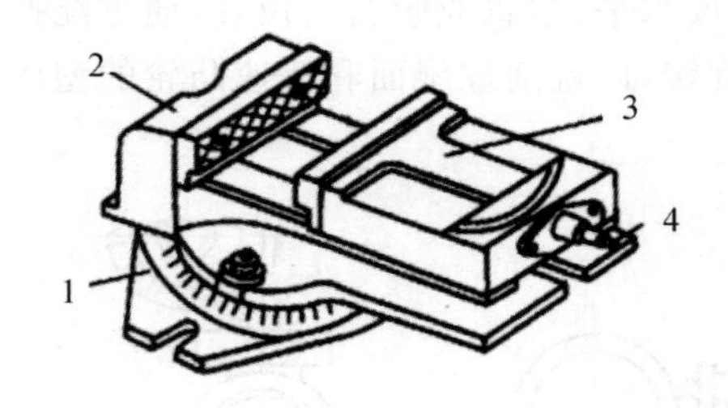

图 4-8 回转式机用平口钳

1—底座； 2—固定钳口； 3—活动钳口； 4—螺杆

(1)装平口钳注意事项

①清洁钳口底部；

②旋紧转盘螺帽；

③用百分表校正钳口与纵向轴平行。

(2)平口钳装夹工件时注意事项

①安装工件时应擦净钳口铁平面、钳体导轨面、工件表面；

②工件铣出的余量应高于钳口上平面；

③工件在钳口中放置的位置要适当，使夹紧力均匀；

④所选垫铁的平面度、平行度、相邻表面垂直度应符合要求，垫铁表面要具有一定的硬度；

⑤在装夹好工件时，要用铁锤轻敲工件，消除工件与钳口和垫铁之间的间隙，如图 4－9 所示。

2. 压板

对形状较大或不便于用平口钳装夹的工件，用压板压紧在工作台上，一般选择两块以上的压板，垫铁的高度应等于或略高于工件被夹紧部位高度，螺栓到工件间的距离应略小于螺栓到垫铁间的距离，如图 4－10 所示。

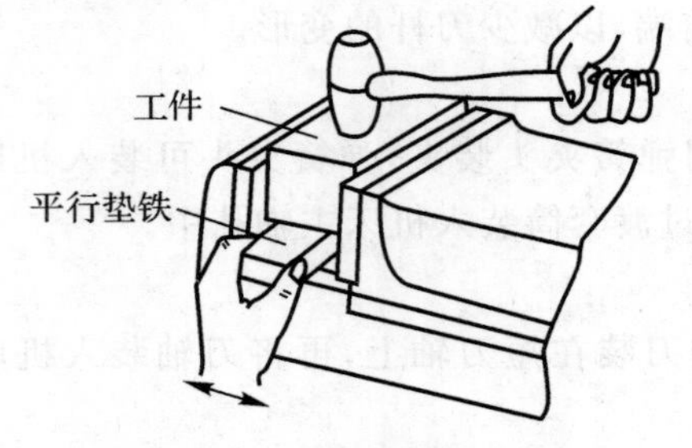

图 4－9　用平行垫铁装夹工件

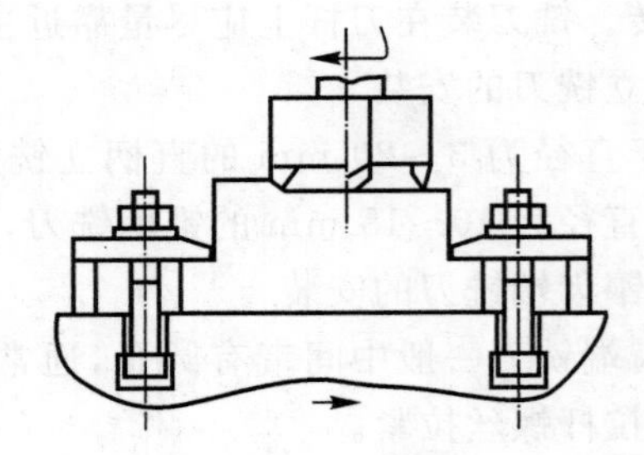

图 4－10　压板螺钉

压板装夹时的注意事项：

①压板的位置应正确，垫铁的高度要适当，压板与工件接触应良好，夹紧可靠；

②夹紧处不能有悬空现象，如有悬空应将工件垫实；

③注意不要夹伤工作台面和已加工表面(可垫铜片)。

3. 万能分度头

分度头也称万能分度头，它是铣床的重要附件之一，能将工件作任意的圆周等分或直线移距分度，可把工件轴线装夹成水平、垂直或倾斜的位置，通过配换齿轮，可使分度头主轴随纵向工作台的进给运动作连续旋转，以铣削螺旋面和等速凸轮的型面。分度头装夹工件如图4－11 所示。

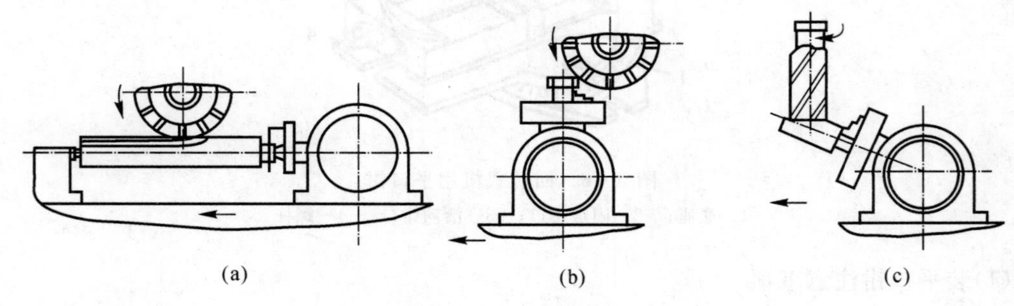

图 4－11　分度头装夹

(a)分度头顶尖；(b)分度头卡盘(直立)；(c)分度头卡盘(倾斜)

利用万能分度头装夹工件时，要根据工件的形状和加工要求选择装夹形式。也可以把三爪自定心卡盘安装在分度头上。三爪自定心卡盘安装在分度头上使用时须采用连接盘，连接盘与分度头主轴通过锥面配合定位，用内六角螺钉连接固定。连接盘与卡盘壳体通过台阶圆柱面定位，用内六角螺钉连接固定。

4.3.3 铣削加工

铣削加工精度可达到IT9～IT7级，表面粗糙度达到R_a6.3～1.6 μm。具有加工范围广、生产效率高等特点，在机械制造工业中占有重要的地位。铣削加工主要可以铣平面、铣台阶、铣直角槽、切断、铣键槽、铣六方、刻线、铣花键槽、铣特形、铣齿轮、刀具铣削、镗孔和铣凸轮等，此外还可在铣床上加工孔，如图4-12所示。

图4-12 铣削加工基本内容

1. 铣平面

铣平面，如图4-13所示。刀具与被加工表面的接触弧较长，同时进行切削的刀齿较多，刀杆伸出短，刚性好，因此工作较平稳，圆柱铣刀的主切削刃担任切削工作，副切削刃还起到修光的作用，所以加工表面的粗糙度较小。这样就既提高了生产效率，又降低了表面的粗糙度。

2. 铣台阶面

铣台阶面，如图4-14所示。为了在一次进给中铣出台阶的全部宽度，所选取的端铣刀直径应大于台阶宽度，台阶的深度可分几次铣削完成，铣削方法和步骤与立铣刀铣削台阶基本相同。用端铣刀铣削台阶时，工件可用机床用平口钳装夹，也可以用压板压紧在工作台面上。在用机床用平口钳装夹工件时，其装夹要求与用立铣刀铣削台阶时装夹要求相同，用压板压紧工件时，应使工件进给方向平行或垂直。

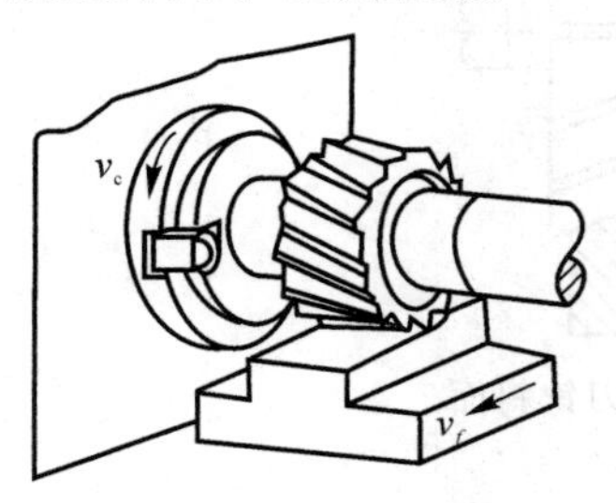

图4-13 圆柱形铣刀铣平面

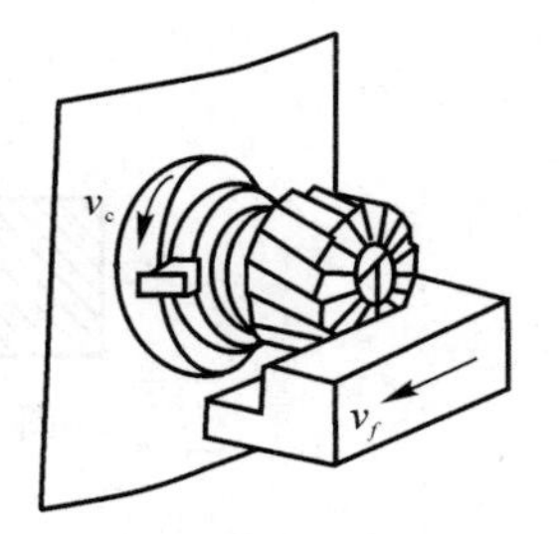

图4-14 套式铣刀铣台阶面

由于三面刃铣刀的直径和刀齿尺寸都比较大，容屑槽也较大，所以刀齿的强度大，排屑、冷却较好，生产效率较高，因此，在铣削宽度不太大的台阶时，一般都采用三面刃铣刀。铣削时，三面刃铣刀的圆柱面刀刃起主要的切削作用，两个侧面刀刃起修光作用。

3.铣斜面

(1)使用倾斜垫铁铣斜面

铣斜面时需将工件安装成所需的角度。如在工件待加工的斜面先划线，然后利用一块倾斜的垫铁把工件装夹在工作台或平口钳上，如图4-15所示。也可按照划线位置找正工件，不用垫铁在平口钳上夹持加工。

(2)倾斜夹持工件铣斜面

铣斜面时应将工件按照铣削面倾斜安装在平口钳上，然后夹紧工件铣削。一般装夹后，使得要铣的斜面与平口钳平行，如图4-16所示。

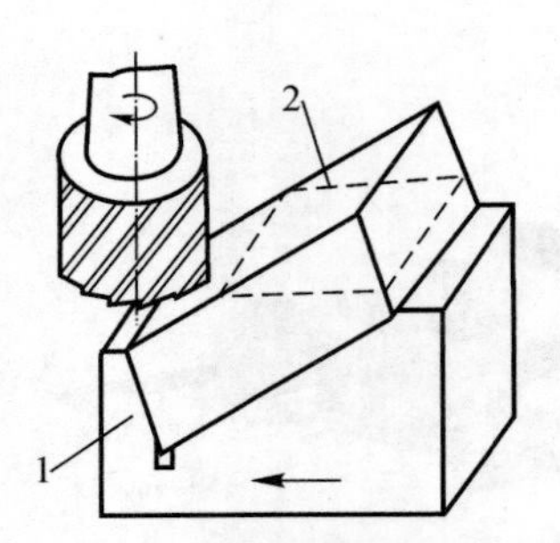

图4-15　用斜垫铁装夹工件铣斜面

1—斜垫铁；　2—工件

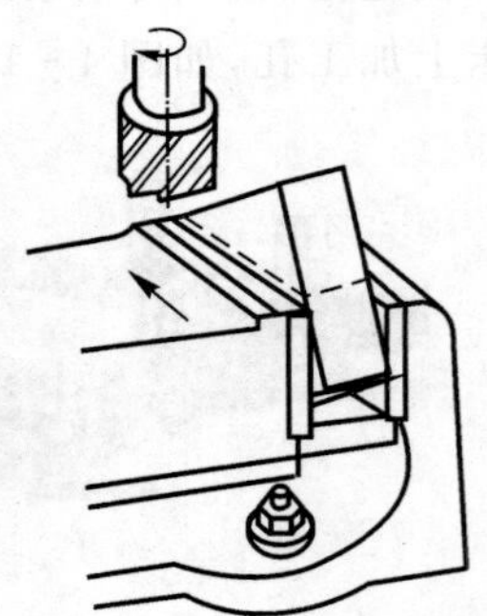

图4-16　按划线装夹工件铣斜面

(3)用角铣刀铣斜面

宽度较小的斜面，可以用角度铣刀铣削，特别是工件上的倒角。角度铣刀的角度由工件斜面的角度决定的，一般斜面的宽度小于角度铣刀的宽度，如图4-17所示。由于角度铣刀的刀齿较密，排屑困难，尖角部分的刀齿强度较差，因此进给量和铣削速度都应小些，并且要使用充足的切削液进行冲洗和润滑。为了提高生产效率，可以使用小直径的硬质合金端铣刀(1～2个刀齿)，利用刀刃的主偏角对工件进行倒角。

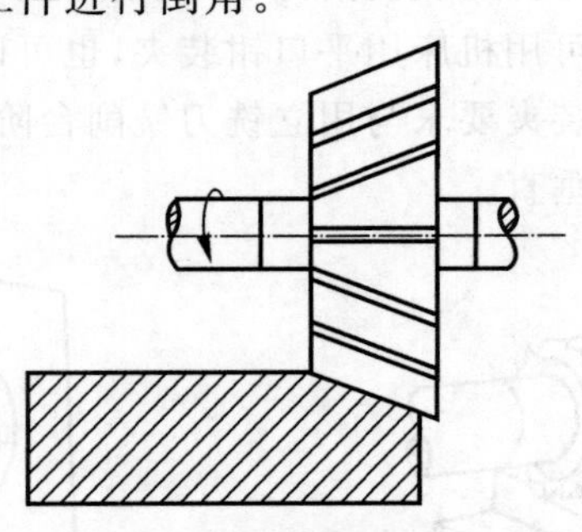

图4-17　用角铣刀铣斜面

4.铣沟槽

(1)铣键槽

常见的键槽有封闭式和敞开式两种。对于封闭式键槽，单件生产一般在立式铣床上加工。当批量较大时，则常在键槽铣床上加工，这时利用平口钳将工件夹紧后，再用键槽铣刀一层一层地铣削，直到符合要求为止，如图 4－18 所示。

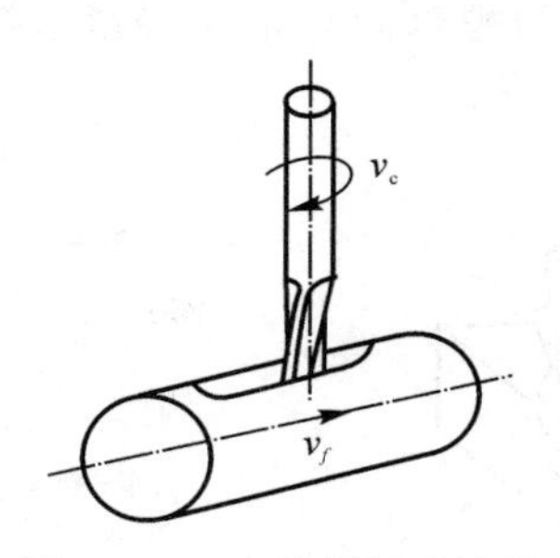

图 4－18　立铣封闭式键槽

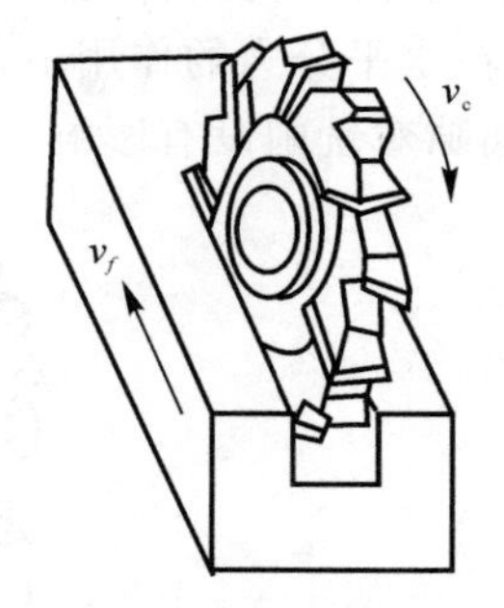

图 4－19　卧铣敞开式键槽

若用立铣刀加工，则由于立铣刀端面中央无切削刃，不能向下进刀，因此必须预先在槽的一端钻一个落刀孔，才能用立铣刀铣键槽。

对于敞开式键槽，一般采用三面刃铣刀在卧式铣床上加工，如图 4－19 所示。

(2)铣 T 形槽

加工 T 形槽时，必须用立铣刀或者三面刃铣刀铣出直角槽，然后再用 T 形槽铣刀铣出 T 形槽，最后用角度铣刀铣出倒角。

5. 铣成形面

根据零件不同的表面轮廓，设计出相应的铣刀，采用铣刀加工零件的表面，达到一次成形的效果，如图 4－20 所示。

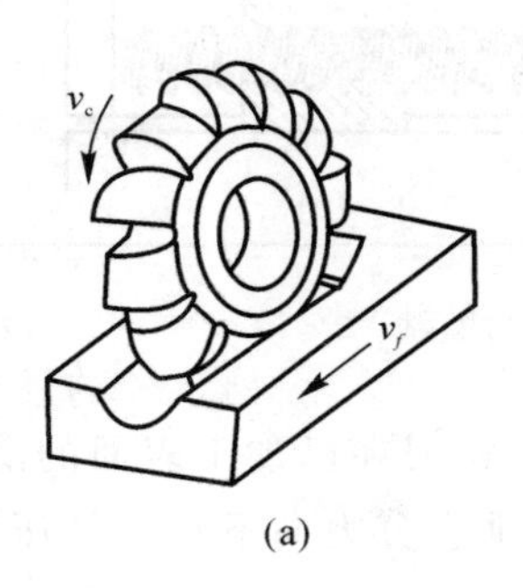

(a)

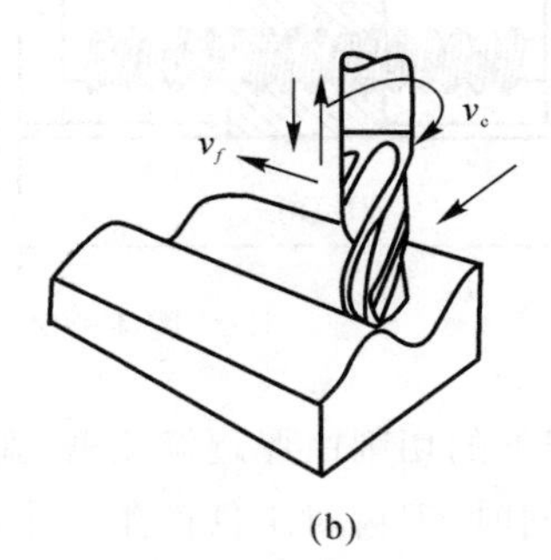

(b)

图 4－20　铣成形面

4.3.4　铣削方式和冷却

1. 周铣和端铣

(1)周铣法

用刀齿分布在圆周表面的铣刀进行铣削的方式叫作周铣，如图 4－21 所示。

周铣有两种铣削方式，逆铣和顺铣。当铣削加工时，铣刀切入工件时的切削速度方向和工件的进给方向相反时，称为逆铣，如图 4－22(a)所示。铣削时，当铣刀的切削速度与工件进给方向相同时，称为顺铣，如图 4－22(b)所示。

逆铣时，刀齿切下的切削由薄逐渐变厚，刀齿接触工件后要滑移一段距离才能切入，使刀具与工件的摩擦严重，切削温度升高，工件已加工表面粗糙度值增大。同时逆铣时，刀齿对工件产生一个向上垂直分力，对工件的夹紧不利，引起振动。但铣刀对工件的水平分力与工作台的进给方向相反，在水平分力的作用下，工作台丝杠与螺母间总是保持紧密接触而不会松动，故丝杠与螺母的间隙对铣削没有影响。

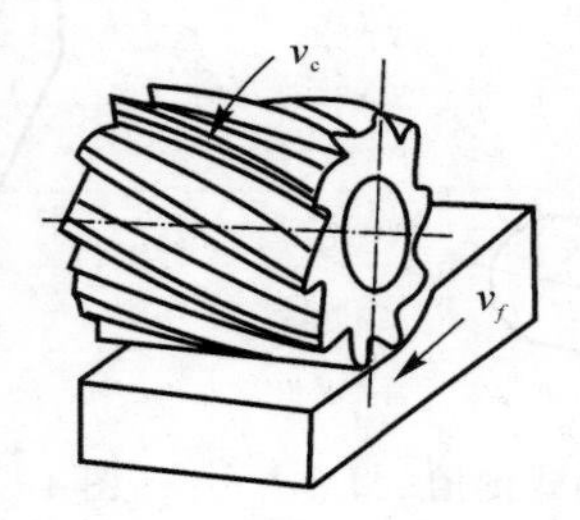

图 4-21　周铣

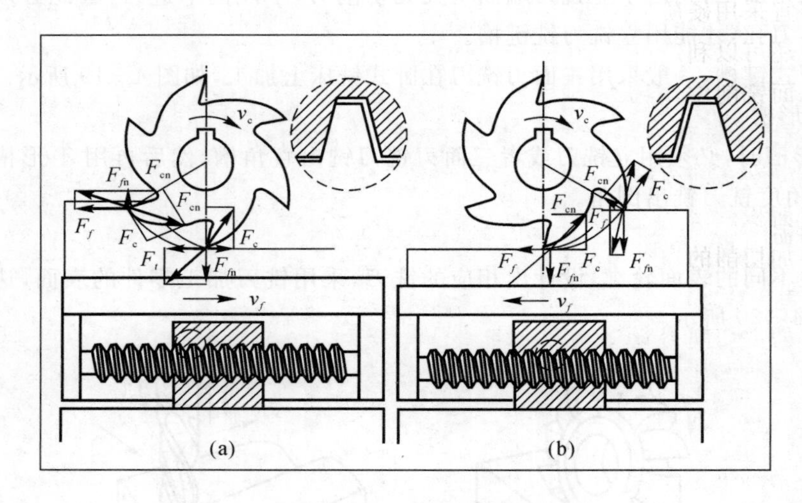

图 4-22　逆铣与顺铣

顺铣时，刀齿切下的切削由厚逐渐变薄，避免了铣刀在已加工表面的滑行过程，使刀具与工件的摩擦减少。同时，刀齿对工件产生一个向下垂直分力向下将工件压紧，减少了振动，铣削平稳。但铣刀对工件的水平分力与工作台的进给方向一致，且工作台丝杠与螺母间一般都有间隙，因此在水平分力的作用下，工作台会消除间隙而突然振动甚至抖动，影响已加工表面的质量，对刀具的耐用度不利，甚至会使刀杆弯曲、刀头折断。

实际生产中，大多采用逆铣法铣削平面，因为目前除了万能升降台铣床外，尚无消除丝杠与螺母之间间隙的机构。顺铣与逆铣比较，顺铣加工可以提高铣刀耐用度 2～3 倍，降低表面粗糙度值，尤其在铣削难加工材料时，效果较为明显。但是，采用顺铣，首先要求铣床有消除工作台进给丝杠螺母副间隙的机构，能消除传动间隙，避免工作台窜动。其次要求毛坯表面没有硬皮，工艺系统有足够的刚度。如果具备以上条件，从提高刀具耐用度和工件表面质量以及增加工件夹持的稳定性等方面考虑，则应当采用顺铣，否则采用逆铣。

（2）端铣法

用刀齿分布在圆柱端面上的铣刀而进行铣削的方式叫作端铣，如图 4-23 所示。

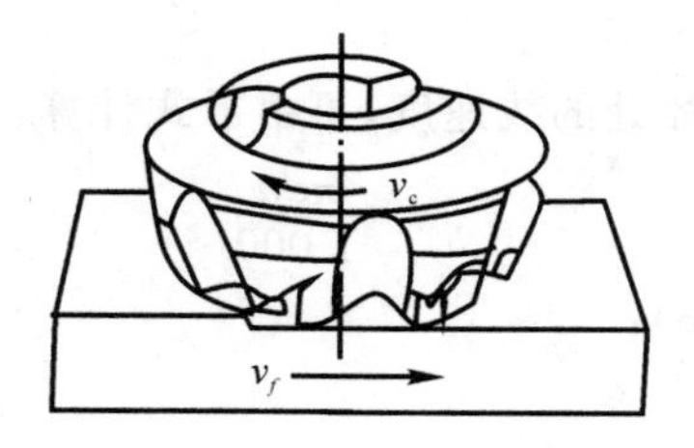

图 4－23　端铣

端铣的特点如下：

①主轴刚度好，切削过程不易产生振动；

②端铣刀直径大，刀齿多，铣削过程比较平稳；

③端铣刀宜采用硬质合金可转位刀片，可以采用较高的切削速度，铣削用量大，生产率高；

④端铣刀还可以利用修光刃获得较低的表面粗糙度值。

目前在平面铣削中，端铣基本上代替了周铣，但周铣可以加工成形表面和组合表面。在铣削平面时，周铣比端铣较为有利，这是因为以下原因：

①端铣刀的副切削刃对已加工表面有修光作用，能使粗糙度值降低。周铣的工件表面则有波纹状残留面积。

②同时参加切削的端铣刀齿数较多，切削力的变化程度较小，因此工作时的振动较周铣时的小。

③端铣刀的主切削刃刚接触工件时，切屑厚度不等于零，使刀刃不易磨损。

④端铣刀的刀杆伸出较短，刚性好，刀杆不易变形，可用较大的切削用量。

由此可见，端铣法的加工质量较好，生产率较高，铣削平面大多采用端铣。然而，周铣对加工各种形面的适应性较广，而有些形面（如成形面等）则不能用端铣。

2. 切削液

在铣削过程中，变形与摩擦所消耗的功大多数转变为热能，这就使得刀尖的温度很高。高温会使刀刃很快磨钝和损坏，使加工出来的工件尺寸产生误差，表面粗糙度变差。为了降低切削温度，通常采用加注切削液的方法，对工件与刀具进行冷却。

4.3.5　铣削用量

铣削时的铣削用量由切削速度、进给量、背吃刀量（铣削深度）和侧吃刀量（铣削宽度）四要素组成。其铣削用量如图 4－24 所示。

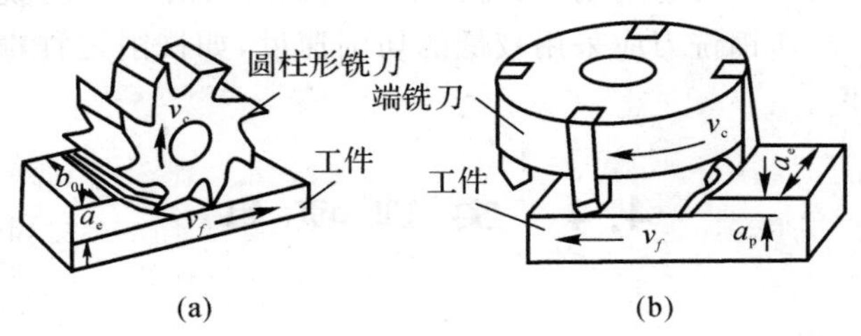

图 4－24　铣削运动及铣削用量

(a)在卧铣上铣平面；(b)在立铣上铣平面

1. 切削速度 v_c

切削速度 v_c 即铣刀最大直径处的线速度，可由下式计算：

$$v_c = \frac{\pi d n}{1\ 000}$$

式中　v_c—— 切削速度(m/min)；

d—— 铣刀直径(mm)；

n—— 铣刀每分钟转数(r/min)。

2. 进给量 f

铣削时，工件在进给运动方向上相对刀具的移动量即为铣削时的进给量。由于铣刀为多刃刀具，计算时按单位时间不同，有以下 3 种度量方法。

(1)每齿进给量 f_z

指铣刀每转过一个刀齿时，工件对铣刀的进给量(即铣刀每转过一个刀齿，工件沿进给方向移动的距离)，其单位为 mm/齿。

(2)每转进给量 f

指铣刀每一转，工件对铣刀的进给量(即铣刀每转，工件沿进给方向移动的距离)，其单位为 mm/r。

(3)每分钟进给量 v_f

又称进给速度，指工件对铣刀每分钟进给量(即每分钟工件沿进给方向移动的距离)，其单位为 mm/min。上述三者的关系为

$$v_f = fn = f_z z n$$

式中　z—— 铣刀齿数；

n—— 铣刀每分钟转速(r/min)。

3. 背吃刀量 a_p

又称铣削深度，为平行于铣刀轴线方向测量的切削层尺寸(切削层是指工件上正被刀刃切削着的那层金属)，单位为 mm。因周铣与端铣时相对于工件的方位不同，故铣削深度的表示也有所不同。

4. 侧吃刀量 a_e

又称铣削宽度，是垂直于铣刀轴线方向测量的切削层尺寸，单位为 mm。

通常粗加工为了保证必要的刀具耐用度，应优先采用较大的侧吃刀量或背吃刀量，其次是加大进给量，最后才是根据刀具耐用度的要求选择适宜的切削速度，这样选择是因为切削速度对刀具耐用度影响最大，进给量次之，侧吃刀量或背吃刀量影响最小。精加工时为减小工艺系统的弹性变形，必须采用较小的进给量，同时为了抑制积屑瘤的产生。对于硬质合金铣刀应采用较高的切削速度，对高速钢铣刀应采用较低的切削速度，如铣削过程中不产生积屑瘤时，也应采用较大的切削速度。

4.4 实 训 项 目

4.4.1 铣平面

按图 4-25 所示，铣削工件表面，保证加工精度。

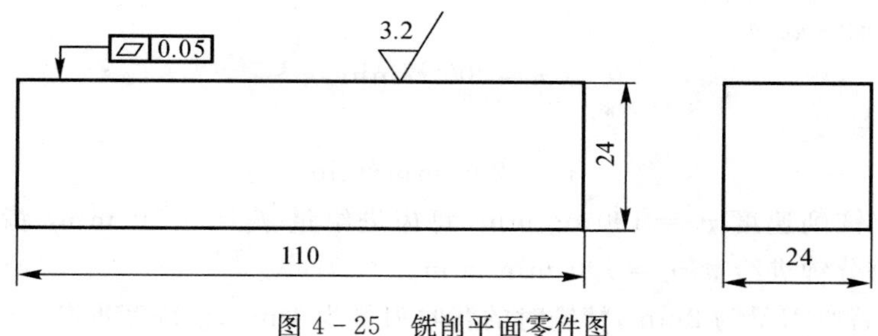

图 4-25　铣削平面零件图

1. 平面铣削加工工艺准备

(1)分析图纸

①加工精度分析。加工平面尺寸为 110 mm×24 mm,平面度公差为 0.05 mm。

②选择毛坯。毛坯尺寸为 130 mm×30 mm×30 mm 的长方体。

③工件材料。Q235 碳素结构钢。材料的切削性能好,可选用高速钢铣刀,也可选用硬质合金铣刀。

④形体分析。矩形坯件,外形尺寸不大,宜采用平口钳装夹。

(2)制定切削工艺

①平面加工工序过程。根据图纸的精度要求,采用高速钢铣刀进行加工,加工过程为,坯件测量→安装机用平口钳→装夹工件→安装高速钢铣刀→粗铣平面→精铣平面→检验平面。

②选择铣床。选用 X6132 型万能卧式铣床。

③选择工件装夹方式。考虑到毛坯工件比较小,选择机用平口钳装夹工件。用平行垫铁垫高工件,保证工件高出平口钳 10 mm。

④选择刀具。根据图纸给定的平面尺寸,选择高速钢三面刃铣刀,其规格为 ϕ90 mm。

2. 工件加工

(1)坯件检验

检验坯件的形状和表面质量,检查工件是否有凹陷加工余量,加工余量是否够用。

(2)安装机用平口钳

①安装前,将机用平口钳的底面与工件台面擦干净,若有毛刺、凸起,应用锉刀修磨平整。

②检查平口钳底部的定位键是否紧固,定位键定位面是否同一方向安装。

③平口钳安装在工作台中间的 T 形槽内,钳口位置居中。用手拉动平口钳底盘,使定位键向 T 形槽一侧贴合。

④用 T 形螺栓将机用平口钳压紧在工作台面上。

(3)装夹和找正工件

用铁锤轻轻敲击工件,使工件与垫铁贴合。其高度应保证工件加工余量上平面高于钳口。

(4)安装铣刀

(5)切削量的选择

① 粗铣。取铣削速度 $v_c=80$ m/min,每齿进给量 $f_z=0.15$ mm/齿,主轴转数为

$$n=\frac{1\,000v_c}{\pi D}=\frac{1\,000\times 80}{3.14\times 80}\approx 318\ \text{r/min}$$

$$v_f=f_z zn=0.15\times 4\times 375=225\ \text{mm/min}$$

实际调整主轴转数为

$$n=300\ \text{r/min}$$

每分钟进给量为

$$v_f=205\ \text{mm/min}$$

② 精铣。取铣削速度 $v_c=100$ m/min，每齿进给量 $f_z=0.10$ mm/齿，主轴转数 $n=475$ mm/min，每分钟进给量 $v_f=190$ mm/min。

③粗铣时的背吃刀量为2mm，精铣时的背吃刀量为1mm，铣削宽度分2～3次完成。

(6)对刀、粗铣、精铣平面

①启动主轴，调整工作台，使铣刀处于工件上方，对刀时轻轻擦到毛坯表面，然后铣刀退出。

②纵向退刀后，按粗铣吃刀量2 mm上升工作台，用纵向进给铣去切削余量。

③检验工件余量，按余量上升工作台，用纵向进给精铣去切削余量。

④从平口钳上取下工件，将加工好的平面贴合平口钳的固定钳口，同上步骤加工第二个平面，加工好后翻转工件加工好工件的剩余两个面。

⑤用刀口形直尺检验工件平面的平面度。

⑥用游标卡尺检验工件是否达到要求尺寸。

4.4.2 铣台阶面

在X6132型万能铣床加工台阶工件，铣削台阶面零件如图4－26所示。

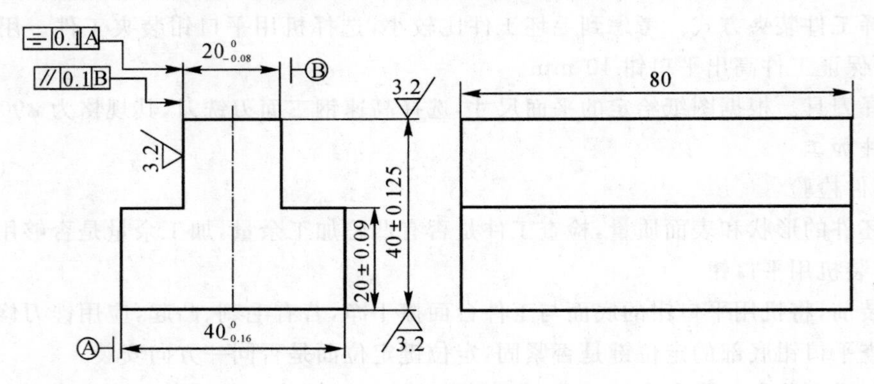

图4－26 铣削台阶面零件图

1. 工艺准备

(1)选择铣刀

选择宽度为12 mm、孔径为 $\phi50$ mm、外径为 $\phi90$ mm、铣刀齿数为12的三面刃铣刀。

(2)装夹工件

根据工件的外形和大小，选用平口钳装夹。将平口钳安装在工作台并找正，使固定钳口与工作台纵向进给方向平行，然后把工件装夹在平口钳内。因为铣削层深度为20 mm，所以应在工件下面垫上适当厚度的平行垫铁，使工件高出钳口约21 mm，工件夹紧部分高度应尽量大，以增加夹紧面积，防止切削时工件松动。

(3)选择切削用量

工件单边的加工宽度为10 mm,深度为20 mm,材料为45钢。因为要求加工表面粗糙度R_a值为3.2 μm,所以分粗铣、精铣两步进行。粗铣用于切去大部分余量,粗铣后侧面和底面各留0.3 mm的精铣余量。机床主轴转速和进给量的计算方法与铣平面时基本相同,现选取主轴转速为95 r/min,进给速度为47.5 mm/min。

2. 工件加工

(1)调整工件侧吃刀量a_e(铣削层深度)

①粗铣对刀。根据粗铣余量调整a_e值,对刀操作方法:启动机床,调整铣刀位置,使铣刀圆周切削刃刚擦到工件表面,然后纵向退出工件,最后升高工作台19.7 mm,即粗铣时的侧吃刀量a_e调整到19.7 mm。

②精铣对刀。粗铣后需检验加工尺寸,如尺寸正确,则精铣时工作台再上升0.3 mm,以切出精铣余量。初步调整后进行试切,试切后检查工件尺寸(20±0.09) mm,并进一步调整刀具垂向位置,直至该尺寸合格。

(2)调整工件背吃刀量a_p(切削层宽度)

①粗铣对刀。根据精铣余量调整a_p值,横向移动工作台,使铣刀端面切削刃刚擦到工件表面靠近固定钳口的一侧,然后纵向移动工作台,将工件退出。最后根据背吃刀量a_p使工作台横向移动9.7 mm。把工作台横向紧固后,即可进行铣削。

②精铣对刀。粗铣后进行检测,如果粗铣尺寸合格,则调整工作台进行精铣,使其达到图样要求。精铣台阶的左、右两侧,达到工件尺寸要求。

当台阶凸起部分的尺寸精度要求较高时,因受铣刀的侧面跳动和铣床横向丝杠磨损的影响,故不宜使工作台一次移动到位。工作台实际移动的距离应比计算的距离大0.3～0.5 mm,试切后按实际测量所得的尺寸将工作台横向调整准确,再进行铣削。

当精度要求不高时,也可用换切法加工,即一侧台阶加工完毕后,松开平口钳,将工件转180°,并使工件底面紧贴平行垫铁,夹紧后再加工另一侧台阶。这种加工方法对称度较好。

复习思考题

1. 铣床有哪几种?卧式万能铣床有何特点?
2. 铣削时刀具和工件作哪些运动?切削用量如何表示?铣床上能加工哪些表面?
3. 简述铣刀的分类和基本用途。
4. 铣平面有哪些方法?在卧式万能铣床上铣平面时的操作步骤是什么?
5. 卧式和立式铣床的主要区别是什么?铣床的主运动是什么?进给运动是什么?
6. 什么叫顺铣?什么叫逆铣?简述顺铣和逆铣的优缺点。
7. 简述铣床上常用工件的装夹方法。
8. 铣床的保养应该注意什么?

第5章 铸 造

铸造是熔炼金属，制造铸型，并将熔融金属浇入铸型，凝固后获得一定形状和性能铸件的成型方法。铸造是人类掌握的比较早的一种金属热加工工艺，已有约6 000年的历史。中国约在公元前1700—前1000年之间已进入青铜铸件的全盛期，工艺上已达到相当高的水平。被铸物件多数是原为固态但加热至液态的金属（例如铜、铁、铝、锡、铅等），而铸模的材料可以是砂、金属甚至陶瓷。根据不同要求，使用的方法也会有所不同。

5.1 铸造基础知识

5.1.1 铸造生产概述

铸造是将金属熔炼成符合一定要求的液体并浇进铸型里，经冷却凝固、清整处理后得到有预定形状、尺寸和性能的铸件的工艺过程。铸造毛坯因近乎成形，而达到免机械加工或少量加工的目的，降低了成本并在一定程度上减少了制作时间。铸造是现代装备制造工业的基础工艺之一，它可以生产出外形尺寸从几毫米到几十米、质量从几克到几百吨、结构从简单到复杂的各种铸件。铸件一般是毛坯件，经切削加工等才能成为零件。零件精度要求较低，表面粗糙度值允许较大的零件，或经过特种铸造的铸件也可直接使用。

铸件广泛用于机床制造、动力、交通运输、轻纺机械、冶金机械等设备。铸件重量占机器总重量的40%～85%。铸造生产方法很多，常见有以下两类。

1.砂型铸造

用型砂紧实成型的铸造方法。型砂来源广泛，价格低廉，且砂型铸造方法适应性强，因而是目前生产中用得最多、最基本的铸造方法。

2.特种铸造

与砂型铸造不同的其他铸造方法，如熔模铸造、金属型铸造、压力铸造、低压铸造和离心铸造等。

铸造生产具有以下优点：

①可以制成外形和内腔十分复杂的毛坯，如各种箱体、床身、机架等。

②适用范围广，可铸造不同尺寸、重量及各种形状的工件，也适用于不同材料，如铸铁、铸钢、非铁合金等，铸件重量可以从几克到几百吨。

③工艺设备费用小，成本低，原材料来源广泛，还可利用报废的机件或切屑。

④所得铸件与零件尺寸较接近，可节省金属的消耗，减少切削加工工作量。

但铸造也有力学性能较差、生产工序多、工艺过程较难控制、铸件易产生缺陷、质量不稳定、工人工作环境差、温度高、粉尘多、劳动强度大等缺点。随着铸造合金、铸造工艺技术的发展，特别是精密铸造的发展和新型铸造合金的成功应用，使铸件的表面质量、力学性能都有显著提高，铸件的应用范围日益扩大。

5.1.2 铸造生产常规工艺流程

传统的砂型铸造主要分为绘图、模具、制芯、造型、熔化、浇注、清洁等步骤。采用计算机辅助设计软件完成铸件图纸的设计，然后通过图纸加工模具，砂型铸造中的模具采用木头或者其他金属材料制成，同时模具的尺寸应该略大于成品，以便于后续加工有足够的余量，模具与成品的尺寸差称为收缩余量。在设计好模具后就可以采用模具造型了，将模具放入沙箱形成铸件的外表面，闭合沙箱后将熔炼好的金属熔液浇入沙箱，形成铸件。待铸件冷却后除去铸件表面的沙粒，打磨铸件中过剩的金属，有些铸件的结构较为复杂，要通过焊接的处理方法加工铸件。最后检查铸件缺陷及质量，达到要求后，可以根据工件的要求对工件进行表面热处理。图5-1所示为铸造生产一般工艺流程示意图。

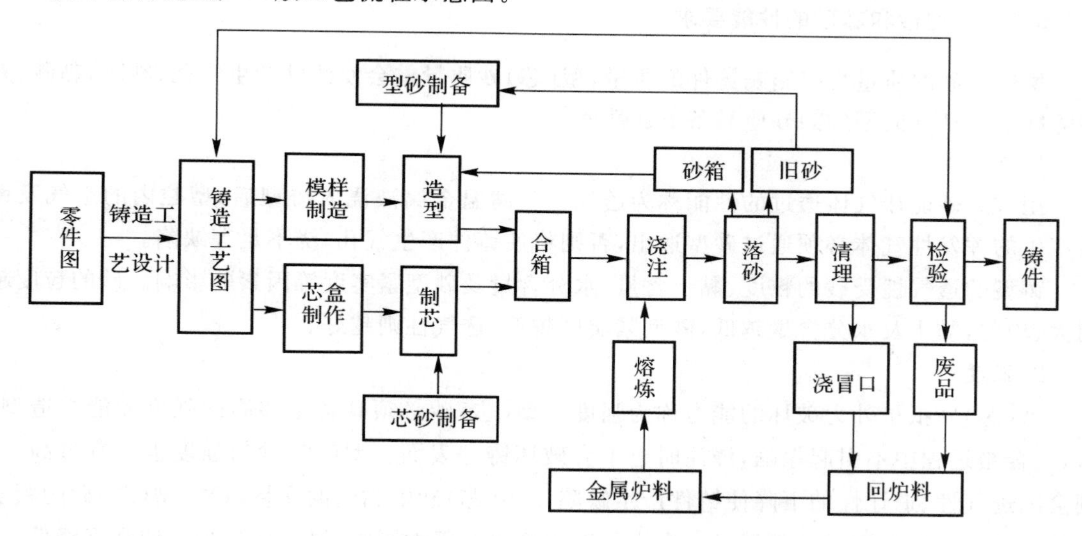

图5-1　铸造生产一般工艺流程

5.2 砂型铸造工艺

5.2.1 型砂和芯砂的制备

砂型铸造用的造型材料主要是用于制造砂型的型砂和用于制造砂芯的芯砂。通常型砂是由原砂(山砂或河砂)、黏土和水按一定比例混合而成的，其中黏土约为9%，水约为6%，其余为原砂。有时还加入少量如煤粉、植物油、木屑等附加物以提高型砂和芯砂的性能。紧实后的型砂结构如图5-2所示。

芯砂由于需求量少，一般用手工配制。型芯所处的环境恶劣，所以芯砂性能要求比型砂高，同时芯砂的黏结剂(黏土、油类等)比型砂中的黏结剂的比重要大一些，所以其透气性不及型砂，制芯时要做出透气道(孔)，为改善型芯的退让性，要加入木屑等附加物，有些要求高的小型铸件往往采用油砂芯(桐油+砂子，经烘烤至黄褐色而成)。

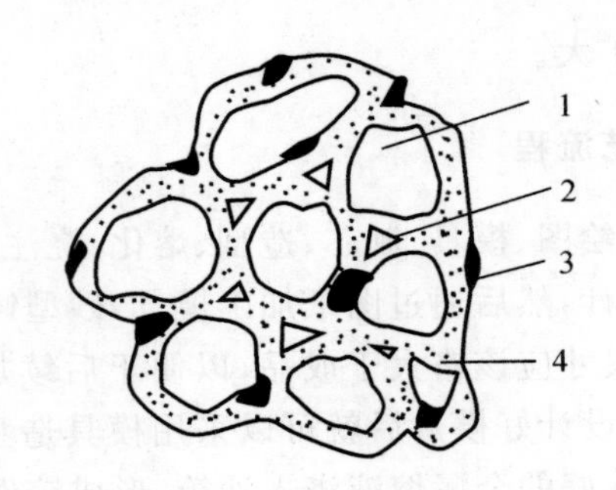

图 5-2 型砂结构示意图
1—砂； 2—空隙； 3—附加物； 4—黏土膜

5.2.2 型砂和芯砂的性能要求

型(芯)砂的质量直接影响铸件的质量,型(芯)砂质量差会使铸件产生气孔、砂眼、黏砂、夹砂等缺陷。良好的型(芯)砂应具备下述性能。

1. 透气性

型(芯)砂能让气体透过的性能称为透气性。高温金属液浇入铸型后,型腔内的空气及铸型产生的挥发性气体必须通过砂型逸出,否则将使铸件产生气孔、浇不足等缺陷。

铸型的透气性受砂的粒度、黏土含量、水分含量及砂型紧实度等因素的影响。砂的粒度越粗大、均匀,黏土及水分含量越低,砂型紧实度越低,透气性则越好。

2. 强度

型(芯)砂抵抗外力破坏的能力称为强度。型(芯)砂必须具备足够高的强度才能在造型、搬运、合箱过程中不引起塌陷,浇注时也不会破坏铸型表面。型(芯)砂的强度也不宜过高,否则会因透气性、退让性的下降使铸件产生缺陷。型(芯)砂中黏土的含量越高,型(芯)砂的紧实度越高,砂粒越细,则强度就越高。含水量对强度也有很大影响,过多或过少均使强度降低。

3. 耐火性

型砂抵抗高温热作用的能力称为耐火性。耐火性差的型砂易被高温熔化而破坏,铸件易产生黏砂。型砂中 SiO_2 含量越多,型砂颗粒就越大,耐火性就越好。

4. 可塑性

型砂在外力作用下变形,去除外力后能完整地保持已有形状的能力称为可塑性。可塑性好,造型操作方便,制成的砂型形状准确、轮廓清晰。

5. 退让性

铸件在冷凝时,型砂可被压缩的能力称为退让性。退让性不好,铸件易产生内应力,引起变形甚至开裂。型砂越紧实,退让性越差,在型砂中加入木屑等物可以提高退让性。

在单件小批量生产的铸造车间里,常用手捏法来粗略判断型砂的某些性能,如用手抓起一把型砂,紧捏时感到柔软容易变形,放开后砂团不松散、不粘手,并且手印清晰,把它折断时,断面平整均匀并没有碎裂现象,同时感到具有一定强度,就认为型砂具有了合适的性能要求,如图 5-3 所示。

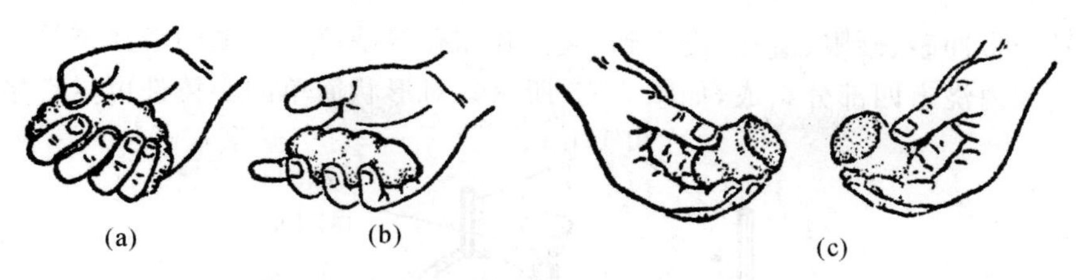

图 5-3　手捏法检验型砂

(a)型砂湿度适当时可用手捏成砂团；　(b)手放开后可看出清晰的手纹；　(c)折断时断隙没有碎裂状，同时有足够的强度

5.2.3　铸型的组成

铸型是根据零件形状用造型材料制成的，可以是砂型，也可以是金属型。砂型是由型砂(型芯砂)作造型材料制成的。它是用于浇注金属液，以获得形状、尺寸和质量符合要求的铸件。为了方便地从砂型中起模，铸型一般采用由上、下两个(或多个)铸型装配的结构。上、下铸型间的接合面称为分型面。起模后在铸型中留下的空腔称为型腔。型腔中的砂芯用来形成铸件上的孔、槽、凹坑，砂芯的支撑部分称为芯头。芯头坐落在铸型的芯座上，使砂芯较准确地在型腔中固定。

铸型中设有浇注系统，金属液从外浇口(浇口杯)、直浇道、横浇道及内浇道平稳地充满型腔。型腔最高处开有出气口，用来排除型腔中的气体和观察金属液是否浇满。砂芯及铸型上均有通气孔，以排出砂芯及铸型中的气体。在铸型结构中还应考虑合型销，防止错型。铸型的组成如图 5-4 所示。

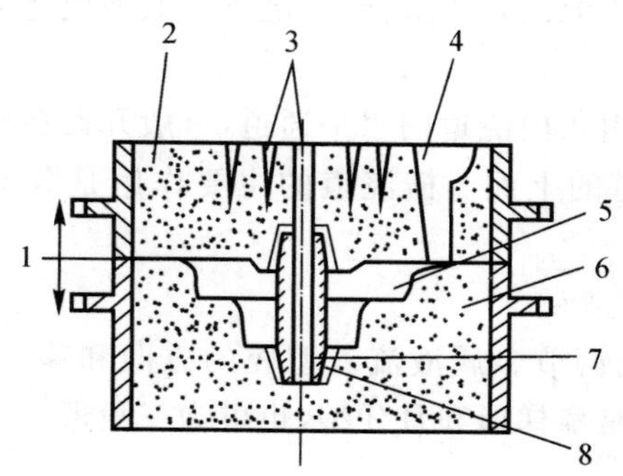

图 5-4　铸型装配图

1—分型面；　2—上型；　3—出气孔；　4—浇注系统；　5—型腔；
6—下型；　7—型芯；　8—芯头芯座

5.2.4　浇冒口系统

1. 浇注系统

浇注系统是为金属液流入型腔而开设于铸型中的一系列通道。其有以下作用：

①平稳、迅速地注入金属液；

②阻止熔渣、砂粒等进入型腔；

③调节铸件各部分温度，补充金属液在冷却和凝固时的体积收缩。

正确地设置浇注系统，对保证铸件质量、降低金属的消耗量有重要的意义。若浇注系统不合理，铸件易产生冲砂、砂眼、渣孔、浇不到、气孔和缩孔等缺陷。典型的浇注系统由外浇口、直浇道、横浇道和内浇道四部分组成，如图 5-5 所示。对形状简单的小铸件可以省略横浇道。

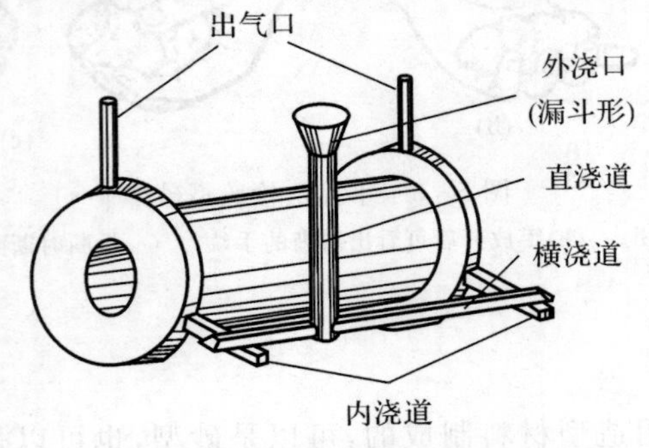

图 5-5 典型浇注系统

各种浇注系统具有下述作用及优点。

(1)外浇口

其作用是容纳注入的金属液并缓解液态金属对砂型的冲击。小型铸件通常为漏斗状(称浇口杯)，较大型铸件为盆状(称浇口盆)。

(2)直浇道

它是连接外浇口与横浇道的垂直通道。改变直浇道的高度可以改变金属液的静压力大小和金属液的流动速度，从而改变液态金属的充型能力。如果直浇道的高度或直径太大，会使铸件产生浇不足的现象。为便于取出直浇道棒，直浇道一般做成上大下小的圆锥形。

(3)横浇道

它是将直浇道的金属液引入内浇道的水平通道，一般开设在砂型的分型面上，其截面形状一般是高梯形，并位于内浇道的上面。横浇道的主要作用是分配金属液进入内浇道和挡渣作用。

(4)内浇道

它直接与型腔相连，并能调节金属液流入型腔的方向和速度、调节铸件各部分的冷却速度。内浇道的截面形状一般是扁梯形和月牙型，也可为三角形。

2. 冒口

常见的缩孔、缩松等缺陷是由于铸件冷却凝固时体积收缩而产生的。为防止缩孔和缩松，往往在铸件的顶部或厚实部位设置冒口。冒口是指在铸型内特设的空腔及注入该空腔的金属。冒口中的金属液可不断地补充铸件的收缩，从而使铸件避免出现缩孔、缩松。冒口是多余部分，清理时要切除掉。冒口除了补缩作用外，还有排气和集渣的作用。

5.2.5 模样和芯盒的制造

模样是铸造生产中必要的工艺装备。对具有内腔的铸件，铸造时内腔由砂芯形成，因此还要制备造砂芯用的芯盒。制造模样和芯盒常用的材料有木材、金属和塑料。在单件、小批量生产时广泛采用木质模样和芯盒，在大批量生产时多采用金属或塑料模样和芯盒。金属模样与芯盒的使用寿命长达(10～30)万次，塑料的使用寿命最多几万次，而木质的仅 1 000 次左右。

为了保证铸件质量，在设计和制造模样和芯盒时，必须先设计出铸造工艺图，然后根据工艺图的形状和大小，制造模样和芯盒。如图5－6所示是压盖零件的铸造工艺图及相应的模样图，从图中可见模样的形状和零件图往往是不完全相同的。

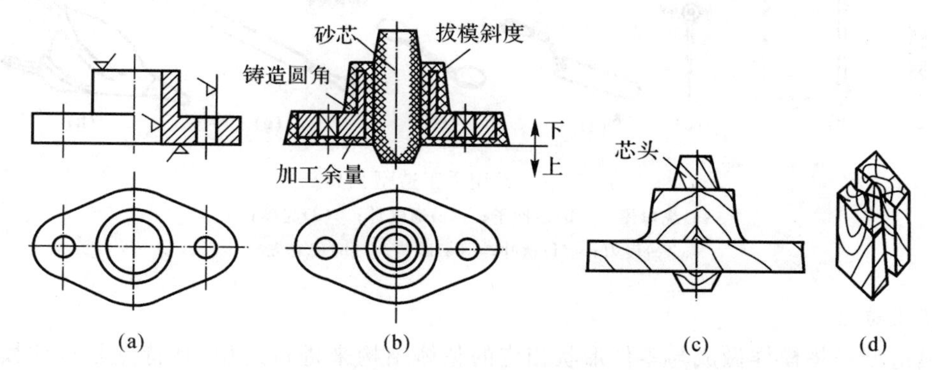

图5－6　压盖零件的铸造工艺图及相应的模样图

(a)零件图；(b)铸造工艺图；(c)模样图；(d)芯盒

在设计工艺图时，要考虑以下一些问题。

(1)分型面的选择

分型面是上、下砂型的分界面，选择分型面时必须使模样能从砂型中取出，并使造型方便和有利于保证铸件质量。

(2)拔模斜度

为了易于从砂型中取出模样，凡垂直于分型面的表面，都做出0.5°～4°的拔模斜度。

(3)加工余量

铸件需要加工的表面，均需留出适当的加工余量。

(4)收缩量

铸件冷却时要收缩，模样的尺寸应考虑铸件收缩的影响。通常用于铸铁件的要加大1%，铸钢件的加大1.5%～2%，铸铝合金件的加大1%～1.5%。

(5)铸造圆角

铸件上各表面的转折处，都要做成过渡性圆角，以利于造型及保证铸件质量。

(6)芯头

有砂芯的砂型，必须在模样上做出相应的芯头。

5.3　造　　型

用型砂及模样等工艺装备制造铸型的过程称为造型。造型方法可分为手工造型和机器造型两大类。

5.3.1　手工造型

手工造型操作灵活，使用图5－7所示的造型工具可进行整模两箱造型、分模造型、活块造型、挖砂造型、假箱造型、刮板造型及三箱造型等。根据铸件的形状、大小和生产批量选择造型方法。

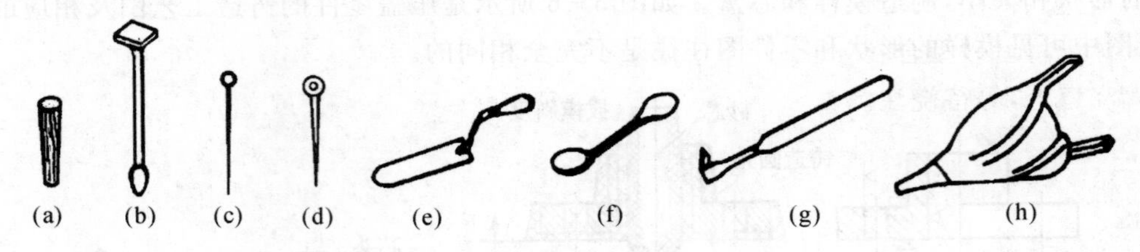

图 5－7　常用手工造型工具

(a)浇口棒；(b)砂冲子；(c)通气针；(d)起模针；
(e)镘刀；(f)秋叶；(g)砂钩；(h)皮老虎

1. 整模造型

整模造型是将模样做成与零件形状相应的整体结构来进行造型，其特点是整体模样放在一个砂箱内，并以模样一端的最大表面作为分型面。整模造型过程如图 5－8 所示。整模造型的特点是，模样是整体结构，最大截面在模样一端为平面；分型面多为平面，操作简单；整模造型适用于形状简单的铸件，如盘、盖类。

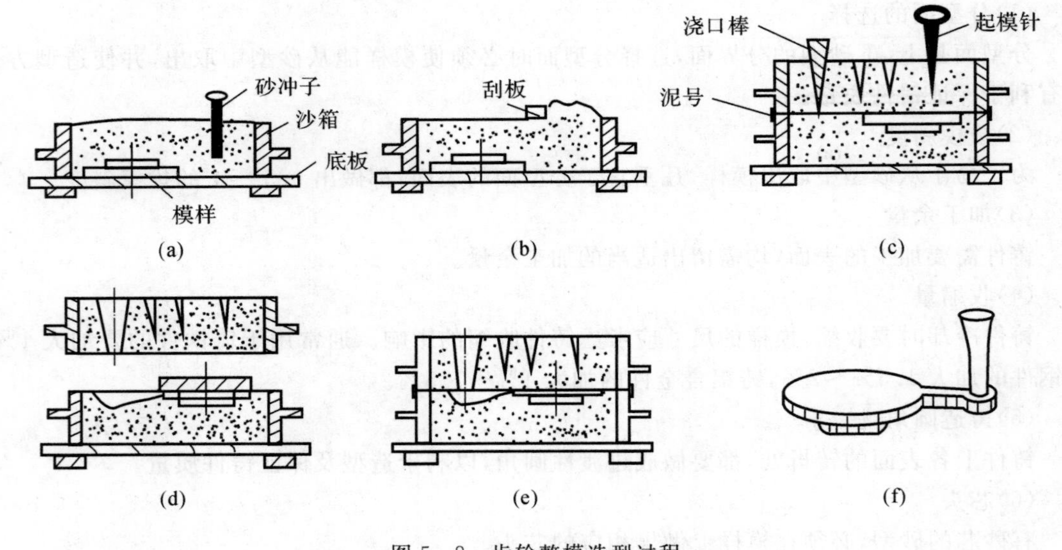

图 5－8　齿轮整模造型过程

(a)造下型；(b)造上型；(c)开箱、起模；(d)开浇口、下芯；(e)合型；(f)带浇口的铸件

(1)造下型

将模样放在底板上并放好下砂箱，加入厚度约 20 mm 的型砂，用舂砂锤均匀紧实型砂，再加填充砂，用平头锤打紧，然后用刮砂板刮去砂箱表面多余的型砂。

(2)造上型

翻转下砂箱，用镘刀修光分型面，撒分型砂，放好上砂箱，放置浇口棒，加填充砂并舂紧，刮去多余型砂，扎通气孔，拔出浇口棒，做出合型线的标记。

(3)挖出内浇道，起出模样

把上砂箱拿下，在下砂箱上对应浇口棒的部位挖出内浇道。然后用毛笔蘸水将模样边缘湿润，用起模针起出零件模样，修型后用皮老虎吹去型腔内多余的砂粒并撒上石墨粉。

(4)合型、待注

按标记将上砂型合在下砂型上，紧固上、下砂箱，用专用工具做出外浇道(如漏斗形)并放置在直浇道上，等待浇注。

(5)铸件

将铝液浇入型腔，经一段时间冷凝后，通过落砂、清理等工序即可得到铸件。

2. 分模造型

当铸件的最大截面不在端面时，为了从砂型中取出模样，需将模样沿最大截面处分成两半，并用销钉定位，型腔位于上、下砂箱内，这种造型方法叫做分模造型。分模造型的特点是，模样是分开的，模样的分开面(称为分型面)必须是模样的最大截面，以利于起模。分模造型过程与整模造型基本相似，不同的是造上型时增加放上模样和取上半模样两个操作。套筒的分模造型过程如图5-9所示。分模造型适用于形状复杂的铸件，如套筒、管子和阀体等。

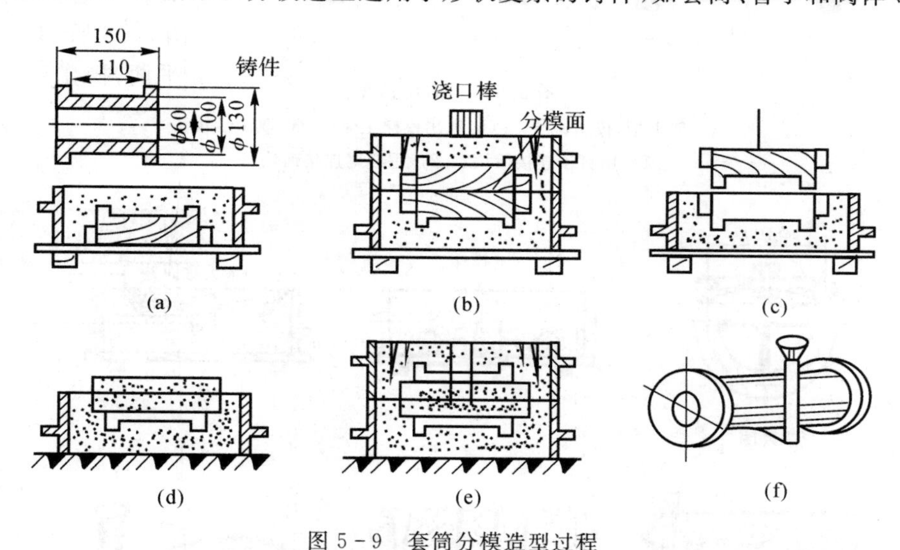

图5-9　套筒分模造型过程

(a)造下型；(b)造上型；(c)开箱、起模；(d)开浇口、下芯；(e)合型；(f)带浇口的铸件

3. 活块模造型

模样上可拆卸或能活动的部分叫活块。当模样上有妨碍起模的侧面伸出部分(如小凸台)时，常将该部分做成活块。起模时，先将模样主体取出，再将留在铸型内的活块单独取出，这种方法称为活块模造型。用钉子连接的活块模造型时(见图5-10)，应注意先将活块四周的型砂塞紧，然后拔出钉子。

4. 挖砂造型

当铸件按结构特点需要采用分模造型，但由于条件限制(如模样太薄，制模困难)仍做成整模时，为便于起模，下型分型面需挖成曲面或有高低变化的阶梯形状(称不平分型面)，这种方法叫挖砂造型。挖沙造型操作技术要求高，生产效率低。手轮的挖砂造型过程如图5-11所示。

5. 假箱造型

假箱造型是利用预制的成形底板或假箱来代替挖砂造型中所挖去的型砂，如图5-12所示。

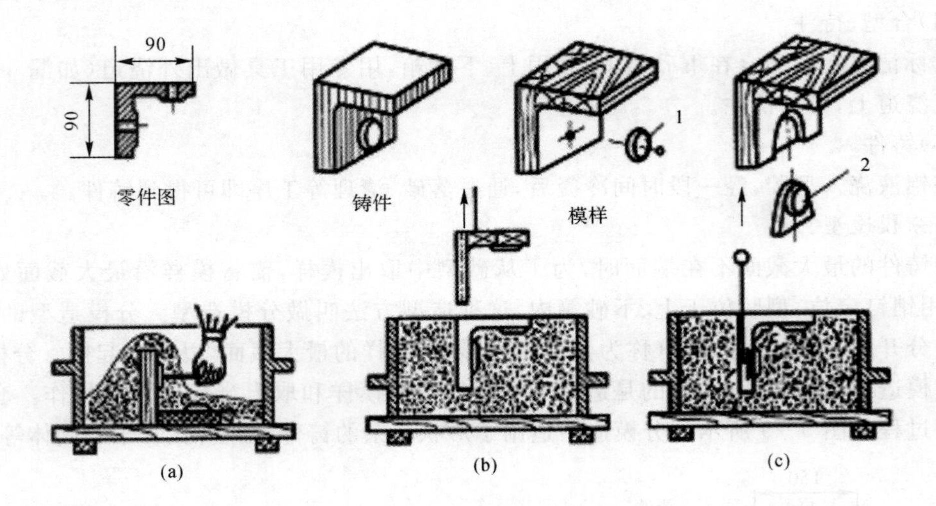

图 5-10 活块造型

(a)造下型、拔出钉子； (b)取出模样主体； (c)取出活块

1—用钉子连接活块； 2—用燕尾连接活块

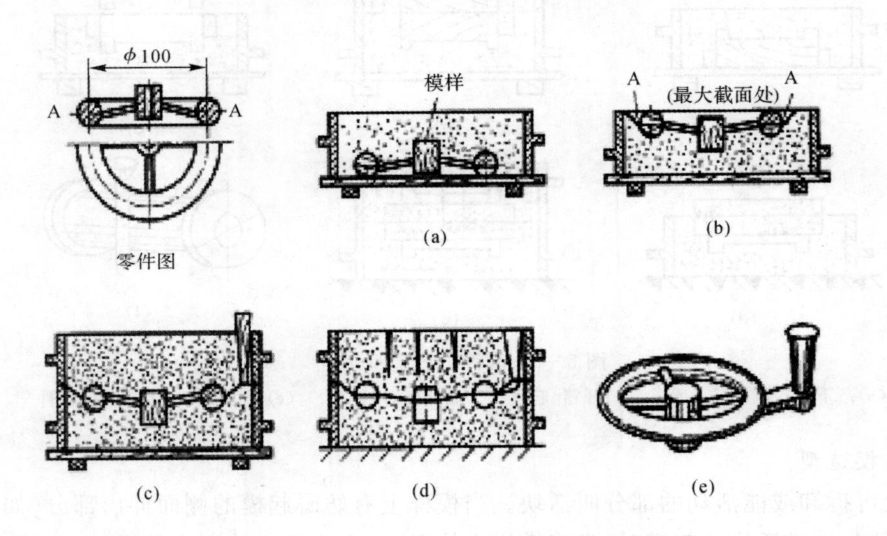

图 5-11 手轮的挖砂造型过程

(a)造下型； (b)翻下型、挖修分型面； (c)造上型、起模； (d)合箱； (e)带浇口的铸件

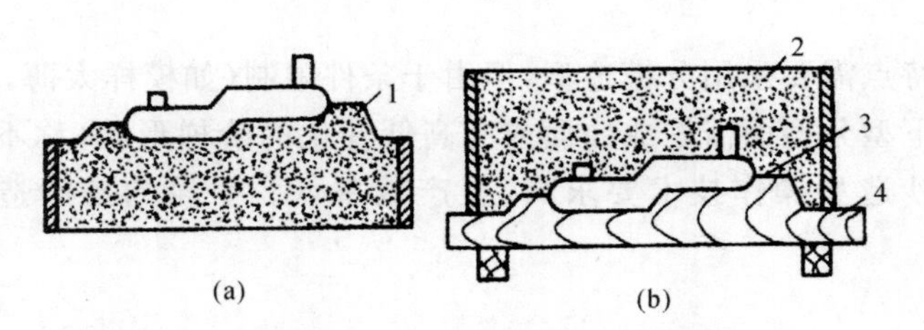

图 5-12 用假箱和成形底板造型

(a)假箱； (b)成形底板

1—假箱； 2—下砂型； 3—最大分型面； 4—成形底板

5.3.2 机器造型

手工造型生产率低,铸件表面质量差,要求工人技术水平高,劳动强度大,因此在批量生产中,一般均采用机器造型。机器造型是由机器完成紧砂操作的造型工序,其实质就是用机器代替了手工紧砂和起模。特点是生产率高,铸件的质量好,对工人的操作技术要求不高,改善了劳动条件,是现代化铸造生产的基本造型方法,通常适合于大批量生产。

机器造型用的机器,称为造型机,多以压缩空气为动力。按其紧实型砂的方式,造型机分为压式、振击式、振压式、抛砂式和射压式等多种类型,各自具有其特点及应用范围。气动微振压实造型机是采用振击(频率 150～500 次/min,振幅 25～80 mm)—压实—微振(频率 700～1 000 次/min,振幅 5～10mm)紧实型砂的。这种造型机噪声较小,型砂紧实度均匀,生产率高。气动微振压实造型机紧砂原理如图 5-13 所示。

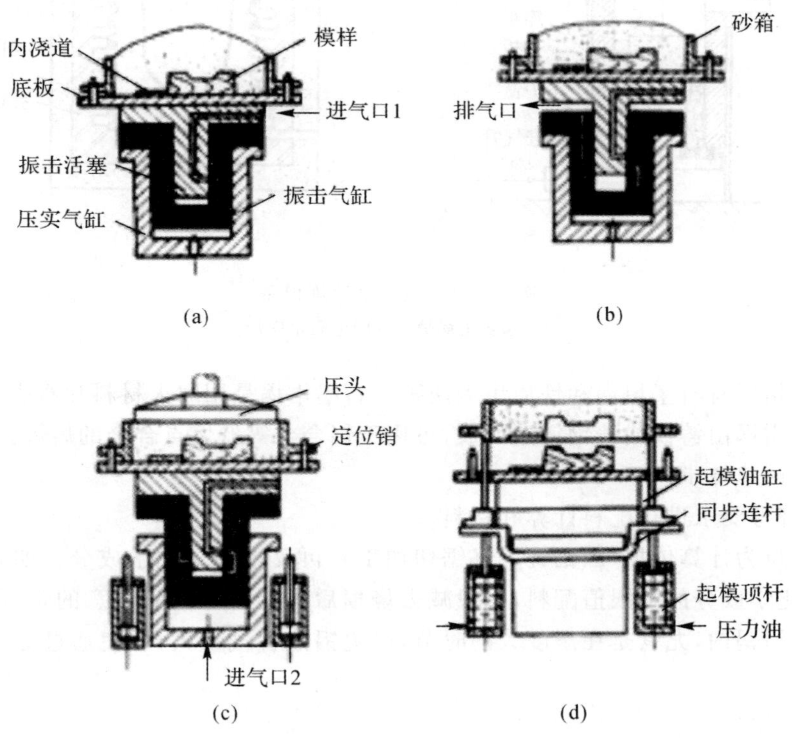

图 5-13 振实造型机的工作原理

(a)填砂; (b)振击紧砂; (c)辅助压实; (d)起模

5.4 合金的熔炼

合金熔炼的目的是要获得符合要求的金属熔液。不同类型的金属,需要采用不同的熔炼方法及设备。如钢的熔炼是用转炉、平炉、电弧炉、感应电炉等,铸铁的熔炼多采用冲天炉,而非铁金属如铝、铜合金等的熔炼则用坩埚炉。

5.4.1 铝合金的熔炼

铸铝是工业生产中应用最广泛的铸造非铁合金之一，由于铝合金的熔点低，熔炼时极易氧化、吸气，合金中的低沸点元素（如镁、锌等）极易蒸发烧损，故铝合金的熔炼应在与燃料和燃气隔离的状态下进行。

1. 铝合金的熔炼设备

铝合金的熔炼一般是在坩埚炉内进行，根据所用热源不同，有焦炭坩埚炉、电阻坩埚炉等不同形式，如图 5－14 所示。

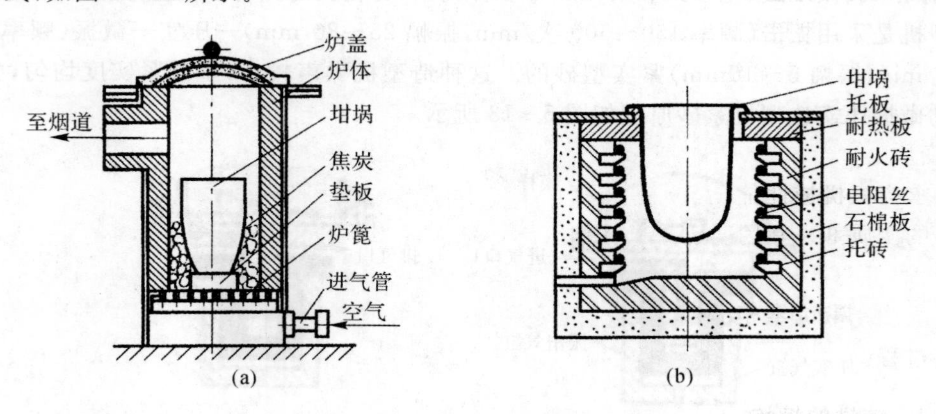

图 5－14 铝合金熔炼设备

(a)焦炭坩埚炉； (b)电阻坩埚炉

通常用的坩埚有石墨坩埚和铁质坩埚两种。石墨坩埚是用耐火材料和石墨混合并成型烧制而成。铁质坩埚由铸铁或铸钢铸造而成，可用于铝合金等低熔点合金的熔炼。

2. 铝合金的熔炼步骤

(1)依据牌号要求进行配料计算和备料

以铝锭重量为计算依据（因铝锭不好锯切加工），再反求其他化学成分。如果新料成分占大部分，可按化学成分的上限值配料，一般减去烧损后仍能达标。应注意的是，所有炉料均要烘干后再投入坩锅内，尤其是在湿度大的时节，以免铝液含气量大，即使通过除气工序也很难除净。

(2)投料熔化

空坩锅预热到暗红后投金属料并加入烘干后的覆盖剂（以熔融后刚刚能覆盖住铝液表面为宜），快速升温熔化。铝液开始熔成液体后，须停止鼓风，在非阳光直射时观察，若铝液表面呈微暗红色（温度为 680～720℃），可以除气。

(3)精炼

常使用六氯乙烷（C_2Cl_6）精炼。用钟罩（状如反转的漏勺）压入为炉料总量 0.2%～0.3% 的六氯乙烷（C_2Cl_6）（最好压成块状），钟罩压入深度距坩锅底部 100～150 mm，并作水平缓慢移动，此时，因 C_2Cl_6 和铝液发生下列反应：

$$3C_2Cl_6 + 2Al \xrightarrow{\triangle} 2AlCl_3\uparrow + 3C_2Cl_4\uparrow$$

形成大量气泡，将铝液中的 H_2 及 Al_2O_3 夹杂物带到液面，使合金得到净化。注意使用时应通风良好，因为 C_2Cl_6 预热分解的 Cl_2 和 C_2Cl_4 均为强刺激性气体。除气精炼后立刻除去熔渣，静置 5～10 min。接着检查铝液的含气量，用小铁勺舀少量铝液，稍降温片刻后，用废钢锯片在液面拨动，如没有针尖突起的气泡，则证明除气效果好，如仍有为数不少的气泡，应再进行一次除气操作。

(4)浇注

对于一般要求的铸件在检查其含气量后就可浇注。浇注时视铸件厚薄和铝液温度高低，分别控制不同的浇注速度。浇注时浇包对准浇口杯先慢浇，待液流平稳后，快速浇入，见合金液上升到冒口颈后浇速变慢，以增强冒口补缩能力。若型腔内金属液沸腾，应立即停止浇注，用干砂盖住浇口。型腔充满金属液后，应稍等一会儿，再在浇口杯内补浇一些金属液，在上面盖上干砂以保温，防止缩孔和缩松。如有型芯的铸件，在即将浇入铝液时用火焰在通气孔处引气，可减少或避免“呛火”现象和型芯气体进入铸件的机会。

(5)变质

对要求提高机械性能的铸件还应在精炼后，在 730～750℃时，用钟罩压入为炉料总量 1%～2%的变质剂。常用变质剂配方为

$$NaCl\ (35\%) + NaF\ (65\%)$$

获得优质铝液的主要措施是隔离(隔绝合金液与炉气接触)、除气、除渣、尽量少搅拌、严格控制工艺过程。

5.4.2 铸铁的熔炼

在铸造生产中，铸铁件占铸件总重量的 70%～75%，其中绝大多数采用灰铸铁。为获得高质量的铸铁件，首先要熔化出优质铁水。

1. 铸件的熔炼要求

①铁水温度要高。

②铁水化学成分要稳定在所要求的范围内。

③提高生产率，降低成本。

2. 铸件的熔炼设备

熔炼铸铁的主要设备是电炉和冲天炉，而以冲天炉应用最广泛。目前我国大多数生产厂家是用冲天炉来熔炼铁液，这是因为冲天炉制造成本低，操作简便，维修也不太复杂，可连续化铁、熔炼，生产效率高。

冲天炉是铸铁熔炼的设备，如图 5-15 所示。炉身是用钢板弯成的圆筒形，内砌以耐火砖炉衬。炉身上部有加料口、烟囱、火花罩，中部有热风胆，下部有热风带，风带通过风口与炉内相通。从鼓风机送来的空气，通过热风胆加热后经风带进入炉内，供燃烧用。风口以下为炉缸，熔化的铁液及炉渣从炉缸底部流入前炉。

冲天炉的大小是以每小时能熔炼出铁液的重量来表示的，常用的为 1.5～10 t/h。

3. 冲天炉炉料及其作用

(1)金属料

金属料包括生铁、回炉铁、废钢和铁合金等。生铁是铁矿石经高炉冶炼后的铁碳合金块，是生产铸铁件的主要材料；回炉铁如浇口、冒口和废铸件等，利用回炉铁可节约生铁用量，降低铸件成本；废钢是机加工车间的钢料头及钢切屑等，加入废钢可降低铁液碳的含量，提高铸件

的力学性能；铁合金如硅铁、锰铁、铬铁以及稀土合金等，用于调整铁液化学成分。

(2)燃料

冲天炉熔炼多用焦炭作燃料。对焦炭的要求是其灰分、磷、硫等有害杂质含量低，发热量高。通常焦炭的加入量一般为金属料的1/12～1/8，这一数值称为焦铁比。

(3)熔剂

在铁液中加入熔剂，可以降低炉渣的熔点，提高炉渣的流动性，使其易于与铁液分离而浮到表面，从而顺利地从出渣口排出。比较常用的熔剂是石灰石($CaCO_3$)和萤石(CaF_2)等矿石，熔剂的加入量为焦炭的25%～30%。

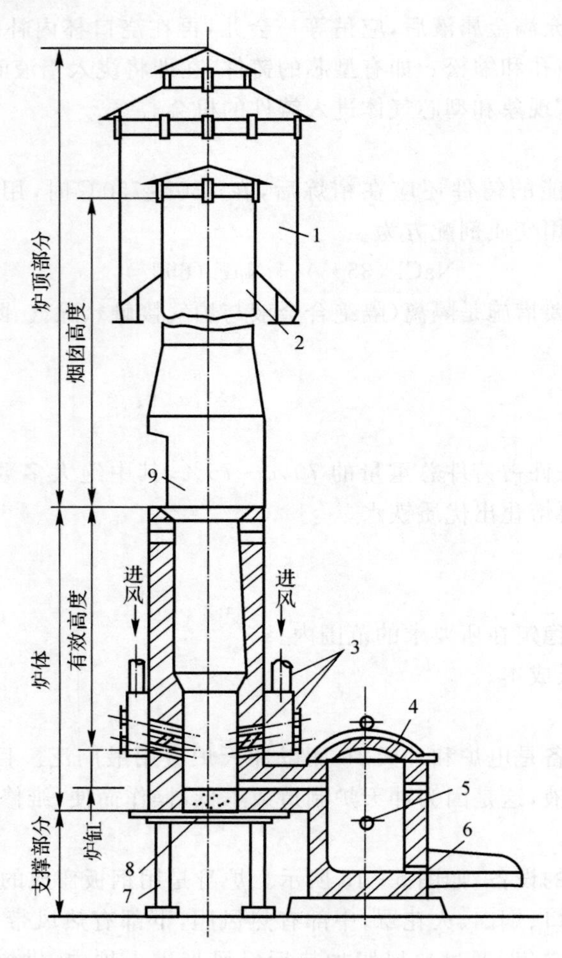

图5-15 冲天炉的构造

1—除尘器； 2—烟囱； 3—送风系统； 4—前炉； 5—出渣口； 6—出铁口；
7—支柱； 8—炉底板； 9—加料口

4.冲天炉的熔炼原理

在冲天炉熔炼过程中，炉料从加料口加入，自上而下运动，被上升的高温炉气预热，温度升高；鼓风机鼓入炉内的空气使底焦燃烧，产生大量的热。当炉料下落到底焦顶面时，开始熔化。铁水在下落过程中被高温炉气和灼热焦炭进一步加热(过热)，过热的铁水温度可达1 600℃左右,然后经过过桥流入前炉。此后铁水温度稍有下降,最后出铁温度为1 380～1 430℃。

冲天炉内铸铁熔炼的过程并不是金属炉料简单重熔的过程,而是包含一系列物理、化学变化的复杂过程。熔炼后的铁水成分与金属炉料相比较,含碳量有所增加;硅、锰等合金元素含量因烧损会降低;硫含量升高,这是焦炭中的硫进入铁水中所引起的。

5.5 铸件质量分析

铸件生产要经过十分复杂的工艺过程。只要其中某一道工序或某一个过程失误,均会造成铸造缺陷。同一类缺陷由于场合和零件的不同,往往又有不同的形成原因,这种错综复杂的情况,给铸造缺陷的准确判断和分析带来很大的难度。

5.5.1 常见的铸件缺陷分析

铸件生产工序多、投料多、管理环节多、工艺较复杂,因此铸件容易产生缺陷。常见的缺陷特征及分析见表5-1。

表5-1 常见的铸件缺陷及产生原因

缺陷名称	特 征	产生的主要原因
气孔	在铸件内部或表面有大小不等的光滑孔洞	型砂含水过多,透气性差;起模和修型时刷水过多;砂芯烘干不良或砂芯通气孔堵塞;浇注温度过低或浇注速度太快等
缩孔 补缩冒孔	缩孔多分布在铸件厚断面处,形状不规则,孔内粗糙	铸件结构不合理,如壁厚相差过大,造成局部金属积聚;浇注系统和冒口的位置不对,或冒口过小;浇注温度太高,或金属化学成分不合格,收缩过大
砂眼	在铸件内部或表面有充塞砂粒的孔眼	型砂和芯砂的强度不够,砂型和砂芯的紧实度不够,合箱时铸型局部损坏浇注系统不合理,冲坏了铸型
黏砂	铸件表面粗糙,黏有砂粒	型砂和芯砂的耐火性不够,浇注温度太高,未刷涂料或涂料太薄
错箱	铸件在分型面有错移	模样的上半模和下半模未对好;合箱时,上、下砂箱未对准
裂缝	铸件开裂,开裂处金属表面氧化	铸件的结构不合理,壁厚相差太大;砂型和砂芯的退让性差;落砂过早

续表

缺陷名称	特征	产生的主要原因
冷隔	铸件上有未完全融合的缝隙或洼坑,其交接处是圆滑的	浇注温度太低,浇注速度太慢或浇注过程曾有中断,浇注系统位置开设不当或浇道太小
浇不足	铸件不完整	浇注时金属量不够,浇注时液体金属从分型面流出,铸件太薄,浇注温度太低,浇注速度太慢

5.5.2 铸件的质量检验及处理

为保证铸件质量,通常要对清理完的铸件进行严格的检验。检验分为外观检验和内在质量检验。铸件外观质量包括铸件尺寸公差、铸件表面粗糙度、铸件重量公差、浇冒口残留量、铸件焊补质量和铸件表面缺陷等。铸件内在质量包括铸件力学性能、化学成分、金相组织、内部缺陷及有关标准或铸件交货验收技术条件所要求的各种特殊的物理性能和化学性能等。

按检验结果,铸件可分为合格品、返修品及废品三类。对合格品按规定验收入库待用。对不合格品中可以通过返修处理达到技术要求的称为返修品,返修品经过返修(如表面气孔、裂纹的补焊)后再次检验合格仍可入库,检验不合格且无返修价值或返修后仍不能达到技术要求的定为废品。废品不能投入生产而只能回炉重新熔炼。

铸件只有经过最后检验工序方能对其是否符合要求做出结论,因此,铸件缺陷作为被检铸件的一项内容,可看成是一种铸件质量特征。

复习思考题

1. 型砂的作用是什么?它应具备什么性能?
2. 手工造型方法有哪些?并简述挖砂造型与假箱造型的工艺过程。
3. 铸型由哪几部分组成?并说明它们的作用。
4. 浇注系统由哪几部分组成?它们各自的作用是什么?
5. 试述冲天炉的组成、熔炼原理及熔炼基本操作。
6. 试比较气孔和缩孔、砂眼的产生原因及防止措施。

第6章 钳　工

钳工是利用台虎钳、手工工具和一些简单的电动机械工具完成机械零件加工或对机器零部件进行装配、拆卸和维修等操作的工种。钳工与其他机械加工相比，具有工具简单、加工灵活、操作方便和适用面广等特点，可以完成某些机械加工不便或难以完成的工作，因此在机械制造和修配中被广泛应用，是机械加工生产中不可缺少的一个重要工种。

6.1 钳工概述

钳工作业主要包括錾削、锉削、锯削、划线、钻削、铰削、攻丝和套丝、刮削、研磨、矫正、弯曲和铆接等。钳工是机械制造中最古老的金属加工技术。19世纪以后，随着各种机床的发展和普及，虽然逐步使大部分钳工作业实现了机械化和自动化，但在机械制造过程中钳工仍是广泛应用的基本技术，其原因如下：

①划线、刮削、研磨和机械装配等钳工作业，至今尚无适当的机械化设备可以全部代替。

②某些最精密的样板、模具、量具和配合表面(如导轨面和轴瓦等)，仍需要依靠工人的手艺进行精密加工。

③在单件小批生产、修配工作或缺乏设备条件的情况下，采用钳工制造某些零件仍是一种经济实用的方法。

6.1.1 钳工的定义、特点及作用

1. 定义

钳工是手持刀具、工具对毛坯件、半成品件进行切削加工的一种方法，是机械制造中的重要工种之一。

2. 特点

钳工是手持工具和刃具按图纸要求对零件进行加工，把加工的零件按设计要求组装、完成组件、部件、整机，经调试后生产出合格的产品。

其优点如下：

①加工灵活。在适于机械加工的场合，尤其是在机械设备的维修工作中，钳工加工可以获得满意的效果。

②可以加工形状复杂和精度要求高的零件。技术熟练的钳工可以加工出比现代化机床加工的零件还要精密和光洁的零件，可以加工出现代化机床业无法加工的、形状非常复杂的零件，如高精密量具、样板、结构复杂的模具等。

③投资小。钳工加工所用的工具和设备价格低廉，携带方便。

其缺点如下：

①生产效率低，劳动强度大。

②加工质量不稳定，加工质量的高低受工人技术熟练程度的影响。

3. 作用

①毛坯划线、零件的互配和修理，机械经过组装后试车调整。

②修整、研磨、调整、装配。

③设备在使用过程中出现故障、零件磨损，需要钳工去排除故障、更换零件，对长期使用的机械设备进行修理，恢复精度。

6.1.2 钳工的主要工作任务

钳工的主要工作任务是对产品进行零件加工、装配和机械设备的维护修理。钳工的基本操作有划线、錾削、锯削、锉削、孔加工、攻螺纹、套螺纹、刮削、装配等。

1. 辅助性操作

即划线，它是根据图样在毛坯或半成品工件上划出加工界线的操作。

2. 切削性操作

即錾削、锯削、锉削、钻孔、扩孔、锪孔、铰孔、攻丝、套丝、刮削、研磨等。

3. 装配性操作

即装配，将零件或部件按图样技术要求组装成机器的工艺过程。

4. 维修性操作

即维修，当机械在使用过程中产生故障，出现损坏或长期使用后精度降低，影响使用时，也要通过钳工进行维护和修理。制造和修理各种工具、卡具、量具、模具和各种专业设备。

6.1.3 钳工常用设备

钳工常用设备有台虎钳、钳工工作台、砂轮机、钻床等。常用的手用工具有锉刀、刮刀、扳手、起子、手锤、凿子等。

1. 台虎钳

台虎钳是用来夹持工件的通用夹具，有固定式和回转式两种。其规格用钳口宽度来表示，常用规格有 100 mm，125 mm，150 mm，200 mm，250 mm 几种。其构造如图 6－1 所示。

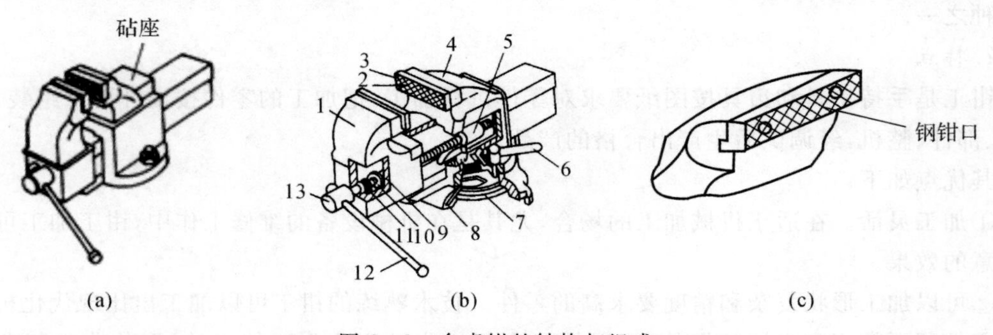

图 6－1 台虎钳的结构与组成

(a)固定式台虎钳； (b)回转式台虎钳； (c)钢钳口

1—活动钳身； 2—螺钉； 3—钢钳口； 4—固定钳身； 5—螺母； 6—转座手柄；
7—夹紧盘； 8—转座； 9—销； 10—挡圈； 11—弹簧； 12—手柄； 13—丝杠

(1)台虎钳的结构组成及其工作原理

活动钳身1通过导轨与固定钳身4的导轨孔作滑动配合，丝杠13装在活动钳身上，能够旋转但不能轴向移动，并与安装在固定钳身内的螺母5配合。当摇动手柄12使丝杠旋转时，就带动活动钳身相对于固定钳身作进退移动，起到夹紧或松开工件的作用。钳口的工作面上制有交叉网纹和光面两种形式，交叉网纹钳口夹紧工件后不易产生滑动，而光滑钳口则用来夹持表面光洁的工件，夹紧已经加工过的表面后不会损伤工件表面。

(2)台虎钳的使用操作及维护保养方法

①安装台虎钳时，必须使固定钳身的钳口工作面处于钳台边缘外，以便在夹持长工件时，工件的下端不会受到钳台边缘的阻碍。

②工件尽量夹在钳口中部，以使钳口受力均匀。

③夹紧工件时，只允许用手的力量来扳紧丝杠手柄，不允许用锤子敲击手柄或套上长管子去扳手柄，以免丝杠、螺母及钳身因受力过大而损坏。

④夹紧工件所需夹紧力的大小，应视工件的精度、表面粗糙度、刚度及操作要求来定。原则是既要夹紧可靠，又不要损伤和破坏完工后工件的质量。

⑤有强力作用时，应尽量使强力朝向固定钳身，以免损坏丝杠和螺母。

⑥不允许在活动钳身的光滑平面上进行敲击作业，以免降低活动钳身与固定钳身的配合性能。

⑦台虎钳在钳桌上的固定要牢固，工作时应注意左右两个转座手柄必须扳紧，且保证钳身没有松动迹象，以免损坏钳桌、台虎钳及影响工件的加工质量。

⑧台虎钳使用完后，应立即清除钳身上的切屑，特别是对丝杠和导向面应擦干净，并加注适量机油，有利于润滑和防锈。

2. 钳桌

钳桌也称作钳台，它是钳工主要的工作平台。钳桌一般用木制或者钢木结构制成，以便确保工作时的稳定性。为了使操作者有合适的工作高度和位置，要求钳桌的桌面到地面的距离为800～900 mm，而钳桌的长度和宽度可根据工作场地的大小和实际生产需要来确定。此外，要求固定钳身的钳口处于钳桌边缘外，以便于对工件顺利夹紧和操作者进行各种操作，其构造如图6-2所示。

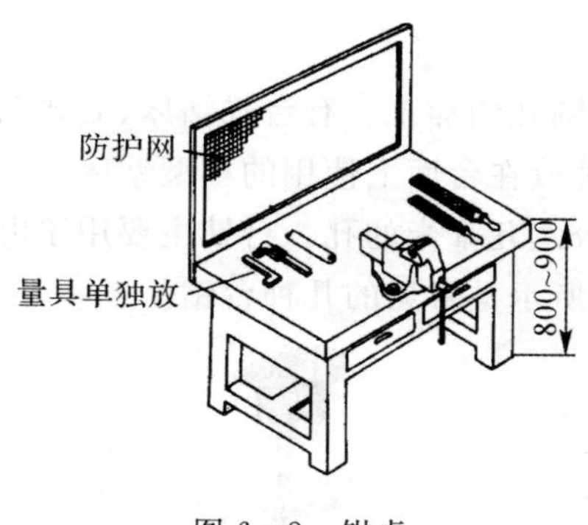

图6-2　钳桌

钳桌使用中的注意事项如下：

①钳桌上放置的各种工具、量具和工件不要处于钳桌边缘外。

②量具和精密零件应当摆放整齐,钳桌表面上垫一块橡胶板以防止碰伤零件。

③暂时不使用的工具和量具,应当整齐地摆放在钳桌的抽屉内或者柜内的工具箱中。

3. 砂轮机

砂轮机是用来磨去工件或材料的毛刺和锐边以及刃磨钻头、刮刀等刀具或工具的简易机器,按砂轮机外形可分为台式与立式两种。图 6-3 所示为几种常用砂轮机。

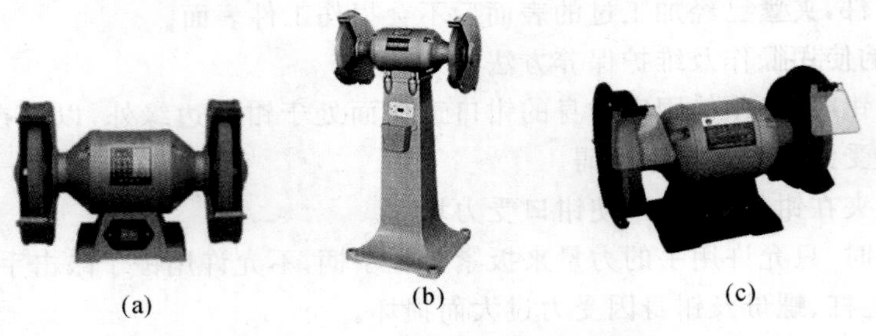

图 6-3 不同型号砂轮机的外观

(a)M3215; (b)M3020; (c)M3220

(1)砂轮机的操作规程

①砂轮机启动前,应检查安全托板装置是否固定可靠和完好,并注意观察砂轮表面有无裂缝。

②砂轮机启动后,应观察砂轮机的旋转是否平稳,旋转方向与指示牌是否相符,以及有无其他故障存在。

③砂轮外圆表面若不平整,应用砂轮修正器进行修正。

④待砂轮转速正常后才能进行磨削。

⑤对长度小于 50 mm 的小件进行磨削时,不能用手握,应用手钳或其他工具夹持。

⑥使用完毕应随即切断电源。

(2)砂轮机使用安全常识

①砂轮机应有安全罩。

②操作时,人不能正对砂轮站立,应站在砂轮的侧面或斜侧位置。在磨削时不要用力太猛,以免砂轮碎裂。

4. 台钻

钻床用来对工件进行各类圆孔的加工。有台式钻床、立式钻床和摇臂钻床等。

台式钻床简称台钻,是一种放在台面上使用的小型钻床。台钻的钻孔直径一般在 15 mm 以下,最小可以加工直径为十分之几毫米的孔。台钻主要用于电器、仪表行业及一般机器制造业的钳工装配工作中,图 6-4 所示是常见的几种台钻。

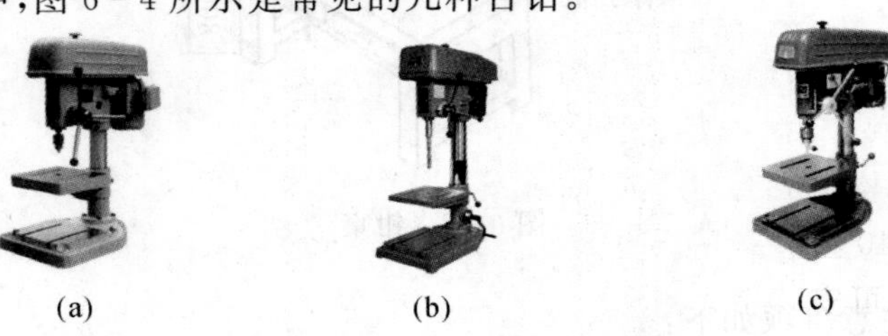

图 6-4 几种型号台钻的外观

(a)Z4112; (b)Z4112; (c)Z512B

(1)台钻的结构特点

台钻的布局形状与立钻相似,但结构较简单。因台钻的加工孔径很小,故主轴转速往往很高(在 400 r/min 以上),因此不宜在台钻上进行锪孔、铰孔和攻螺纹等操作。为保持主轴运转平稳,常采用 V 形带传动,并由五级塔形带轮来进行速度变换。需要说明的是,台钻主轴进给只有手动进给,一般都具有控制钻孔深度的装置。钻孔后,主轴能在蜗圈弹簧的作用下自动复位。图 6-5 为 Z512 型台钻的结构简图,它主要由 13 个零部件组成。钻孔时,若工件较小,可直接放在工作台上钻孔;若工件较大,应把工作台转开,直接放在钻床底座 9 上钻孔。

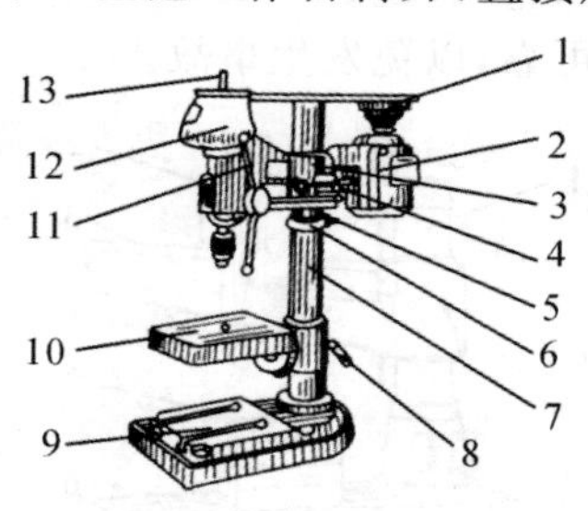

图 6-5　台钻的结构

1—带轮;　2—电动机;　3—本体;　4—手柄;　5—螺钉;　6—保险环;　7—立柱;
8—工作台锁紧手柄;　9—底座;　10—工作台;　11—进给手柄;　12—罩壳;　13—主轴

(2)台钻的操作

①主轴转速的调整。需根据钻头直径和加工材料的不同,来选择合适的转速。调整时应先停止主轴的运转,打开罩壳,用手转动带轮,并将 V 形带挂在小带轮上,然后再挂在大带轮上,直至将 V 形带挂到适当的带轮上为止。

②工作台上下、左右位置的调整。先用左手托住工作台,再用右手松开锁紧手柄,并摆动工作台使其向下或向上移动到所需位置,然后再将锁紧手柄锁紧。

③主轴进给位置的调整。主轴的进给是靠转动进给手柄来实现的,钻孔前应先将主轴升降一下,以检查工作放置高度是否合适。

(3)台钻的使用维护注意事项

①用压板压紧工件后再进行钻孔,当孔将要钻透时,要减少进给量,以防工件甩出。

②钻孔时工作台面上不准放置工具、量具等物品,钻通孔时须使钻头通过工作台面,在刀孔或工件下面垫一垫块。

③台钻的工作台面要经常保持清洁,使用完毕须将台钻外露的滑动面和工作台面擦干净,并加注适量润滑油。

5. 摇臂钻床

在对大型工件进行多孔加工时,使用立钻很不方便,因为每加工一个孔,工件就要移动找正一次,而使用摇臂钻床加工就方便多了。

(1)摇臂钻的结构组成

图 6-6 为 Z3040 型摇臂钻的结构示意图,其主要组成部件有底座、立柱、摇臂、主轴箱等。加工时,工件和夹具可安装在底座 6 或工作台 5 上。立柱为双层结构,主轴箱 2 可在摇臂水平导轨上移动,而摇臂 3 可沿立柱 1 做上下运动,以调整主轴箱及刀具的高度。

摇臂钻床的主轴转速范围和进给量范围均很大,工作时可获得较高的生产率和加工精度。

在摇臂钻上钻孔时，特点是工件不动，只要调整摇臂和主轴箱的位置，就可使钻头方便地对准孔的中心。

(2)摇臂钻床的操作要领

①操作前应熟悉各手柄的位置和作用。

②操作过程中不许戴手套。

③变换主轴转速或做自动进给时，须先停车然后再进行调整。

④钻削过程中产生的切屑应用铁钩钩出，严禁用手去取。

⑤钻孔前工件的夹紧一定要可靠，以免发生事故。

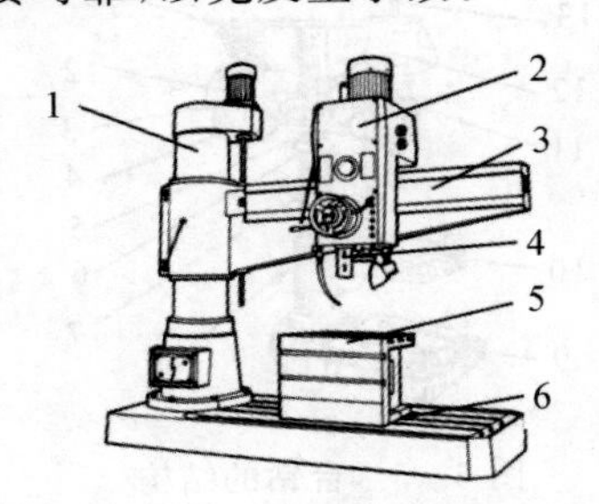

图 6-6　摇臂钻的结构组成

1—立柱；　2—主轴箱；　3—摇臂；　4—主轴；　5—工作台；　6—底座

6.2　划　线

划线是机械加工中的一道重要工序，广泛用于单件或小批量生产。根据图样和技术要求，在毛坯或半成品上用划线工具画出加工界线，或划出作为基准的点、线的操作过程称为划线。划线分为平面划线和立体划线两种。只需要在工件一个表面上划线即能明确表明加工界限的，称为平面划线；需要在工件几个互成不同角度(一般是互相垂直)的表面上划线，才能明确表明加工界限的，称为立体划线。划线的基本要求是线条清晰匀称，定形及定位尺寸准确。由于划线的线条有一定宽度，一般要求精度达到 0.25～0.5 mm。应当注意，工件的加工精度不能完全由划线确定，而应该在加工过程中通过测量来保证。

1.划线的作用

①明确地表示出加工余量、加工位置或划出加工位置的找正线，使加工工件时有所依据。

②为了便于复杂工件在机床上的装夹，可按划线找正定位。

③借划线来检查毛坯的形状和尺寸，避免不合格的毛坯投入机械加工而造成浪费。

④通过划线使加工余量合理分配，从而保证加工时不出或少出废品。

2.划线的种类

划线分为平面划线和立体划线。

(1)平面划线

在工件的一个平面上划线。

(2)立体划线

在零件的几个不同的表面上进行划线，如在 3 个互相垂直的平面和其他斜面上划线就是立体划线。

6.2.1　划线前的准备及划线要点

1. 划线前的准备

①清理工件毛刺、型砂、氧化皮。

②分析图样，选择划线基准。

③涂上合适的涂料。

④擦净划线平板，准备好划线工具。

2. 划线要点

①掌握各种划线工具的使用方法。

②工具合理放置。

③较大工件起重设备吊置加以保险，工件下放垫铁。

④划线完毕，收好工具，将平台擦净。

6.2.2　划线工具及其使用

1. 划线工具的分类

划线工具按用途分为基准工具、支撑装夹工具、直接绘划工具和量具等。

(1)基准工具

包括划线平板、方箱、V形铁、弯板(直角板)以及各种分度头等。

(2)量具

包括钢尺、直角尺、高度尺、游标卡尺、万能角度尺、直角尺以及测量长尺寸的钢卷尺等。

(3)绘划工具

包括划针、划规、划线盘、高度游标尺、划卡、平尺、手锤以及样冲等。

(4)绘划辅助工具

包括垫铁、千斤顶、C形夹头和夹钳以及找中心画圆时打入工件孔中的木条、铅条等。

2. 划线工具及其使用

(1)划线平板

划线平板是划线的基准工具，由铸铁制成，工作表面经过精刨或刮削，也可采用精磨加工而成。其上平面是划线的基准平面，要求非常平直和光洁。安放时要平稳牢靠，上平面应保持水平，平板不准碰撞和用锤敲击，以免使其精度降低，长期不用时，应涂油防锈，并加盖保护罩。

(2)方箱

一般由铸铁制成，各表面均经刨削及精刮加工，六面成直角，工件夹到方箱的V形槽中，能迅速地划出3个方向的垂线。

(3)划规

划规由工具钢或不锈钢制成，两脚尖淬硬，或在两脚尖端焊上一段硬质合金，使之耐磨。可以量取尺寸、定角度、划分线段、划圆、划圆弧线和测量两点间距离等。

(4)划针

一般由4～6 mm弹簧钢丝或高速钢制成，尖端淬硬，或在尖端焊接上硬质合金。划针是用来在被划线的工件表面沿着钢板尺、直尺、角尺或样板进行划线的工具，有直划针和弯头划针之分。

(5)样冲

用于在已划好的线上冲眼,以保证划线标记、尺寸界限及确定中心。样冲一般由工具钢制成,尖梢部位淬硬,也可以由较小直径的报废铰刀、多刃铣刀改制而成。

(6)量高尺

由钢直尺和尺架组成,拧动调整螺钉,可以变钢直尺的上下位置,因而可以方便地找到划线所需要的尺寸。

(7)普通划线盘

划线盘是在工件上划线和较正工件位置时常用的工具。普通划线盘的划针一端(尖端)一般都焊上硬质合金作划线用,另一端制成弯头,是较正工件用的。普通划线盘刚性好、不易产生抖动,应用很广。

(8)微调划线盘

其使用方法与普通划线盘相同,不同的是其具有微调装置,拧动调整螺钉,可使划针尖端有微量的上下移动,使用时调整尺寸方便,但刚性较差。

(9)V形铁

一般由铸铁或碳钢精制而成,相邻各面互相垂直,主要用来支撑轴、套筒、圆盘等圆形工件,以便于找中心和划中心线,保证划线的准确性,同时保证了稳定性。

(10)C形夹钳

在划线时用于固定。

6.2.3 划线基准

1.划线基准的概念

划线时用来确定零件上其他点、线、面位置的依据称为划线基准。

2.划线基准的类型

①以两个相互垂直的平面为基准。

②以一个平面(或直线)和一条中心线为基准。

③以两个相互垂直的中心线为基准。

3.怎样找工件基准

在零件图上,用来确定零件上其他点、线、面位置的基准称为设计基准。划线时,应使划线基准与设计基准一致。

6.3 锯 削

用手锯对金属材料进行切断或在工件上锯出槽的操作称为锯削。锯削是钳工中去除多余材料的工作,准确与否影响锉削余量的多少。

锯削有以下作用:

①锯断各种原材料、半成品。

②锯去工件上多余部分。

③在工件上锯出沟槽。

6.3.1 手锯

手锯是钳工上用来进行锯切的手动工具，手锯由锯弓和锯条两部分组成。锯弓是用来安装和张紧锯条的，有固定式和可调式两种，如图 6-7 所示。固定式锯弓只能安装一种长度的锯条，可调式锯弓通过调整可安装几种长度的锯条，且可调式锯弓的锯柄形状便于手握及用力，因此被广泛使用。

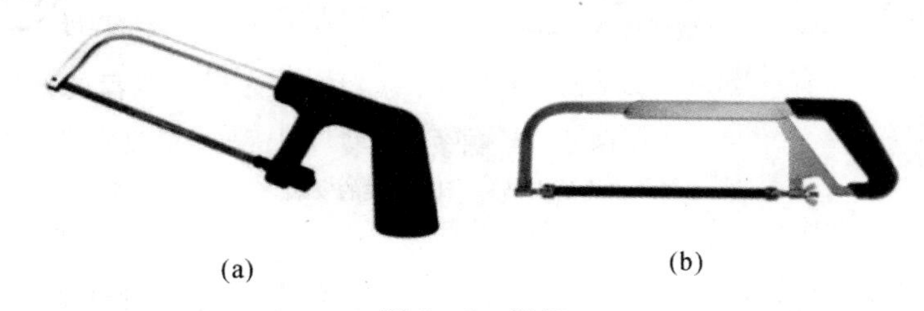

(a) (b)

图 6-7 锯弓

(a)固定式； (b)可调式

锯条在锯削时起切削作用，用碳素工具钢经淬火处理而成。锯条的长度是以其两端安装在孔的中心距来表示的，常用的锯条长度为 300 mm，厚度为 0.8 mm。根据锯齿的牙距大小，锯条可分为细齿(1.1 mm)、中齿(1.4 mm)和粗齿(1.8 mm)。根据所锯材料的软硬和厚薄来选用，粗齿锯条适宜锯削软金属(如纯铜、铸铁和中、低碳钢等)且较厚的工件，细齿锯条适宜锯削硬金属(如工具钢、合金钢、角铁等)和薄壁管子工件。

6.3.2 锯削操作要点

1. 握法

握法如图 6-8 所示，右手满握锯柄，左手轻扶在锯弓前端。

2. 压力

锯削时，右手控制推力与压力，左手配合右手扶正锯弓向前移动，压力不要过大，返回时不切削，不加压力。

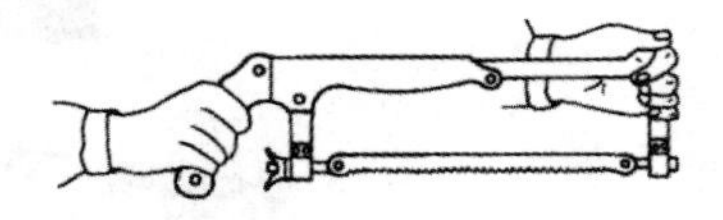

图 6-8 手锯的握法

3. 运动和速度

手锯推进时，身体略向前倾，左手上翘，右手下压，回程时右手上抬，左手自然跟回。锯削运动的速度约为 40 次/min，锯削硬材料要慢些，锯削行程应保持均匀，返回时应相对快些。

6.3.3 锯削操作方法

锯弓的运动方式有两种，一种是直线往复运动，用于锯缝底面要求平直的沟槽和薄型工件；另一种是摆动式，前进时右手下压而左手上提，操作自然，用于锯断。

1. 安装锯条

根据工件的材料种类及锯削厚度选择相应的锯条。手锯是在前推时才起切削作用，故安装时应使齿尖的方向朝前，如图 6-9 所示。安装时松开锯弓的调节螺钉，把锯条的两个孔装在锯弓两头的柱上，注意锯条的齿要向前，双手拉动锯弓，锯弓的上面一定要在槽内，拧紧调节螺钉。在调节锯条时，太紧会折断锯条，太松则锯条易扭曲，锯缝容易歪斜，其松紧程度以用手扳动锯条时感觉硬实即可。安装好后，还应检查锯条安装得是否歪斜、扭曲，这对保证锯缝正直和防止锯条折断都比较有利。

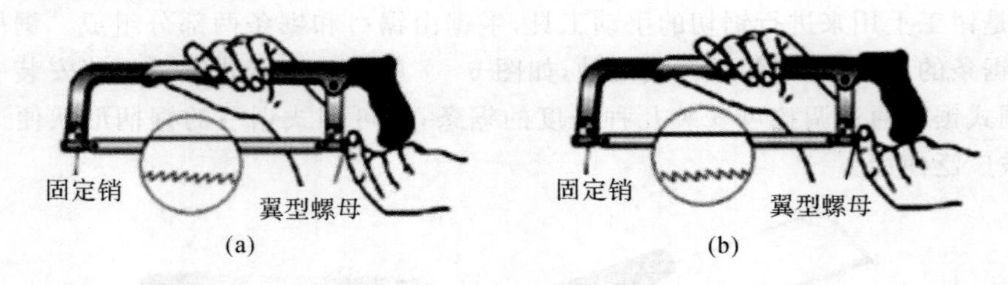

图 6－9　锯条的安装

(a)正确的安装；（b)错误的安装

2. 装夹工件

为了便于锯削，工件应装夹在台虎钳的左面。已锯的缝到钳口侧面的距离为 20 mm 左右，工件不能伸出过长，锯缝线平行于钳口侧面，要夹平、夹紧，注意避免将工件夹变形和夹坏已加工面。

3. 起锯方法

起锯是锯削工作的开始，它的好坏直接影响锯削质量。起锯有远起锯和近起锯两种，如图 6－10 所示。起锯时，左手拇指靠住锯条，右手紧握锯弓，使锯条能正确地锯在所需要锯的位置，锯弓行程要短，压力要小，速度要慢，起锯角度要小（<15°）。起锯锯到槽深有 2～3 mm 时，左手拇指即可离开锯条，扶正锯弓逐渐使锯痕向后成水平，然后往下正常锯削。

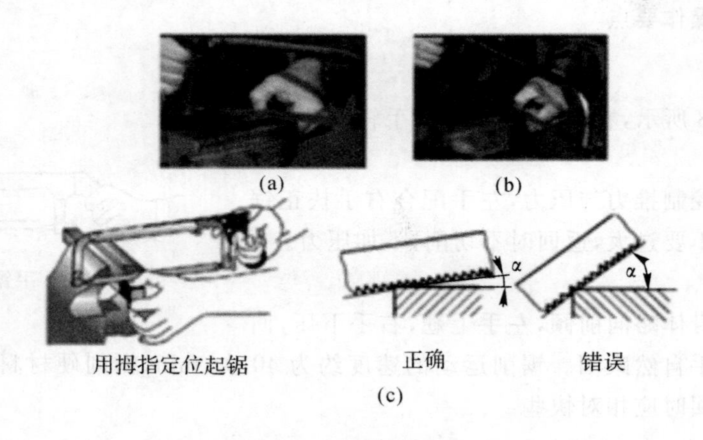

图 6－10　锯削起锯

(a)近起锯；（b)远起锯；（c)起锯的方法及角度

4. 锯削方法

一般采用远起锯较好，因为远起锯锯齿逐步切入材料，锯齿不易卡住，起锯也较方便。锯削时，锯弓作往复直线运动，右手推进，左手施压，用力均匀；返回时锯条从加工表面上轻轻滑过，往复速度不易太快，锯削的开始和结束，压力和速度都应减小。为了充分利用锯条，锯削时应使用锯条全长的 80％左右，为了提高锯条的使用寿命，锯削钢件时应添加切削液（乳化液、机油、煤油等）。

6.4 锉　削

用锉刀对零件表面进行切削加工，使尺寸、形状、位置和表面粗糙度等都达到要求的操作称为锉削。在钳工操作中，锉削占有很大的比重，是在錾、锯之后对工件进行的较高精度的加工，加工的表面粗糙度 R_a 值可达 1.6～3.2 μm。可以说每一件工件的制造都离不开锉削。锉削的加工范围很广。它可以加工工件的内外平面、内外曲面、内外角、沟槽以及各种复杂形状的表面。虽然现代化技术迅猛发展，但是锉削仍用来对装配过程中个别零件进行修整、修理，在小批量生产条件下对某些复杂形状的零件进行加工，以及用来对模具进行制作等。

1. 锉刀

锉刀用 T13 或 T12 碳素工具钢制成，经热处理后硬度可达 HRC62～72。

(1)锉刀的组成

锉刀是锉削时的主要工具，其构造如图 6-11 所示。锉刀面的齿纹是交叉排列的，形成许多小齿，便于断屑和排屑，锉削时能省力。

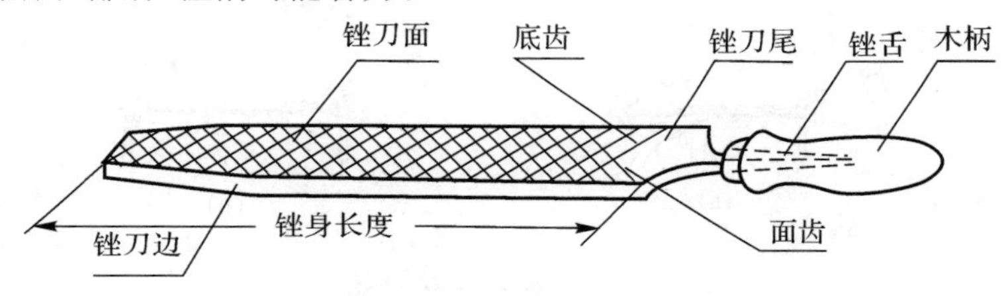

图 6-11　锉刀的构造

(2)锉刀的种类

锉刀的种类很多，按锉刀的形状分为平锉、半圆锉、四方锉、圆锉、三角锉等，可锉削相应形状的表面，如图 6-12 所示。按锉刀面上的齿数分为粗锉刀，齿数 4～12，齿间间距大，不易堵塞，用于粗加工或锉铜、铝等软金属；细锉刀，齿数 13～24，用于半精加工或锉钢、铸铁等硬金属；光锉刀，齿数 30～40，俗称油光锉，用于精加工或修光工件表面。

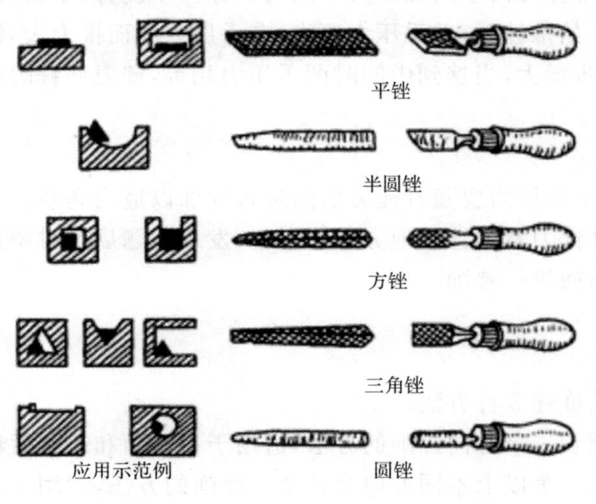

图 6-12　锉刀断面形状及种类

2.锉削操作要点

(1)锉刀握法

锉削时必须正确掌握握锉的方法及施力变化。使用大平锉时,左手压在锉端上,使锉刀保持水平,如图6-13(a)所示。用中等平锉时,因用力较小,左手的大拇指和食指捏着锉端,引导锉刀水平移动,如图6-13(b)所示。

锉削时施力的变化如图6-14所示。锉刀前推时加压,并保持水平,返回时,不宜紧压工件,以免磨钝锉齿和损伤已加工表面。

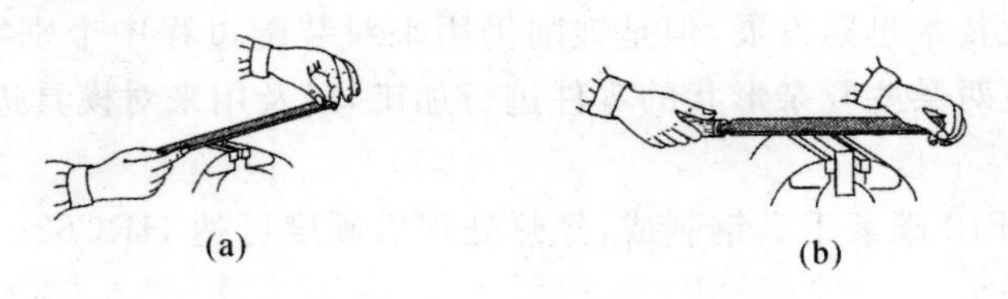

图6-13　握锉方法
(a)大平锉握法；(b)中等平锉的握法

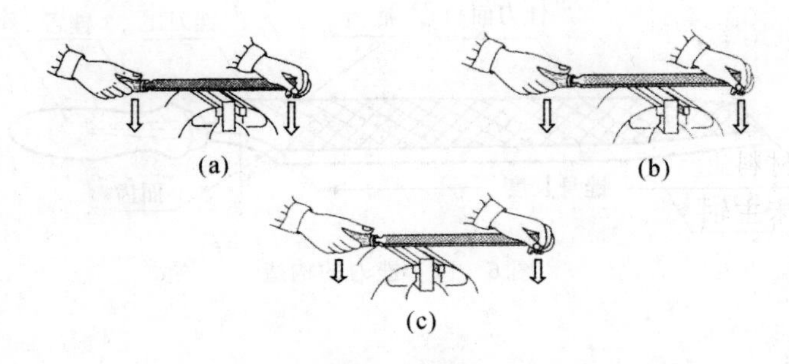

图6-14　锉削时施力的变化
(a)开始位置；(b)中间位置；(c)终了位置

(2)锉削力的运用

右手紧握锉刀柄,推锉时两手用在锉刀上的力应保持平衡,两手的力应随着在工件面上的移动而不断地调整。开始推锉时,左手压力要大、右手压力小而推力大,锉刀向前推进,左手的压力减小,右手压力逐步增大,当挫到中间时两手压力相等,锉刀回程时不用压力,以减少锉齿的磨损。

(3)锉平工件的方法

①锉刀要端平,两手的压力要随着锉刀的前进过程加以适当调整。

②挫几次后要拿开锉刀看看锉的地方是否平整,发现问题后及时调整。

③选择用锉刀的凸面进行锉削。

3.锉削方法

(1)平面锉削

有顺向锉、交叉锉、推锉3种方法。

①顺向锉是锉刀顺着一个方向锉削的方法,适用于小平面和粗锉后精锉的场合。

②交叉锉是从两面三个以上不同方向交替交叉锉削的方法,适用于大平面粗锉场合。

③推锉是双手横握锉刀往复锉削法,适用于狭长平面和修整时余量较小的场合。

(2)曲面锉削

有外圆弧面锉削、内圆弧面锉削和球面锉削3种方法。

①外圆弧锉削可采用锉刀顺着或横着圆面锉削。锉刀必须同时完成前进运动和绕工件圆弧中心摆动的复合运动。

②内圆弧锉削锉刀必须完成前进运动、左右摆动和绕圆弧中心转动的3个运动的复合运动。

③球面锉削锉刀完成外圆弧锉削复合运动的同时，还必须环绕球中心作周向摆动。

(3)配锉

是用锉削加工使两个或两个以上的零件达到一定配合精度的锉削方法。通常先锉好配合零件的外表面零件，然后以该零件为标准，配锉内表面零件使之达到配合精度要求。

6.5　钻孔、锪孔、铰孔

零件上的孔加工，主要是由钳工利用钻床来完成的，其余则由车、铣等机床完成。钳工加工孔的方法有钻孔、锪孔、铰孔等。

6.5.1　钻孔

用钻头在实心材料上加工出孔的操作方法称为钻孔。在钻床上钻孔时，工件是固定不动的。钻头装夹在钻床主轴上作旋转运动，称为主运动；钻削时钻头沿轴线方向移动，称为进给运动。

1. 钻床

使用钻头在工件上加工孔的机床称为钻床，主要有台式钻床、立式钻床、摇臂钻床以及其他钻床。

(1)台式钻床

简称台钻，是一种放在钳桌上使用的小型钻床，钻孔时主轴的进给靠操作人员手压进给手柄。台钻小巧灵活，使用方便，用于加工小型工件上的孔，最大钻孔直径为13 mm。

(2)立式钻床

简称立钻，立钻配有主轴变速箱和进给箱，可以自动进刀，也可用多种刀具进行钻孔、扩孔、铰孔、攻丝等，常用于加工中小型工件上的孔，最大钻孔直径为75 mm。

(3)摇臂钻床

简称摇钻，是通过摇臂带动主轴箱沿立柱垂直移动或在摇臂上横向移动，可调整刀具位置，常用于加工笨重、大型、复杂工件或多孔加工，最大钻孔直径为120 mm。

(4)其他钻床

主要是深孔钻床、数控钻床等。

2. 钻头

钻头是钻孔用的刀削工具，常用高速钢制造，工作部分经热处理淬硬至HRC 62～65。一般钻头由柄部、颈部及工作部分组成。

(1)麻花钻

由柄部、颈部和工作部分组成，构造如图6-15所示。

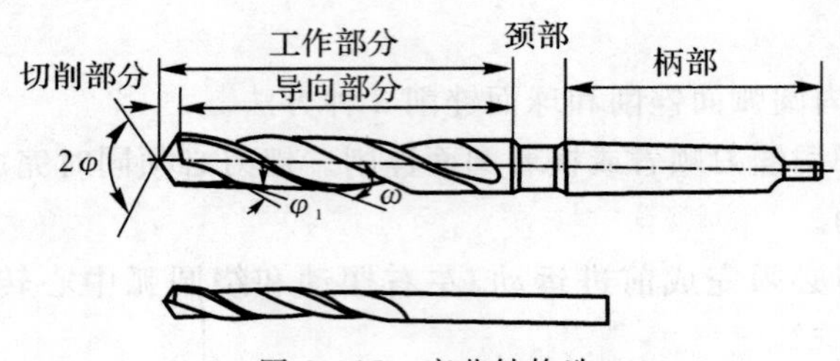

图 6-15　麻花钻构造

①柄部:钻头的夹持部分,起传递动力的作用。柄部有直柄和锥柄两种,直柄传递扭矩较小,一般用在直径小于 12 mm 的钻头;锥柄可传递较大扭矩(主要是靠柄的扁尾部分),用于直径大于 12 mm 的钻头。

②颈部:砂轮磨削钻头时退刀使用,钻头的直径大小等一般也刻在颈部。

③工作部分:包括导向部分和切削部分。导向部分有两条狭长、螺纹形状的刃带和螺旋槽。刃带的作用是引导钻头和修光孔壁,两条对称螺旋槽的作用是排除切屑和输送切削液。切削部分由两条主切削刃、一条横刃、两个前面和两个后面组成,其主要作用是切削。两条主切屑刃之间通常为 118°±2°,称为顶角。

柄部是与钻孔机械的连接部分,钻孔时用来传递所需的转矩和轴向力。柄部分圆柱形和圆锥形两种形式。颈部为磨制钻头时供砂轮退刀用。

(2)标准麻花钻刃磨要求

①顶角 2φ 为 118°±2°;

②外缘处的后角 α_0 为 10°～14°;

③横刃斜角 ψ 为 50°～55°;

④两主切削刃长度以及和钻头轴心组成的两个 φ 角要相等;

⑤两个主后面要刃磨光滑。

(3)操作方法

①准确划线。钻孔前,首先应熟悉图样要求,加工好工件的基准;一般基准的平面度≤0.04 mm,相邻基准的垂直度≤0.04 mm。按钻孔的位置尺寸要求,使用高度尺划出孔位置的十字中心线,要求线条清晰准确;线条越细,精度越高。由于划线的线条总有一定的宽度,而且划线的一般精度可达到 0.25～0.5 mm,所以划完线以后要使用游标卡尺或钢板尺进行检验。

②划检验方格或检验圆。划完线并检验合格后,还应划出以孔中心线为对称中心的检验方格或检验圆,作为试钻孔时的检查线,以便钻孔时检查和校正钻孔位置,一般可以划出几个大小不一的检验方格或检验圆,小检验方格或检验圆略大于钻头横刃,大的检验方格或检验圆略大于钻头直径。

③打样冲眼。划出相应的检验方格或检验圆后应认真打样冲眼。先打一小点,在十字中心线的不同方向仔细观察,样冲眼是否打在十字中心线的交叉点上,最后把样冲眼用力打正、打圆、打大,以便准确落钻定心。

④装夹。擦拭干净机床台面、夹具表面、工件基准面,将工件夹紧,要求装夹平整、牢靠,便于观察和测量。应注意工件的装夹方式,以防工件因装夹而变形。

⑤试钻。钻孔前必须先试钻,使钻头横刃对准孔中心样冲眼钻出一浅坑,然后目测该浅坑位置是否正确,并不断纠偏,使浅坑与检验圆同轴。

⑥钻孔。钳工钻孔一般以手动进给操作为主，在试钻达到钻孔位置精度要求后，即可进行钻孔。手动进给时，进给力量不应使钻头产生弯曲现象，以免孔轴线歪斜。钻小直径孔或深孔时，要经常退钻排屑，以免切屑阻塞而扭断钻头，一般在钻孔深度大于直径 3 倍时，一定要退钻排屑。此后，每钻进一些就应退屑，并注意冷却润滑，钻孔的表面粗糙度值要求很小时，还可以选用 3%～5%乳化液、7%硫化乳化液等起润滑作用的冷却润滑液。钻孔即将钻透时，手动进给用力必须减小，以防进给量突然过大，造成钻头折断或使工件随着钻头转动造成事故。

(4)钻削用量

是在钻削过程中，钻削速度、进给量、背吃刀量的总称。

① 钻削速度 v_c：钻削时钻头切削刃上最大直径处的线速度，即

$$v_c = \pi Dn/1\,000 (\mathrm{m/min})$$

其中　D—— 钻头直径(mm)

　　　n—— 钻头转速(r/min)

②进给量 f：指主轴每转一转，钻头对工件沿主轴轴线相对移动的距离，单位为 mm/r。

③切削深度 a_p：指已加工表面与待加工表面之间的垂直距离，即一次走刀所能切下的金属层厚度，$a_p = D/2$，单位为 mm。

(5)钻削基本原则

在允许范围内，尽量先选择较大的进给量 f，当 f 的选择受到表面粗糙度和钻头刚性的限制时，再考虑选择较大的切削速度 v_c。

(6)扩孔

扩孔用以扩大已加工出的孔，它可以校正孔的轴线偏差，并使其获得正确的几何形状和较小的表面粗糙度，其加工精度一般为 IT10～IT9 级，表面粗糙度 $R_a = 6.3 \sim 3.2\ \mu\mathrm{m}$，扩孔的加工余量一般为 0.2～4 mm。

扩孔时可用钻头扩孔，但当孔精度要求较高时常用扩孔钻。扩孔钻的形状与钻头相似，但扩孔钻有 3～4 个切削刃，且没有横刃，其顶端是平的，螺旋槽较浅，故钻芯粗实、刚性好、不易变形、导向性好。

6.5.2 锪孔

1. 锪孔的概念

指用锪钻或改制钻头将孔口表面加工成一定形状的孔和平面。

2. 锪孔的形式

锪柱形埋头孔、锪锥形埋头孔以及锪孔端平面如图 6－16 所示。

6.5.3 铰孔

1. 铰孔的概念

指用铰刀从工件孔壁上切除微量金属层，以提高孔的尺寸精度和降低孔的表面粗糙度值的方法，如图 6－17 所示。铰孔是应用较普遍的孔的精加工方法之一，其加工精度可达 IT7～IT6 级，表面粗糙度 $R_a = 0.8 \sim 0.4\ \mu\mathrm{m}$。

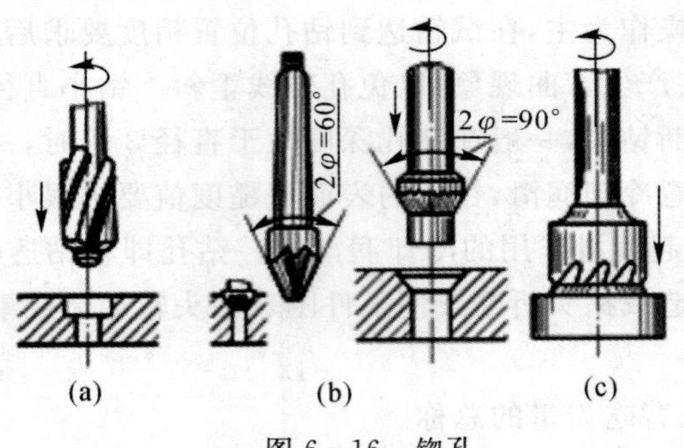

图 6-16　锪孔

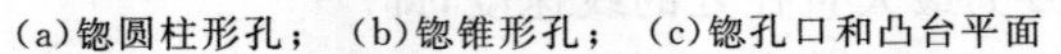
(a)锪圆柱形孔；（b)锪锥形孔；（c)锪孔口和凸台平面

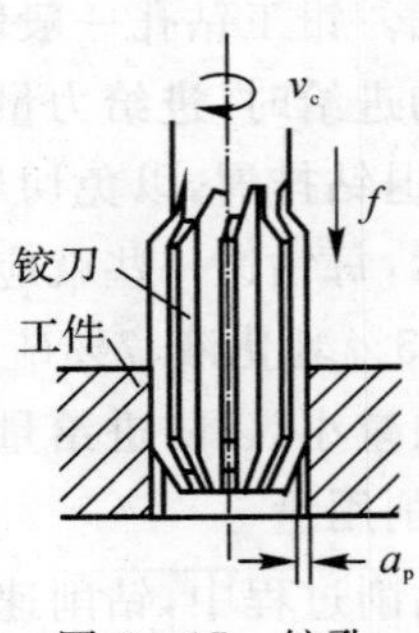

图 6-17　铰孔

2.铰刀的分类

铰刀是多刃切削刀具，有 6～12 个切削刃和较小顶角，铰孔时导向性好。铰刀刀齿的齿槽很宽，铰刀的横截面大，因此刚性好。铰孔时因为余量很小，每个切削刃上的负荷小于扩孔钻，且切削刃的前角 $\gamma_0=0°$，所以铰削过程实际上是修刮过程，特别是手工铰孔时，切削速度很低，不会受到切削热和振动的影响，孔加工的质量较高。

①按使用方法分为手铰刀和机用铰刀。

②按铰刀形状分为圆柱形铰刀和圆锥形铰刀。

③按铰刀结构分为整体式铰刀和可调节式铰刀。

3.铰刀的组成

铰刀的组成如图 6-18 所示。

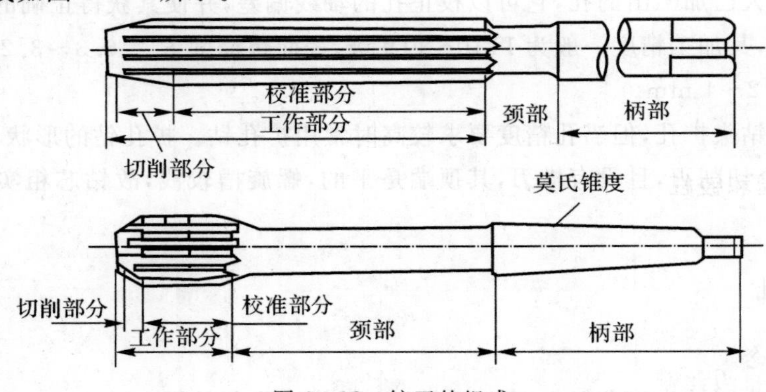

图 6-18　铰刀的组成

工作部分由切削部分和校准部分组成，铰刀齿一般为 4～8 齿，偶数制造。

(1)切削部分

切削作用。

(2)校准部分

导向、修光孔壁，外形为倒锥。

4.铰孔的方法

铰削余量是指上道工序（钻孔或扩孔）完成后，在直径方向所留下的加工余量。余量太小，上道工序残留的变形和加工的刀痕难以纠正和除去，铰孔的质量达不到要求。同时铰刀处于啃刮状态,磨损严重,降低了铰刀的使用寿命。余量太大,则增加了每一刀齿的切削负荷,增加了切削热,使铰刀直径扩大,孔径也随之扩大。

正确选择铰削余量,应按孔径的大小,同时考虑铰孔的精度、表面粗糙度、材料的软硬和铰刀类型等多种因素。

(1)铰削余量的选择

铰削余量见表6-1。

表6-1　铰削余量　　单位:mm

铰孔直径	小于5	5～20	21～32	33～50	51～70
铰孔余量	0.1～0.2	0.2～0.3	0.3	0.5	0.8

(2)切削液

根据工件材料选择不同的切削液。

(3)铰孔操作要点

①工件要夹正,夹紧力适当。

②手铰时两手用力要均衡,保持铰削的稳定性。

③随着铰刀的旋转,两手轻轻加压,使铰刀均匀进给。

④铰削过程中或退出铰刀时禁止反转,否则将拉毛孔壁,甚至使铰刀崩刃。

⑤机铰时应注意主轴、铰刀、工件孔三者同轴度是否符合要求。

⑥铰孔过程中按工件材料、铰孔精度要求合理选用切削液。

6.6　攻丝和套扣

攻丝是用丝锥加工内螺纹的操作。套扣是用板牙在圆杆上加工出外螺纹的操作。

6.6.1　攻丝和铰杠

1. 工具

(1)丝锥种类

丝锥为一种加工内螺纹的刀具,是制造业操作者加工螺纹的最主要工具。按照形状可以分为螺旋丝锥和直刃丝锥,按照使用环境可以分为手用丝锥和机用丝锥,按照规格可以分为公制、美制和英制丝锥,按照产地可以分为进口丝锥和国产丝锥。

(2)丝锥组成

丝锥由柄部和工作部分组成,如图6-19所示。

(3)铰杠

铰杠用来夹持丝锥柄部,带动丝锥旋转的工具,如图6-20所示。

2. 攻丝的用途

供加工螺母或其他机件上的普通内螺纹用(即攻丝)。机用丝锥通常是指高速钢磨牙丝锥,适用于在机床上攻丝;手用丝锥是指碳素工具钢或合金工具钢滚牙(或切牙)丝锥,适用于手工攻丝。

丝锥是加工各种中、小尺寸内螺纹的刀具，它结构简单，使用方便，既可手工操作，也可以在机床上工作，在生产中应用得非常广泛。

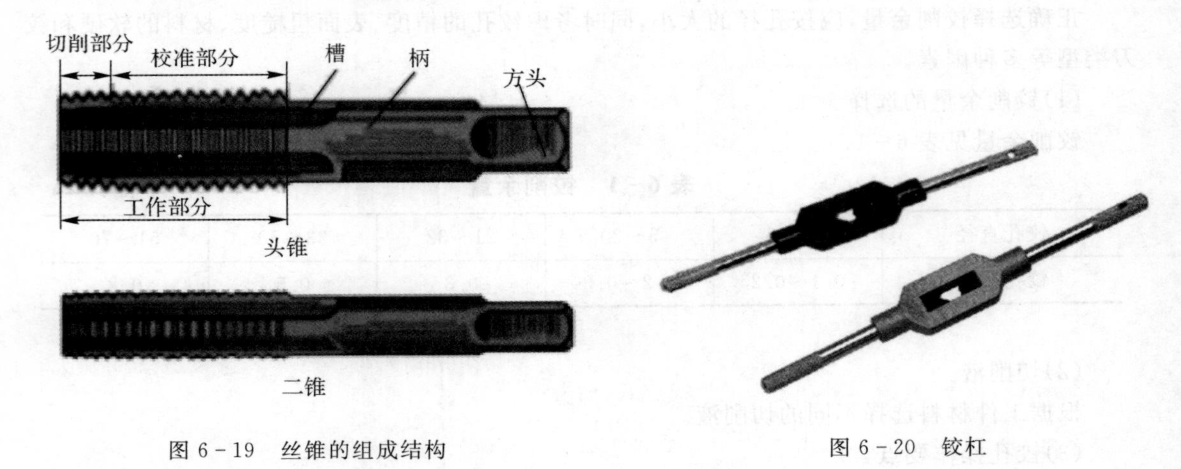

图 6-19　丝锥的组成结构　　　　图 6-20　铰杠

对于小尺寸的内螺纹来说，丝锥几乎是唯一的加工刀具。丝锥的种类有手用丝锥、机用丝锥、螺母丝锥、挤压丝锥等。

攻丝属于比较困难的加工工序，因为丝锥几乎是被埋在工件中进行切削，其每齿的加工负荷比其他刀具都要大，并且丝锥沿着螺纹与工件接触面非常大，切削螺纹时它必须容纳并排除切屑，因此，可以说丝锥是在很恶劣的条件下工作的。为了使攻丝顺利进行，应事先考虑可能出现的各种问题，如工件材料的性能，选择什么样的刀具及机床，选用多高的切削速度、进给量等。

3. 攻丝操作要点

①工件上螺纹底孔的孔口要倒角，通孔螺纹两端都倒角。

②工件装夹位置要正确，尽量使螺纹孔中心线置于水平或竖直位置，使攻丝容易判断丝锥轴线是否垂直于工件的平面。

③在攻丝开始时，要尽量把丝锥放正，然后对丝锥加压力并转动绞手，当切入 1～2 圈时，仔细检查和校正丝锥的位置。一般切入 3～4 圈螺纹时，丝锥位置应正确无误。以后，只须转动绞手，而不应再对丝锥加压力，否则螺纹牙型将被损坏。

④攻丝时，每扳转绞手 1/2～1 圈，就应倒转约 1/2 圈，使切屑碎断后容易排出，并可减少切削刃因黏屑而使丝锥轧住现象。

⑤攻不通螺孔时，要经常退出丝锥，排除孔中的切屑。

⑥攻塑性材料的螺孔时，要加润滑冷却液。对于钢料，一般用机油或浓度较大的乳化液，或者要求较高的可用菜油或二硫化钼等。对于不锈钢，可用 30 号机油或硫化油。

⑦攻丝过程中换用后一支丝锥时，要用手先旋入已攻出的螺纹中，至不能再旋进时，然后用绞手扳转。在末锥攻完退出时，也要避免快速转动绞手，最好用手旋出，以保证已攻好的螺纹质量不受影响。

⑧机攻时，丝锥与螺孔要保持同轴性，丝锥的校准部分不能全部出头，否则在反车退出丝锥时会产生乱牙。

6.6.2 套扣

1. 板牙和板牙架

板牙是加工外螺纹的工具，如图6-21所示。板牙一端带50°的锥角部分起切削作用，中间一段是校准部分，也是套扣时的导向部分。

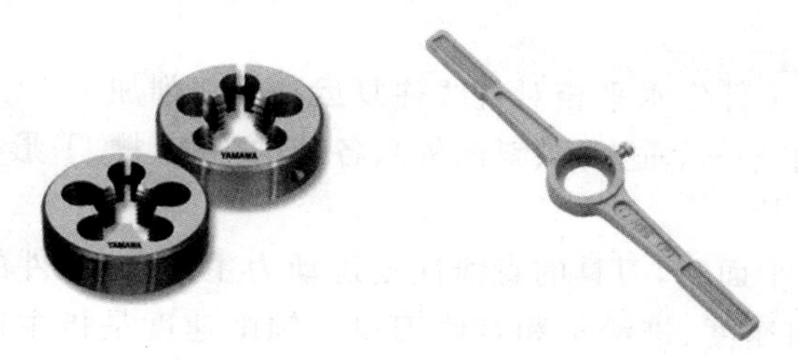

图6-21 板牙及板牙架

板牙相当于一个具有很高硬度的螺母，螺孔周围制有几个排屑孔，一般在螺孔的两端磨有切削锥。板牙按外形和用途分为圆板牙、方板牙、六角板牙和管形板牙。其中以圆板牙应用最广，规格范围为M0.25～M68(mm)。当加工出的螺纹中径超出公差时，可将板牙上的调节槽切开，以便调节螺纹的中径。板牙可装在板牙扳手中用手工加工螺纹，也可装在板牙架中在机床上使用。板牙加工出的螺纹精度较低，但由于结构简单、使用方便，在单件、小批生产和修配中板牙仍得到广泛应用。

2. 套扣的操作方法

套扣前应检查圆杆直径，避免直径太大难以套入，直径太小套出的螺纹牙型不完整。计算圆杆直径的经验公式为

$$圆杆直径=螺纹外径-0.13t \quad (t\ 为螺距)$$

要套扣的圆杆端部应倒角，使板牙容易对准工件中心，同时也容易切入。套扣时板牙断面应与圆杆垂直。开始转动板牙时，要稍加压力，套入3～4扣后，就可以只转动，不需加压，要经常反转，以便断屑。在刚件上套扣，需要加机油润滑。

复习思考题

1. 划线的作用是什么？
2. 什么叫划线基准？如何选择划线基准？
3. 工件的水平和垂直位置应如何校正？
4. 起锯和锯削的操作要点是什么？
5. 锯齿崩落和锯条折断的原因是什么？
6. 什么是钻孔？钻孔时工件有哪些装夹法？

第7章 刨削加工

在刨床上用刨刀对工件作水平相对直线往复运动的切削加工方法称为刨削。刨床主要用来加工零件上的平面(水平面、垂直面、斜面等)、各种沟槽(直槽、T形槽、V形槽、燕尾槽等)及直线形曲面。

在牛头刨床上刨水平面时,刀具的直线往复运动为主运动,工件的间歇移动为进给运动。刨削切削用量包括切削速度、进给量和背吃刀量。刨削速度是指主运动的平均速度,单位是m/s;进给量是指主运动往复运动一次工件沿进给方向移动的距离,单位为mm/str;背吃刀量是工件已加工表面和待加工表面之间的垂直距离,单位为mm。

由于刨削的切削速度低,并且只是单刃切削,返回行程又不工作,所以除刨削狭长平面(如床身导轨面)外,生产效率均较低。但因刨削使用的刀具简单,加工调整方便、灵活,故广泛用于单件生产、修配及狭长平面的加工。

7.1 刨床种类

刨床类机床按其结构特征主要分为牛头刨床、龙门刨床和插床。

牛头刨床因其滑枕和刀架形似"牛头"而得名,主要用于刨削中、小型零件,适用于单件小批生产及修配加工,工作长度一般不超过1 m。工件装夹在可调整的工作台上或夹在工作台上的平口钳内,利用刨刀的直线往复运动(切削运动)和工作台的间歇移动(进刀运动)进行刨削加工。

龙门刨床主要用来刨削大型零件,特别适用于刨削各种水平面、垂直面以及各种平面组合的导轨面。它可以同时安装多把刨刀对工件进行刨削,其加工精度和生产率都比较高。与牛头刨床相比,其形体大,结构复杂,刚性好;从机床运动上看,龙门刨床的主运动是工作台的直线往复运动,而进给运动则是刨刀的横向或垂直间歇运动,这刚好与牛头刨床的运动相反。龙门刨床由直流电机带动,并可进行无级调速,运动平稳。龙门刨床的所有刀架在水平和垂直方向都可平动。龙门刨床主要用来加工大平面,尤其是长而窄的平面,一般可刨削的工件宽度达1 m,长度在3 m以上。

插床又称为立式刨床,它与牛头刨床的不同之处在于主运动方向不同,牛头刨床的滑枕在水平方向上作直线往复运动,而插床的主运动为滑枕在垂直方向的直线往复运动,插床主要用来加工工件的内部表面,如多边形孔或孔内键槽等,此外还可以加工内外曲面。

7.2 牛头刨床

牛头刨床是刨削类机床中应用较广的一种,适用于刨削长度不超过1 000 mm的中、小型工件,其尺寸精度一般为IT10~IT8,表面粗糙度R_a值一般为6.33~1.6 μm,最高可以达到

0.83 μm，图 7－1 所示为 B6050 牛头刨床的外形。

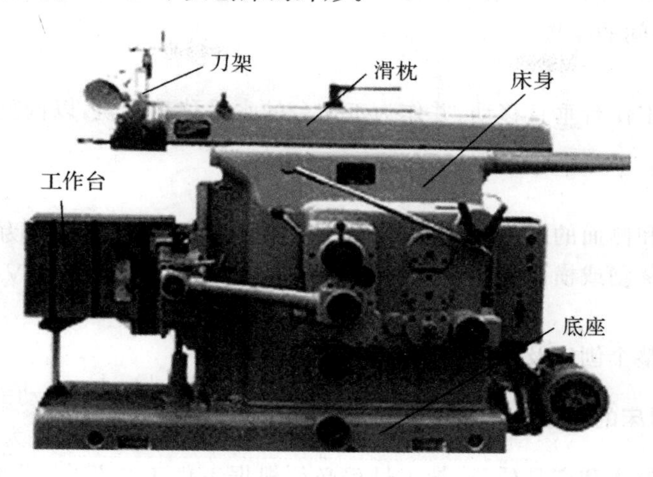

图 7－1　B6050 牛头刨床

牛头刨床的型号 B6050 中字母与数字的含义如下：

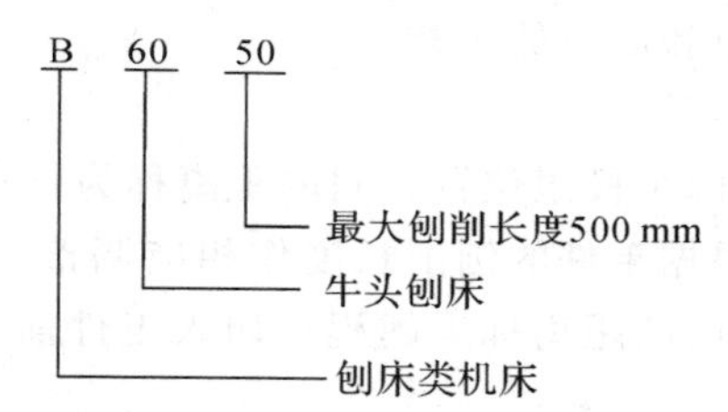

牛头刨床的主运动为滑枕带动刀架（刨刀）的直线往复运动。电动机的回转运动经带传动机构传递给床身内的变速机构，然后由摆动导杆机构将回转运动转换成滑枕的直线往复运动。进给运动包括工作台的横向移动和刨刀的垂直（或斜向）移动。工作台的横向移动由曲柄摇杆机构带动横向丝杠间歇转动实现，在滑枕每次直线往复运动结束后到下一次工作行程开始前的间歇中完成。刨刀的垂直（或斜向）移动则通过手工转动刀架手柄完成。

7.2.1　牛头刨床的组成

牛头刨床由工作台、刀架、滑枕、床身、横梁、变速机构、进刀机构和床身内部摆动导杆机构等组成。

1. 床身

床身是刨床的基础件，用于支撑和连接刨床的各个部件，其上部的燕尾导轨供滑枕作往复运动，前部导轨供横梁带着工作台升降。它是一个箱形铸铁壳体，箱体内部安装有变速机构、曲柄摇杆机构和传动机构，床身内部装有传动机构及润滑油。

2. 滑枕

滑枕主要用来带动刨刀作直线往复运动，其前端装有刀架，滑枕往复运动的快慢、行程的长短和位置均可根据加工位置进行调整。

3. 刀架

刀架由转盘、溜板、刀座、抬刀板和手柄等组成，其作用是夹持刨刀，实现垂直和斜向进给运动。上滑板有可偏转的刀座,抬刀板绕刀座上的轴顺时针抬起,供返程时将刨刀抬离加工表面,减少刨刀与工件间的摩擦。

4.横梁

横梁用来带动工作台垂直移动,并作为工作台的水平移动导轨,以调整工件与刨刀的相对位置。

5.工作台

工件台上平面和侧面的T形槽主要用于装夹工件或夹具,可以随横梁作上下调整,并可沿横梁作水平方向移动或横向进给运动。

6.底座

底座用来支撑整个刨床及工件的重量。

7.2.2 牛头刨床的调整

为了提高生产效率和产品质量,加工过程必须根据工件工艺要求,首先调整刨削速度,其次根据该零件的长短调整刨削行程,使整个工件表面都能被切削。所加工零件有前位装夹和后位装夹,为了便于加工,可根据零件总长,在刨削行程不变的情况下,把刨刀的起始和终点同时往前调或往后调,即进行前位和后位的调整。

1.滑枕行程长度的调整

刨刀在往复运动中所处的两个极限位置之间的距离称为行程长度。为了能加工出工件的整个表面,刨刀的行程长度应根据工件的刨削长度作相应调整。行程长度应比工件的刨削长度稍长一些。超过工件刨削长度的距离称为越程。切入工件前的越程称为切入越程,切削以后的越程称为切出越程。

2.滑枕行程起始位置的调整

滑枕行程的起始位置应根据工件装夹在工作台上的前后位置进行调整,即工件装好后,需要调整滑枕的起始位置与之相适应,否则,刨刀还没退回到工件端部之外就开始切削行程,而另一端则超出工件。

3.滑枕行程速度的调整

根据工件的加工材料、加工的不同阶段以及工件加工表面质量,可选择不同的加工速度,通过调整变速手柄可得到所需的滑枕行程速度。

4.工作台横向进给量的调整

进给量大小主要根据加工要求和加工条件而定。

7.3 刨　刀

刨刀切削部分的形状与车刀基本相同,但因刨削时,每一往复行程将产生惯性和冲击现象。刨刀的截面尺寸比车刀大,用以增加刨刀的强度,避免造成刨刀刀杆的折断或崩刀。

1.刨刀的种类

①按刨刀形状分类,刨刀分为直头刨刀和弯头刨刀。刨刀切削部分和刀杆制造成直的称为直头刨刀,刨刀切削部分向后弯曲的称为弯头刨刀。弯头刨刀在刨削时,如遇切削力突然增加,刀杆将产生向后方向的弯曲变形,避免了刀杆折断或啃伤工件已加工表面,所以弯头刨刀

应用广泛。

②按加工表面的形状分类，刨刀有平面刨刀、偏刀、切刀、角度刀和成形刀等。平面刨刀用于刨水平面；偏刀用来刨垂直面和斜面；切刀用于刨直角槽或切断工件；角度刀用来刨角度工件，如燕尾槽等；成形刀用来刨成形表面，如V形槽等。

③按进给方向的不同，刨刀分为左刨刀和右刨刀。

2. 平面刨刀的选择

刨刀的选择一般按加工要求、工件材料和形状来确定。

①加工铸铁时，通常采用钨钴类硬质合金的弯头刨刀，或将高速钢刀头装在刨刀杆的方槽内使用。

②粗刨平面一般采用尖头刨刀，刨刀的刀尖部分应磨出1～3 mm圆弧。

③当加工表面粗糙度在R_a3.23 μm以下的平面时，粗刨后还要进行精刨。

④精刨时常用圆头刨刀或宽头刨刀刨削。

3. 平面刨刀的安装

①刨平面时刀架和拍板座都应在垂直的位置上。

②刨刀在刀架上不应伸出过长，以免在加工时发生振动和折断刨刀。直刨刀的伸出长度一般为刀杆厚度的1.5～2倍，弯头刨刀可伸出稍长些。

③在装拆刀具时，左手扶住刨刀，右手使用扳手。扳手放置位置要合适，用力方向必须由上而下，均匀地转螺钉将刀具压紧或松开。

④安装带有修光刃或平头宽刃刨刀时，要用透光法找正修光刃或宽刀刃的水平位置，然后再夹紧刨刀。刨刀夹紧后，须再次用透光法检查刀刃的水平。

7.4　刨削加工范围

刨削加工的尺寸精度一般为IT9～IT8，表面粗糙度R_a值为6.3～1.6 μm，用宽刀精刨时，R_a值可达1.6 μm。此外，刨削加工还可保证一定的相互位置精度，如面对面的平行度和垂直度等。刨削在单件、小批生产和修配工作中得到广泛应用。刨削主要用于加工各种平面（水平面、垂直面和斜面）、各种沟槽（直槽、T形槽、燕尾槽等）和成形面等，如图7-2所示。

1. 刨水平面

刨水平面时，刀架和刀座均在滑枕端部的中间垂直位置上，如图7-3(a)所示。通过工作台，将工件调整到合适位置。通过刀架垂向进给手柄确定合理的背吃刀量。

刨平面的步骤如下：

①将工件和刨刀安装好后，将工作台调整到适当高度，然后调整滑枕行程长度和位置。

②开动机床移动滑枕，使刨刀接近工件后停车。

③转动工作台横向走刀手柄，将工件移到刨刀刀尖。摇动刀架拖板，使刨刀刀尖接触工件表面。

④转动工作台横向走刀手柄，将工件退离刨刀刀尖，使工件一侧离刨刀3～5 mm。

⑤按选定的切削深度摇动刀架拖板，使刨刀向下进刀。

⑥开动机床，工件台作横向进刀，刨削工件1～1.5 mm宽时，停车用钢板尺或游标卡尺测量尺寸，若与要求的尺寸不符，则应退出工件，再调整吃刀深度试切至合格尺寸，然后再开动机

床，工件台横向走刀或自动进给，将工件多余金属刨去。

⑦测量工件尺寸，合格后即可卸下工件，最后清理平口钳和工作台上的切屑。

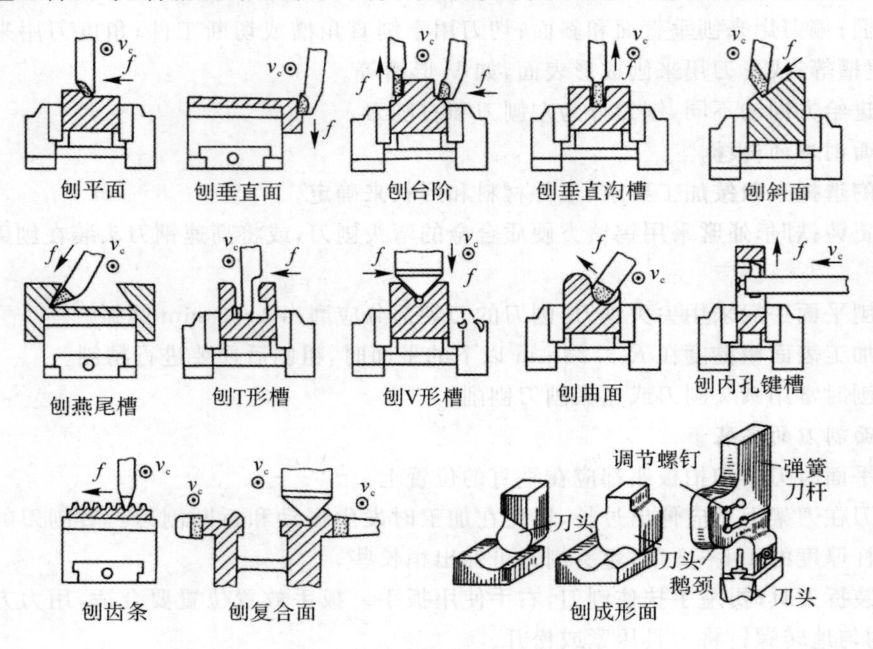

图 7-2　刨削加工的主要应用

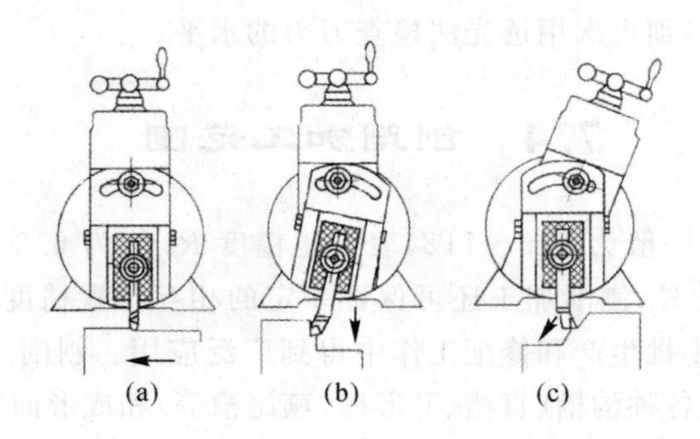

图 7-3　刨水平面、垂直面、斜面时刀架和刀座的位置

(a)刨水平面；(b)刨垂直面；(c)刨斜面

2. 刨垂直面

对于长工件的端面，用刨垂直面的方法加工较为方便。先把刀架转盘的刻度对准零线，再将刀座按一定方向(即刀座上部偏离加工面的方向)偏离10°～15°，如图7-3(b)所示。偏转刀座的目的是使抬刀板在回程中能离开工件的加工面，保证已加工表面，减少刨刀磨损，刨削时可手动进给或机动进给。

3. 刨斜面

刨斜面常用的方法是正夹斜刨，即依靠倾斜刀架进行刨削。刀架扳转的角度应等于工件的斜面与铅垂线的夹角，刀架的偏转方法与刨垂直面时刀座的偏转方法相同，如图7-3(c)所示。在牛头刨床上刨斜面只能手动进给。

7.5　刨床上工件的装夹

刨削时，必须将工件装夹在工作台或夹具上，经过校正、夹紧，使工件在整个加工过程中始终保持正确的位置。

刨削加工时，应根据工件的大小、形状以及加工的位置正确选择工件的装夹方法，这样有利于合理使用机床和保证工件的加工精度。当刨削中小型工件或形状简单的工件时，一般使用平口钳装夹；对于外形不规则的工件，可用螺栓、压板、垫铁直接装夹在刨床的工作台上；大型工件则需在龙门刨床上装夹加工；对于大批量生产的工件，还可以采用专用夹具来装夹，它既能保证加工质量，又能使装夹迅速可靠。

平口钳结构简单，夹紧牢靠且使用方便，在装夹中应用广泛。平口钳装夹工件时应注意以下几点：

①工件加工面必高于钳口，以免刨刀碰着钳口，若工件高度不够，可用平行垫铁将工件垫高。

②为保证钳口不受损伤，在夹持毛坯时，可先在钳口上垫铜皮、铝皮等护口片，但在加工与定位面相互垂直的平面时，在钳口不宜垫护口片，以免影响精度。

③工件装夹时，要用手锤轻轻敲击工件，使工件垫实垫铁，但敲击已加工表面现象时，应使用铜锤或木槌。

④装夹刚性较差的工件时，应将工件的薄弱部分先垫实或作支撑，以免装夹后产生变形。

7.6　刨削加工的工艺特点

刨削刀具简单，加工、调整灵活，适应性强，生产准备时间短，因此主要应用于单件、小批量生产及修配工作。

1. 刨削加工的特点

①牛头刨床结构简单、成本低，操作方便，刨刀结构简单，易于制造和刃磨，因此工件的加工成本低。

②加工质量低。刨削时有冲击和振动，影响加工精度和表面质量。

③生产效率低。刨削的主运动为直线往复运动，会产生冲击，限制了切削速度的提高，刨削的生产率一般低于铣削，但是对于狭长表面（如导轨、长槽等）的加工，以及在龙门刨床上进行多件或多刀加工时，刨削的生产率可能高于铣削。

④刨削适应性强，通用性好。它能刨削平板类、支架类、箱体类、机座类、床身类零件的各种表面、沟槽等。

⑤宽刃细加工质量较高。

2. 刨削加工注意事项

①多件划线毛坯同时加工时，必须按各工件的加工线找准在同一表面上。

②工件高度较大时，应增加辅助支撑进行装夹，以增加工件支撑的稳定性和刚性。

③装夹刨刀时，尽量缩短刀具伸出长度，插刀杆应与工作台表面垂直，插槽刀和成形刀的主切削刃中线应与圆工作台中心平面重合，装夹平面插刀时，主切削刃应与横向进给方向

平行。

④刨削薄板类工件时，应该先刨削周边，以增大撑板的接触面积，并根据余量情况，多次翻面装夹加工，以减少和消除工件的变形。

⑤刨削有空刀槽的面时，为减小冲击、振动，应降低切削速度，并严格控制刀具行程。

⑥精刨时，如果发现工件表面有波纹或者不正常声音时，应该停机检查。

⑦在龙门刨床上加工时，应该尽量采用多刀刨削，以提高生产效率，降低成本。

7.7 刨削与铣削的异同

刨削和铣削是平面加工的两种基本方法，由于刨、铣加工所使用的设备、工艺装备和切削方式不同，所以它们的工艺特点也有较大的差异。

1. 刨削与铣削加工的生产率

在大多数情况下，铣削加工的生产率明显高于刨削加工，只有加工窄长平面时，刨削加工的生产率才高于铣削加工，这是因为以下原因：

①刨削主运动是直线往复运动，刀具切入工件时有冲击，回程进还要克服惯性力，因此刨削的切削速度较低；铣削的主运动是回转运动，有利于采用高速切削。

②刨刀属于单刃刀具，实际参加切削的刀刃长度有限，回程一般不切削，一个表面通常要经过多次行程才能完成加工；铣刀属于多刃刀具，同时参加切削的刀齿数较多，总的切削宽度大，也没有回程时间损失。

③对窄长平面（如长槽、导轨等），刨削的生产率高于铣削，这是因为刨削工件窄可减少横向走刀次数。

2. 刨削与铣削的加工质量

刨削与铣削的加工质量相近，一般经过粗、精两道工序后，精度都能达到 IT9～IT7，表面粗糙度可达到 R_a6.3～1.6 μm。但是根据加工条件不同，加工质量也有变化。

①对于有色金属的精密平面，通常在粗、精加工后，不能进行磨削加工，可利用高速端铣，采用小进给量切除极薄的一层金属，以获得高的加工精度和较低的表面粗糙度（R_a 可达到 0.8 μm以下）。

②对于表面粗糙度要求低（R_a0.8～0.2 μm）、直线度要求高的窄长平面，可在龙门刨床上用宽刃刨刀低速细刨，直线度可达到 1 000 μm 内不大于 20 μm，R_a 可达到 0.8～0.2 μm。

3. 刨削与铣削的应用场合

刨削的生产率比铣削低，刨削加工在单件小批量生产中具有较好的经济效益，应用广泛。在大批量生产中，铣削加工使用极为普遍。

刨削和铣削虽然都是主要加工平面和沟槽，但是铣削加工的主运动是回转运动，铣刀类型多，铣床上的附件也较多，从而使铣削加工适应性强，加工范围广泛。许多表面，用刨铣均能完成，但有些只能用刨，或有些只能用铣。例如工件内孔中的键槽和多边形孔，可用插床（立式刨床）加工，用铣削是无法完成的。在铣床回转工作台上铣圆弧形沟槽、利用分度头铣离合器和齿轮、在万能铣床上通过挂轮铣螺旋槽等，这些在刨床上很难加工，甚至无法加工。

复习思考题

1.牛头刨床刨削平面时的主运动和进给运动是什么?

2.牛头刨床主要由哪几部分组成?各有何作用?

3.刨刀与车刀相比,其主要差别是什么?

4.刨削的加工范围有哪些?

5.刨削时刀具和工件需作哪些运动?刨削运动有何特点?

第8章 焊　接

8.1 焊接概述

焊接是通过加热或加压，并且用（或不用）填充材料，使工件达到原子间结合的一种方法。1881年，俄罗斯人在“首次世界电器展”上展示了在碳极和工件间引弧，填充金属棒使其熔化的电弧焊方法。1890年，瑞典人在使用该方法修理船上的蒸汽锅炉时注意到，焊接金属上到处是气孔和小缝，焊缝不能隔绝空气，根本不可能让焊缝防水。为了改善方法，他发明了涂层焊条，大大改善了焊接质量，使手工电弧焊进入了实用阶段。随后，用电弧电压控制焊条送给速度，制成自动电弧焊机，从而成为焊接机械化、自动化的开端。在电弧焊的基础上，能产生更集中、更炙热能源的等离子焊接也被发明，利用它可以提高焊接速度，减少线能量。在随后的发展中，电弧焊方法得到不断创新和改进。1930年，使用焊丝和焊剂的埋弧焊被发明，焊机机械化得到进一步的发展。20世纪40年代，在第二次世界大战期间，为适应航空界铝、镁合金的合金钢焊接的需要，钨极和熔化极惰性气体保护焊相继问世。1953年，二氧化碳气体保护焊问世，促进了气体保护焊的应用和发展。随后如混合气体保护焊、药芯焊丝气体保护焊和自保护焊也相继诞生。

8.1.1 焊接技术的特点

焊接具有节省材料、减轻重量、连接质量好、接头的密闭性好、可承受高压、简化加工和装配质量、生产周期短、易于实现机械化和自动化生产等优点。但也有不可拆卸，易于产生变形、裂纹等缺陷的缺点。焊接在现代工业中具有十分重要的作用，广泛应用于国防、造船、化工、石油、冶金、建筑、桥梁、车辆和机械等行业。

焊接有以下优点：

①焊接可用于有复杂结构工件的连接，操作更具有灵活性。

②焊接与铆接相比，可以节省大量金属材料，减轻结构的重量。

③焊接与铸造相比，首先它不需要制作木模和砂型，也不需要专门熔炼、浇铸，工序简单、生产周期短，对于单件和小批生产特别明显。其次，焊接结构的截面可以按需要来选取，不必像铸件因受工艺条件的限制而加大尺寸，焊接结构比铸件能节省材料。

焊接有以下缺点：

①产生焊接应力与变形，焊接应力会削弱结构的承载能力。

②焊接变形会影响结构形状和尺寸精度。

③焊缝中还会存在一定数量的缺陷。

④焊接中会产生有毒有害的物质等。

8.1.2 焊接的分类

在一定的环境下，正确选用适宜的焊接方法，是保证焊接产品的质量和可靠性的重要依据。按照焊接过程中金属所处的状态以及其焊接特点，可以把焊接方法分为熔焊（电弧焊、气焊、电渣焊、电子束焊等）、压焊（电阻焊、摩擦焊、感应焊、爆炸焊等）和钎焊（软钎焊和硬钎焊）三大类，其中熔化焊是应用最广泛的焊接方法。焊接方法基本分类如图 8－1 所示。

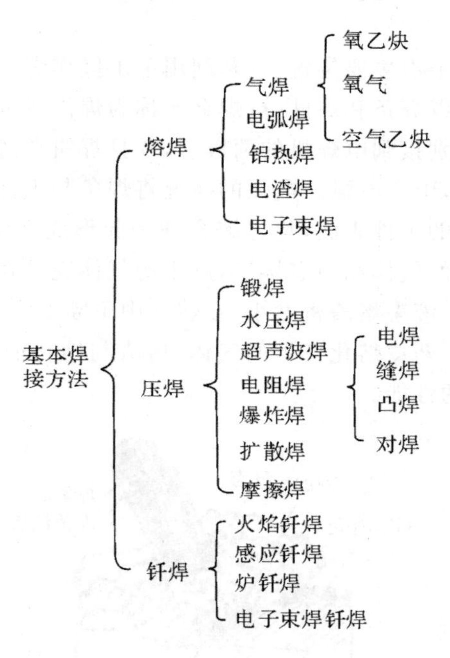

图 8－1 焊接方法基本分类

1. 熔焊

熔焊是指焊接过程中，将焊接接头在高温作用下至熔化状态（由于被焊工件是紧密贴在一起的，在温度场、重力等的作用下，不加压力，两个工件熔化的熔液会发生混合现象），待温度降低后，熔化部分凝结，两个工件就被牢固地焊在一起，完成焊接的方法。熔焊可以分为气焊、电弧焊、铝热焊、电渣焊、电子束焊等。

2. 压焊

压焊是典型的固相焊接方法，固相焊接时必须利用压力使待焊部位的表面在固态下直接紧密接触，并使待焊接部位的温度升高，通过调节温度、压力和时间，使待焊表面充分进行扩散而实现原子间结合。

压焊焊接有两种形式。一是将被焊金属接触部分加热至塑性状态或局部熔化状态，然后施加一定的压力，使金属原子间相互结合形成牢固的焊接接头，如锻焊、接触焊、摩擦焊、气压焊等。二是不进行加热，仅在被焊金属接触面上施加足够大的压力，借助于压力所引起的塑性变形，以使原子间相互接近而获得牢固的压挤接头，这种压力焊的方法有冷压焊、爆炸焊等。

3. 钎焊

钎焊是采用比母材熔点低的金属材料作钎料，将焊件和钎料加热到高于钎料熔点，低于母材熔化温度,利用液态钎料润湿母材,填充接头间隙并与母材相互扩散实现连接焊件的方法。钎焊变形小,接头光滑美观,适合于焊接精密、复杂和由不同材料组成的构件,如蜂窝结构板、透平叶片、硬质合金刀具和印刷电路板等。钎焊前对工件必须进行细致加工和严格清洗,除去油污和过厚的氧化膜,保证接口装配间隙。间隙一般要求在0.01～0.1 mm之间。

8.2 手工电弧焊

手工电弧焊在焊接工作中占主要位置,它是利用手工操作焊条进行焊接的电弧焊方法,简称手弧焊。这种焊接方法是以焊条和焊件(被焊金属称为焊件或母材)作为两个电极,焊接前,先将工件和焊钳通过导线分别接到电焊机的两极上,并且焊钳夹持焊条。焊接时,将焊条与工件接触短路后立即提起焊条,引燃电弧。电弧的高温将焊条与工件局部熔化,熔化了的焊条以熔滴的形式过渡到局部熔化的工件表面,与之熔合到一起形成熔池,如图8-2所示。焊条药皮在熔化过程中产生一定量的气体和液态熔渣,产生的气体充满在电弧和熔池周围,起着隔绝大气、保护液体金属的作用。液态熔渣密度小,在熔池中不断上浮,覆盖在液体金属上面,起着保护液体金属的作用。同时,药皮熔化产生的气体、熔渣与熔化的焊芯、工件发生一定的冶金反应,保证了所形成的焊缝的性能。

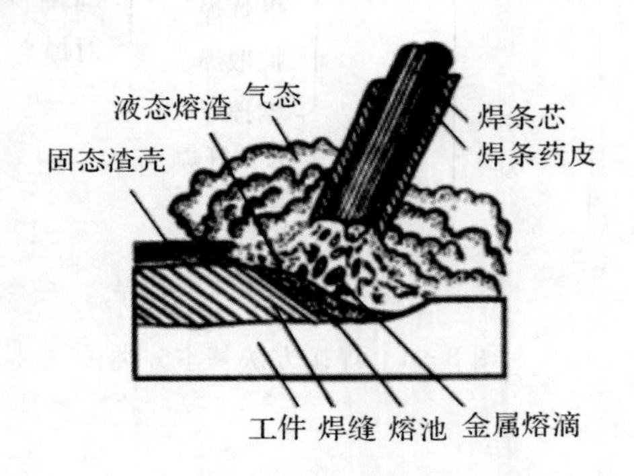

图8-2 手工电弧焊示意图

手工电弧焊的应用范围很广,在造船、锅炉及压力容器、机械制造、建筑结构、化工设备等制造维修行业中都广泛应用。

8.2.1 手工电弧焊工艺特点

电弧焊是焊接技术中常用的焊接方法,它适用的范围比较广,操作起来比较灵活简便,具有诸多适合各种应用条件的特点。

1. 手工电弧焊的优点

(1)工艺灵活,适用性强

手工电弧焊适用于焊接单件或者小批量的产品,工件尺寸短的和不规则的、空间任意位置的以及其他不宜实现机械化焊接的焊缝。凡焊条能够到达的地方都可以进行焊接,可达性好,操作十分灵活。

(2)不需要辅助气体保护

焊条不但能够提供填充金属，而且在焊接过程中能够产生保护熔池和焊接处避免氧化的保护气体，并且具有较强的抗风能力。

(3)应用范围广，适用于大多数工业用金属和合金的焊接

选用合适的焊条不仅可以焊接碳素钢、低合金钢，而且还可以焊接高合金钢及有色金属；同时不但可以焊接同种金属，而且可以焊接异种金属，还可以进行铸铁补焊和各种金属材料的堆焊等。

(4)设备简单，操作方便

手工电弧焊使用的交流和直流焊机都比较简单，焊接操作时不需要复杂的辅助设备，只需要简单的辅助工具。这些焊机结构简单，价格便宜，维护方便，购置设备的投入较少，这也是它能够广泛应用的原因之一。

2. 手工电弧焊的缺点

(1)对焊工要求高

手工电弧焊的焊接质量除靠选用合适的焊条、焊接工艺参数和焊接设备外，主要靠焊工的操作技术和经验保证，即手工电弧焊的焊接质量在一定程度上取决于焊工的操作技术。

(2)劳动条件差

手工电弧焊主要靠焊工的手工操作和眼睛观察完成焊接全过程，焊工的劳动强度大，在操作时必须手脑并用，精神高度集中，而且还要受到高温烘烤、有毒、烟尘和金属蒸气的危害。

(3)生产率低

焊条电弧焊主要靠手工操作，焊接工艺参数选择范围较小。焊接时要经常更换焊条，并要经常进行焊道熔渣的清理，与自动化的焊接相比，焊接生产效率较低。

(4)不适于特殊金属及薄板的焊接

对于活泼金属和难熔金属，由于这些金属对氧的污染非常敏感，焊条的保护作用不足以防止这些金属氧化，保护效果不够好，焊接质量达不到要求，所以不能采用手工电弧焊。

8.2.2 手工电弧焊焊接电弧

焊接电弧是指由电弧供给的具有一定电压的两电极间气体介质中产生的强烈而持久的放电现象。它有两个特性，即能放出强烈的光和大量的热。

电弧由三部分组成，如图8-3所示。电弧产生于焊条与工件中间，阴极部分位于焊条末端，而阳极部分则位于焊件表面，弧柱部分呈锥形。电弧各部分产生热量是不同的。直流电的电弧热量，阳极产生较多，约占42%，阴极为38%，弧柱为20%。电弧中各部分的温度也不相同，对金属电极，阳极附近温度约为2 600℃，阴极附近约为2 400℃，而弧柱中心温度较高，可达6 000～7 000℃。

对直流电焊机而言，如果把阳极接在焊件上，可以加快焊件的熔化速度，大多用于焊接厚焊件，这种连接形式叫正接法。反之，如果焊件接阴极，焊条接阳极，叫反接法。使用交流电焊机时，因电弧中的阳极和阴极时刻在变化，没有正反接法的差别。这时，焊件和焊条上产生的热量是相等的。

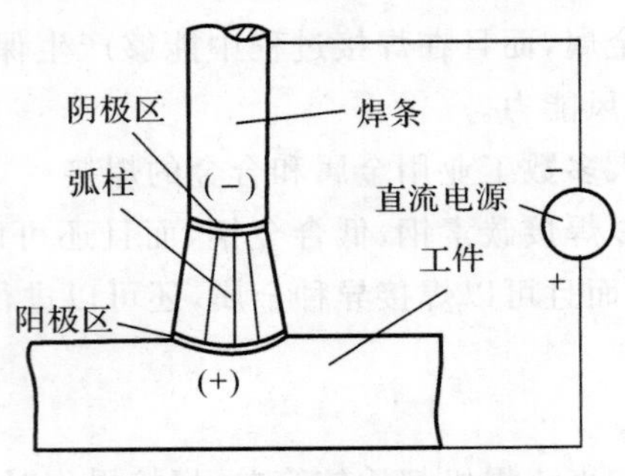

图 8－3　焊接电弧示意图

8.2.3　手工电弧设备

手工电弧焊是根据电弧放电的规律和弧焊工艺对电弧燃烧状态的要求而供以电能的一种装置。焊接时，手工电弧焊使用到的一些设备主要有焊接电缆、焊钳、焊机和一些其他辅助设备与工具。在工程中，一般用到的手工电弧焊焊机主要有直流弧焊发电机、弧焊变压器和弧焊整流器 3 种类型。

手工电弧焊的电源设备简称电焊机，弧焊电源的基本要求如下：

①可调节焊接电流、电压。

②保证焊接电流、电压稳定。

③保证电弧稳定燃烧。

④使用安全可靠，容易维护。

⑤经济性好。

根据电流性质的不同，手弧焊电源分为交流弧焊机（又称弧焊变压器）和直流弧焊机（又称弧焊整流器）两大类，如图 8－4 所示。

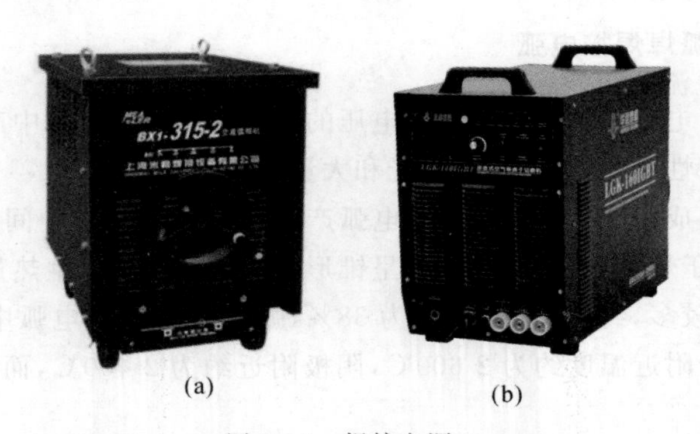

(a)　　(b)

图 8－4　焊接电源

(a)交流弧焊机；(b)直流弧焊机

交流弧焊机所提供的焊接电弧的电流为交流电，其电压随输出电流（负载）的变化而变化。其特点是结构简单，使用方便，价格便宜，易于操作维修。

直流弧焊机所提供的焊接电弧的电流为直流电，其特点是结构复杂，噪声大，耗电大，焊接电弧较交流电焊机稳定。

交流弧焊机主要有 BX1,BX3,BX6 三大系列,均为下降特性。BX1 系列焊机由动铁分磁式弧焊变压器、电流调节装置、风扇、箱壳及附件构成,焊机的初级及次级绕组分装于静铁芯柱两侧,中间装有可动铁芯。通过外壳面板外的手轮摇动可移动铁芯。动铁芯向静铁芯内移动,动铁芯与静铁芯间的气隙减小,漏抗增大,因而使焊接电流减小;向相反方向转动,动铁芯向外移动,动铁芯与静铁芯间的气隙增大,漏抗减小,因而使焊接电流增大。BX1 - 315 - 2 交流焊机特征见表 8 - 1。

表 8 - 1　交流弧焊机特征

序号	产品系列	BX1	BX3	BX6
1	静外特性	下降特性,特性较陡	下降特性,特性较陡	下降特性,特性较平
2	调节方式	无级调节	混合调节	有极调节
3	调节部件	动铁芯	次级线圈	多头开关
4	冷却方式	风冷	自冷	风冷
5	整机尺寸	中等	较大	较小
6	整机重量	中等	较重	较轻
7	大、小电流空载电压比	大于 1	小于 1	约等于 1
8	成本	中等	高	低
9	焊接性能	优	优	良
10	社会需用量	良	好	一般
11	小电流焊接性能	良	好	一般
12	用途	广泛	广泛	修理为主

在动铁芯上固定的无磁性钢丝和一组滑轮、指针及刻度牌组成了焊接电流指示装置。动铁芯移动时,电流指针同步移动,在面板上电流指示窗口可以直接看出焊接电流数值。焊机采用风冷进行冷却,电流的调节为无极调节,外特性为下降特性,陡度较大。BX1 系列焊机其技术参数见表 8 - 2。

表 8 - 2　BX1 系列交流弧焊机技术参数

型号 / 项目	BX1 - 250 - 2	BX1 - 315 - 2	BX1 - 400 - 2	BX1 - 5000 - 2	BX1 - 630 - 2
额定输入电压/V	380	380	380	380	380
相数	单相	单相	单相	单相	单相
频率/Hz	50	50	50	50	50
次级空载电压/V	65	76	76	76	76
电流调节范围/A	60～250	70～315	90～400	110～500	130～630
额定焊机电流/A	250	315	400	500	630
额定负载持续率/(%)	35	35	35	35	35

续 表

项目 \ 型号	BX1-250-2	BX1-315-2	BX1-400-2	BX1-5000-2	BX1-630-2
额定输入容量/(kV·A)	18.5	26	33.5	42	52.5
额定初级电流/A	51	67	85	110	136
额定工作电压/V	30	32.6	36	40	44
绝缘等级	F	F	F	F	F
冷却方式	风冷	风冷	风冷	风冷	风冷
防护等级	IP21S	IP21S	IP21S	IP21S	IP21S

负载持续率是焊机的一个重要特性,额定负载持续率是指实际工作时间在全部工作时间中(10 min 为一个周期)所占的比例。例如,额定负载持续率为35%,是指10 min 内,3.5 min 工作在额定焊接电流,另6.5 min 不工作。如果超过额定负载持续率使用时,温度上升会超过焊机的最高允许温度,引起焊机性能下降或损坏。

焊接时要把焊机设备的特点和具体实际情况进行综合考虑来选择合适的焊接设备,只有这样选出来的设备才能保证焊接质量。同时,正确使用和维护保养焊接设备,不但能保持其工作性能,而且还能延长使用寿命。对焊工来说,必须掌握焊机的正确使用和维护保养,安装拆卸电焊机时应由专门的电工负责,焊工不得自行操作,使用时,在合、拉电源闸刀开关时,头部不得正对电闸。

8.2.4 手工电弧焊条

焊条是涂有药皮的供手弧焊用的熔化电极,如图8-5所示。它一方面起传导电流并引燃电弧的作用,另一方面作为填充金属与熔化的母材结合形成焊缝。因此全面正确地了解和选用焊条,是获得优质焊缝的重要保证。

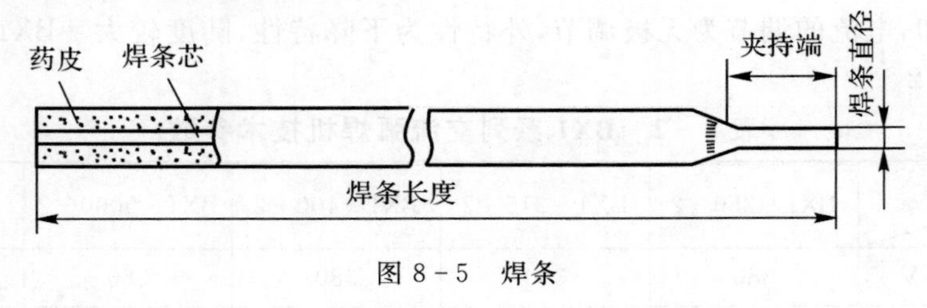

图8-5 焊条

1. 焊条的组成

焊条由焊芯和药皮两部分组成,焊条的两端分别称为引弧端和夹持端。

(1)焊芯

焊条中被药皮包覆的金属芯称为焊芯。焊芯的作用主要是传导电流、引燃电弧、过渡合金元素;焊芯熔化后作为填充金属与熔化的母材混合形成焊缝。焊接用钢丝有44种,可分为碳素结构钢、合金结构钢和不锈钢三大类。通常所说的焊条直径是指焊芯的直径。结构钢焊条直径为$\phi1.6\sim\phi6$ mm,共有7种规格。生产上应用最多的是$\phi3.2$ mm,$\phi4.0$ mm,$\phi5.0$ mm

3种规格。焊条长度是指焊芯的长度，一般均在200～550 mm之间。

(2)药皮

焊条上压涂在焊芯表面上的涂料层称为药皮。涂料是指在焊条制造过程中，由各种粉料和黏结剂按一定比例配制的药皮原料。

1)药皮的作用。

①机械保护作用：利用药皮熔化放出的气体和形成的熔渣，起机械隔离空气的作用，防止有害气体氧、氮侵入熔化金属，以提高焊缝的质量；产生的熔渣覆盖在焊缝上，形成良好的焊缝表面。

②冶金处理作用：通过熔渣与熔化金属的冶金反应，进行脱氧、去氢、除硫除磷等去除有害杂质，添加有益的合金元素，使焊缝获得合乎要求的化学成分和力学性能。

③改善焊接工艺性能：促使电弧容易引燃和稳定燃烧，减少飞溅，利于焊缝成形，提高熔敷效率。

2)药皮的组成。焊条药皮的组成相当复杂，一种焊条药皮配方中，原料可达上百种，主要分为矿物类、钛合金及金属粉、有机物和化工产品4类。焊条药皮的组成成分及作用见表8-3。

表8-3　药皮原料种类、名称及作用

原料种类	原料名称	作用
稳弧剂	碳酸钾、碳酸钠、长石、钛白粉、钠水玻璃、水玻璃	改善引弧性能，提高电弧燃烧的稳定性
造气剂	淀粉、木屑、纤维素、大理石	造成一定量的气体，隔绝空气，保护焊接熔滴与熔池
造渣剂	大理石、萤石、长石、锰矿、钛铁矿、钛白粉、金红石	造成具有一定物理化学性能的熔渣，保护焊缝
脱氧剂	锰铁、硅铁、钛铁、铝铁、石墨	降低电弧气氛和熔渣的氧化性
合金剂	锰铁、硅铁、铬铁、钼铁、钒铁、钨铁	使焊缝金属获得必要的合金成分
稀渣剂	长石、钛白粉、钛铁	增加熔渣的流动性，降低熔渣黏度
黏结剂	钾水玻璃、钠水玻璃	将药皮牢固地粘在铜芯上

2.焊条的分类

焊条的分类方法很多，可以从不同的角度对焊条进行分类。一般是根据用途、熔渣的酸碱性、性能特征或药皮类型等分类。

(1)按用途分

按用途可将焊条分为低碳钢和低合金钢焊条、钼和铬钼耐热钢焊条、不锈钢焊条、堆焊焊条、铸铁焊条、镍及镍合金焊条、铜及铜合金焊条、铝及铝合金焊条等。

(2)按熔渣的碱度分

在实际生产中通常按熔渣的碱度，可将焊条分为酸性焊条和碱性焊条（又称低氢型焊条）两类。焊接熔渣主要由各种氧化物、氟化物所组成。有的氧化物呈酸性，也称酸性氧化物，如SiO_2，TiO_2等。有的呈碱性即碱性氧化物，如CaO，MgO，K_2O等。当熔渣中酸性氧化物占主要比例时为酸性焊条，反之为碱性焊条。

①酸性焊条。其熔渣的成分主要是氧化铁、氧化钛及氧化硅等酸性氧化物,氧化性较强,焊接过程中合金元素烧损较多,焊缝金属中氧和氢含量较高,因而力学性能较差,特别是塑性和冲击韧性较低。同时,酸性焊条脱氧、脱磷硫能力低,因此热裂纹的倾向也较大。

但酸性焊条的工艺性较好,电弧稳定,飞溅小,可长弧操作,交、直流两用。且焊缝成形好、脱渣性好、熔渣流动性和覆盖性好,焊波细密、平滑,对水、锈和油产生气孔的敏感性不大。焊接烟尘较少、毒性较小。

②碱性焊条。药皮成分中含有较多的大理石、氟石和较多的铁合金(如锰铁、钛铁和硅铁等),熔渣呈碱性。碱性焊条具有足够的脱氧、脱硫、脱磷能力,合金元素烧损较少。由于氟石的去氢作用,降低了焊缝含氢量。非金属夹杂物较少,焊缝具有良好的抗裂性能、力学性能。

由于药皮中含有难于电离的物质,电弧稳定性较差,只能直流反接使用(当加入多量稳弧剂时,方可交、直流两用)。此外,熔渣覆盖性较差,焊皮粗糙、不平滑。飞溅颗粒较大,对水、锈、油产生气孔的敏感性较大,焊接烟尘较大、毒性也较大。

(3)按性能特征分

主要有低尘低毒焊条,超低氢焊条,立向下焊条,底层焊条,水下焊条,重力焊条等。

3.焊条的牌号和型号

(1)焊条的牌号

我国的焊条牌号是根据焊条主要用途和性能特点来命名的,并以汉字或拼音字母表示焊条各大类,其后为三位数字,前两位数字表示各大类中的若干小类,第三位数字表示各药皮类型及焊接电源种类。

①结构钢焊条(碳钢和低合金钢焊条)。牌号前加“J”(或“结”)字,表示结构钢焊条。牌号的第一、二位数字,表示焊缝金属抗拉强度等级。第三位数字表示焊条药皮类型及电源种类。有特殊性能和用途的焊条,则在牌号后面加注起主要作用的元素或代表主要用途的符号。

②不锈钢焊条。牌号前加“G”(或铬)字表示铬不锈钢焊条,“A”(或奥)字表示铬镍奥氏体不锈钢焊条。牌号第一位数字表示焊缝金属主要化学成分组成等级。牌号第二位数字表示同一焊缝金属主要化学成分组成等级中的不同牌号,对同一药皮类型焊条,可有10个牌号,按0,1,2,…,9顺序排列。第三位数字表示药皮类型和电源种类。

(2)焊条的型号

字母“E”表示焊条。前两位数字表示熔敷金属抗拉强度的最小值。第三位数字表示焊条的焊接位置,“0”及“1”表示焊条适用于全位置焊接(平、立、仰、横),“2”表示焊条适用于平焊及平角焊,“4”表示焊条适用于向下立焊。第三位和第四位数字组合时表示焊接电流种类及药皮类型。在第四位数字后附加“R”表示耐吸潮焊条,附加“M”表示耐吸潮和力学性能有特殊规定的焊条,附加“-1”表示冲击性能有特殊规定的焊条。

如牌号为E5518-3M2,表示最低抗拉强度为550 MPa、碱性、适用于全位置焊接、交直流两用、以Mn和Mo为主要合金元素的焊条。

焊接过程中要求焊条具有良好的焊接工艺性能,所熔敷的焊缝金属应具有良好的力学性能,抗裂性能。在正常焊接参数下使用,应引弧容易、燃烧稳定、焊缝无气孔、无夹渣、无裂纹等缺陷。

8.2.5　焊接接头形式、坡口形式及焊接位置

1. 焊接接头形式

用焊接方法连接的接头叫焊接接头。在焊接前，应根据焊接部位的形状、尺寸和受力的不同，选择合适的接头类型。

常用焊接接头形式有对接接头、搭接接头、T形接头和角接接头等，见表8-4。

表8-4　常用焊接接头形式

名称	简图	基本特征
对接接头		在同一平面上的两被焊工件相对而焊接起来所形成的接头。受力合理、应力集中程度小，两对接焊件厚度很少受到限制
搭接接头		两被焊工件部分重叠。接头工作应力分布不均匀，受力不合理，疲劳强度低、不节省金属，是不理想的接头形式，在不重要的结构上仍有采用
T形接头		一焊件的端面与另一焊件的平面构成直角或近似直角的接头，通常用角焊缝连接。能承受各方面的力和力矩。应力分布较对接接头复杂，应力集中较大。其动载荷强度也较高
角接接头		两被焊件端面间构成30°～135°夹角的接头。接头的承载能力较差，单独使用时抗弯能力弱，主要用于箱型结构

一般不开坡口的对接接头，用于较薄钢板的焊接；开坡口的对接接头，用于较厚而且需要全焊透的焊件。

2. 坡口形式

焊接时为了保证焊透，焊件较薄（焊件厚度小于6 mm）时，在焊件接头处要留一定的间隙，采用单面焊和双面焊即可；焊件较厚时，焊前须把焊件的待焊部位加工成一定的几何形状，即开坡口。加工坡口时，在焊件厚度方向留的直边称为钝边，目的是防止烧穿。为了保证焊头，接头组装时，往往还留有间隙。对接接头是采用最多的一种接头形式，对接接头常见的坡口形式如图8-6所示。

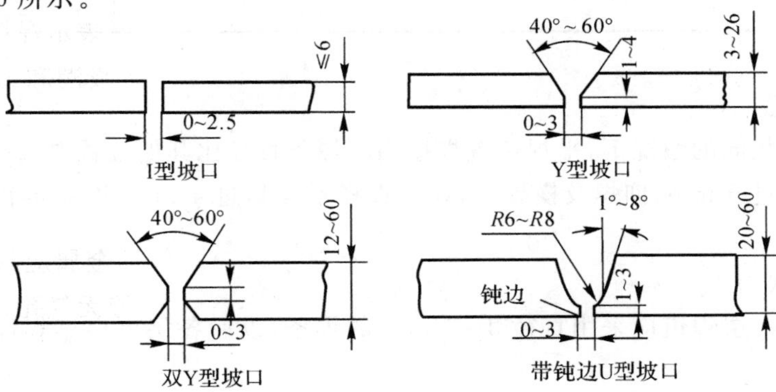

图8-6　对接接头常见坡口形式

3.焊接位置

焊接位置是指熔焊时焊件接缝所处的空间位置，有平焊、立焊、横焊和仰焊位置等，如图8-7所示，其中以平焊位置最为合适。平焊时操作方便，劳动条件好，生产率高，焊缝成形好，焊接质量容易保证；而立焊、横焊和仰焊时，由于重力的作用，使熔化的金属向下滴落造成施焊困难。因此为保证焊接质量，一般应尽量在平焊位置施焊，立焊和横焊位置次之。

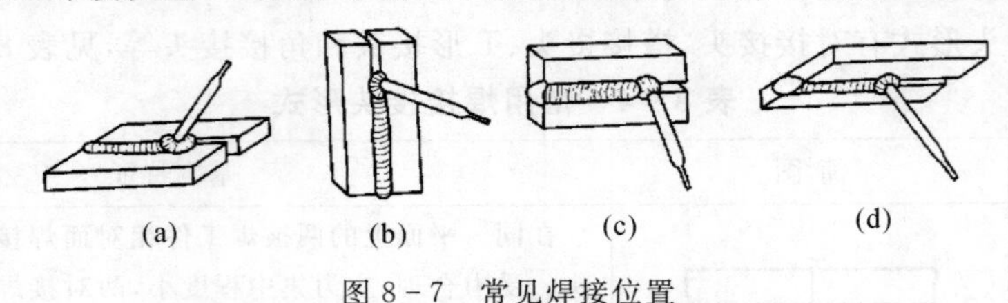

图8-7 常见焊接位置

(a)平焊位置； (b)立焊位置； (c)横焊位置； (d)仰焊位置

8.2.6 焊条电弧焊焊接参数的选择

焊接参数就是焊接时为保证焊接质量而选定的各项参数的总称。焊条电弧焊的主要焊接参数包括焊条直径、焊接电流、电弧电压、焊接速度和焊接层数等。选择合适的焊接参数，对提高焊接质量和生产效率都是十分重要的。实际工作中主要根据母材的性能、接头的刚性和工作条件选择焊条，一般碳钢和低合金结构钢，主要是按等强度原则选择焊条的强度级别。一般结构钢选用酸性焊条，重要结构钢选用碱性焊条。焊接工艺参数的选择还与焊条直径、焊件厚度、焊接位置、焊接电流、焊件材质等具有紧密的联系。

1.焊条直径的选择

为了提高生产效率，应尽可能地选择直径较大的焊条。但是用直径过大的焊条焊接，容易造成未焊透或焊缝成形不良等缺陷。因此，必须正确选择焊条直径。焊条直径的选择与下列因素有关。

(1)焊件厚度

选用焊条直径时，主要考虑焊件厚度，厚度越大，选用的焊条直径应越大，但最大直径不得超过5 mm。焊条直径与焊件厚度之间的关系见表8-5。

表8-5 焊条直径与焊件厚度的关系 单位：mm

焊件厚度	≤1.5	2	3	4～5	6～12
焊条直径	1.5	2	3.2	3.2～4	4～5

(2)焊接位置

在焊件厚度相同的情况下，平焊位置焊接用的焊条直径比其他位置要大一些，立焊所用焊条直径最大不超过5 mm，仰焊及横焊时，焊条直径不应超过4 mm，以获得较小熔池，减少熔化金属下淌。

(3)焊接层次

多层焊的第一层焊道应采用直径3～4 mm的焊条，以后各层可根据焊件厚度，选用较大直径的焊条。

2.焊接电流的选择

焊接电流是焊条电弧焊最重要的焊接参数，电流过大过小都易产生焊接缺陷。焊接电流越大，熔深越大，焊条熔化越快，焊接效率也越高，但焊接电流太大时，飞溅和烟雾大，焊条易发红使药皮变质和脱落，而且容易造成咬边、气孔、焊瘤、弧坑、烧穿等缺陷，同时还会使焊缝过热，致使晶粒粗大；若焊接电流太小，则引弧困难，焊条易粘在工件上，电弧不稳定，熔池温度低，焊缝窄而高，熔合不好，而且易产生未焊透、未熔合、夹渣等缺陷，同时焊缝表面成形不好。

选择焊接电流时，要考虑的因素很多，如焊条直径、药皮类型、焊件厚度、接头形式、焊接位置、焊道和焊层等，但主要由焊条直径、焊接位置、焊道和焊层决定。

(1)焊条直径

平焊时，焊条直径和焊接电流关系参考值见表8-6。

表8-6 各种直径焊条使用的焊接电流参考值

直径/mm		2.0	2.5	3.2	4.0	5.0	6.0
长度/mm		250/300	350	350/450	350/450	450	450
电流/A		40～80	50～100	90～150	120～200	180～270	220～360
经验公式/A	最小	20×d		30×d		35×d	
	最大	40×d		50×d		60×d	

注：d为焊条直径。

(2)焊接位置

相同的情况下，在平焊位置焊接时，可选择偏大些的焊接电流，在横焊、立焊、仰焊位置焊接时，焊接电流应比平焊位置小10%～20%。

(3)焊道

通常焊接打底焊道时，使用的焊接电流较小；焊接填充焊道时，使用较大的焊接电流和焊条直径；而焊接盖面焊道时，为防止咬边和获得较美观的焊缝成形，使用的焊接电流稍小些。

3.电弧电压

焊条电弧焊的电弧电压是由电弧长度来决定的，电弧长则电弧电压高，电弧短则电弧电压低，在焊接过程中，电弧不宜过长，否则会出现电弧燃烧不稳定、飞溅大、保护效果差，特别是采用E5015焊条焊接时，还容易在焊缝中产生气孔，所以应尽量采用短弧焊。

4.焊接速度

焊接速度就是单位时间内完成的焊缝长度。手工电弧焊时，在保证焊缝具有所要求的尺寸和外形且熔合良好的原则下，焊接速度由焊工根据具体情况灵活掌握。速度过慢，热影响值加宽，晶粒粗大，变形也大；而速度过快，易造成未焊透、未熔合、焊缝成形不良等缺陷。

5.焊层的选择

在厚板焊接时，必须采用多层焊或多层多道焊。多层焊的前一层焊道对后一层焊道起预热作用，而后一层焊道对前一层焊道起热处理作用，有利于提高焊缝金属的塑性和韧性，同时也提高了焊接质量。

6.焊接电流种类和极性的选择

采用直流电源时，焊件与电源输出端正负极的接法叫极性。焊件接电源正极，焊条接电源负极的接法叫正接，也称正极性。焊件接电源负极，焊条接电源正极的接法叫反接，也称反极性。碱性焊条常采用反接，因为碱性焊条正接时，电弧燃烧不稳定、飞溅严重、噪声大。使用反接时弧燃烧稳定、飞溅很小、声音较平静均匀。酸性焊条如使用直流电源时通常采用正接，因为阳极部分的温度高于阴极部分，而使用正接可以得到较大的熔深，采用交流电源时，不存在正接和反接的接线法。

8.2.7 焊条电弧焊的基本操作技术

手工焊条电弧焊的基本操作主要有引弧、运条、收尾。

1. 引弧与稳弧

(1)引弧

弧焊时，引燃焊接电弧的过程叫引弧。焊条电弧的引弧方法有两种。

①直击法。先将焊条末端对准焊接处，手腕放下，然后使焊条末端与焊件表面轻轻一碰，随后将焊条提起 3～4 mm 即产生电弧，电弧引燃后，手腕放平，使弧长保持在与所用焊条直径相适应的范围内，如图 8－8 所示。

②划擦法。这种方法与划火柴有些相似，先将焊条末端对准引弧处，然后将手腕扭动一下，使焊条在引弧处轻轻微划擦一下，划动长度为 20 mm 左右，电弧引燃后应立即使弧长保持在所用焊条直径相适应的范围内(约 3～4 mm)，如图 8－9 所示。

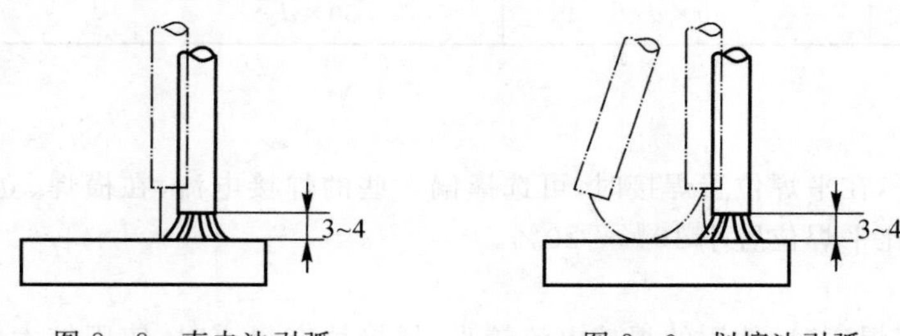

图 8－8 直击法引弧　　图 8－9 划擦法引弧

以上两种方法相比，划擦法比较容易掌握，但在狭小工作面上或不允许烧伤焊件表面时，应采用直击法。直击法容易发生电弧熄灭或造成短路现象，如果操作时，焊条拉得太快或提得太高，都不能引燃电弧或电弧燃烧一瞬间就熄灭；相反，动作太慢，则可能使焊条与焊件粘在一起，造成焊接回路短路。

引弧时，如果焊条与焊件粘在一起，可以将焊条左右摇动几下使其脱离焊件，如果这时还不能脱离焊件，就应立即将焊钳放松，使焊接回路断开，待焊接回路断开，焊条稍冷后再拆下。如果焊条粘住焊件的时间过长，可能会因为过大的短路电流而烧坏焊机。

(2)稳弧

电弧的稳定性取决于合适的弧长。焊接过程中运条要平稳，手不能抖动，焊条要随其不断熔化而均匀地送进，保证焊条的送进速度与熔化速度基本一致。

2. 运条

焊接过程中，焊条相对焊件接头所做的各种动作总称叫运条。正确运条是保证焊缝质量的基本因素之一，在电弧引燃后，焊条要有 3 个基本方向的运动才能使焊缝成形良好，这 3 个基本动作分别是朝着熔池方向逐渐送进、横向摆动及沿着焊接方向纵向移动。

(1)朝着熔池方向逐渐送进

要使焊条熔化后继续保持电弧的长度不变,要求焊条的送进速度与焊条融化速度相等。如果焊条送进的速度小于焊条熔化的速度,则电弧的长度将逐渐增加,导致断弧;如果焊条送进速度太快,则电弧长度迅速缩短,使焊条末端与焊件接触发生短路,同样会使电弧熄灭。

(2)横向摆动

横向摆动是为获得一定宽度的焊缝,并保证焊缝两侧熔合良好,其摆动幅度应根据焊缝宽度与焊条直径确定。横向摆动力求均匀一致,以便获得宽度整齐的焊缝。焊缝宽度一般不超过焊条直径的2~5倍。

(3)沿着焊接方向纵向移动

此动作使焊条熔覆金属与融化的母材金属形成焊缝。焊条移动速度对焊缝质量、焊接生产率有很大影响。如果焊条移动速度太快,则电弧来不及熔化足够的焊条与母材金属,产生未焊透或焊缝较窄;若焊条移动速度太慢,则会造成焊缝过高、过宽、外形不规整,在焊较薄焊件时容易焊穿。移动速度必须适当才能使焊缝均匀。

在焊接生产中,运条的方法很多,选用时应根据接头的形式、焊接位置、装配间隙、焊条直径、焊接电流及焊工的技术水平等方面而定。

3.收尾

焊缝的收尾是指一条焊缝焊完后如何收弧。焊接结束时,如果将电弧突然熄灭,则焊缝表面留有凹陷较深的弧坑会降低焊接收弧的强度,并容易引起弧坑裂纹。过快拉断电弧,液体金属中的气体来不及逸出,还易产生气孔等缺陷。为克服弧坑缺陷,可采用下述方法收弧。

(1)反复断弧法

焊至终点,焊条在弧坑处作数次熄弧的反复动作,直到填满弧坑为止。此法适用于薄板焊接。

(2)划圈收尾法

当焊至终点时,焊条作圆圈运动,直到填满弧坑再熄弧。此法适用于厚板焊接,用于薄板则有烧穿焊件的危险。

(3)回焊收尾法

当焊至结尾处时,不马上熄弧,而是回焊一小段(约5 mm)距离,待填满弧坑后,慢慢拉断电弧。碱性焊条常用此法。

8.2.8 压力容器的焊接

压力容器必须有足够的强度、刚性、耐久性及密封性,要严格保证焊缝质量。

1.压力容器的定义及分类

内装某种介质(气态或液态、有毒或无毒)并承受一定工作压力(内压或外压)的容器叫压力容器。根据容器设计压力的大小,容器可分为低压容器,0.1~1.6 MPa;中压容器,1.6~10 MPa;高压容器,10~100 MPa;超高压容器,10~100 MPa。按压力容器、介质危害程度及在生产过程中的主要作用,可分为一类容器、二类容器和三类容器。

2.压力容器的焊接特点

①焊接质量要求高;

②局部受力复杂;

③钢材品种多,焊接性差;

④新工艺、新技术应用广;

⑤对操作工人技术素质要求高;

⑥相关焊接规程、管理制度完善,要求严格。

8.3 其他焊接方法

随着焊接工艺技术的不断进步,各种焊接工艺方法广泛应用于工农业生产的各个领域,尤其是 CO_2 气体保护焊,近年来埋弧自动焊在压力、密封容器以及船舶制造等生产中应用也十分广泛。

8.3.1 二氧化碳气体保护焊(MAG)

1.二氧化碳保护焊原理

二氧化碳气体保护焊是以二氧化碳为保护气体的电弧焊方法,简称 CO_2 焊。它用焊丝做电极并兼做填充金属,可以半自动或自动方式进行焊接。二氧化碳保护焊焊接设备如图8-10所示。以 CO_2 气体作为保护气体,使电弧及熔池与周围空气隔离,防止空气中氧、氮、氢对熔滴和熔池金属的有害作用,从而获得优良的机械保护性能。生产中一般是利用专用的焊枪,形成足够的 CO_2 气体保护层,依靠焊丝与焊件之间的电弧热,进行自动或半自动熔化极气体保护焊接。CO_2 在高温下会分解氧化金属,不能焊接易氧化的非铁金属和不锈钢。

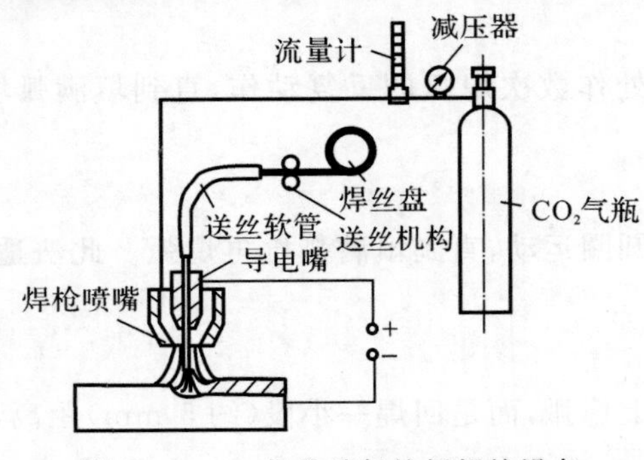

图8-10 二氧化碳保护焊焊接设备

2.二氧化碳保护焊的特点

①焊接效率高,节约材料,成本低;

②焊缝表面光滑、平整、无熔渣;

③电流密度大,连接强度高,可以取代手工电弧焊的工艺特性;

④工件表面油污不必清理即可施焊;

⑤产生飞溅较严重,不适于在风力较大环境中作业。

焊接飞溅是影响二氧化碳保护焊焊接质量的重要因素。飞溅的大小取决于焊接条件,它常常在很大范围内改变。一般认为飞溅是短路小桥电爆炸的结果。当熔滴与熔池接触时,熔滴成为焊丝与熔池的连接桥梁,称为液体小桥,通过该小桥使电路短路,短路之后电流逐渐增加,小桥处的液体金属在电磁收缩力的作用下急剧收缩,形成很细的缩颈。随着电流的增加和缩颈的减小，小桥处的电流密度很快增加，对小桥急剧加热，造成过剩能量的积聚，最后导致小桥发生汽化爆炸，引起金属飞溅。

焊接飞溅的危害主要表现为以下方面：

①可能会烧(烫)伤焊工的皮肤；

②可能会引起火灾；

③飞溅物落到焊缝周围母材的表面，使其表面质量下降；

④焊后若不及时清理，会吸收空气中的水分、附着尘土等，加快金属腐蚀；

⑤会带走部分金属和能量，造成金属材料和能源的资源浪费；

⑥焊后清理工作量加大。

杜绝二氧化碳气体保护焊的飞溅是不可能的，但如何减少飞溅又是值得去研究的问题，主要措施如下：

①正确选择工艺参数及焊接电弧电压。在电弧中每种直径焊丝飞溅率和焊接电流之间都存在着一定规律。在小电流区，短路过渡飞溅较小，进入大电流区(细颗粒过渡区)飞溅率也较小。

②正确选择焊枪角度。焊枪垂直时飞溅量最少，倾向角度越大飞溅越大。焊枪前倾或后倾最好不超过20°。

③正确选择焊丝伸出长度。焊丝伸出长度对飞溅影响也很大，焊丝伸出长度从20 mm增至30 mm时，飞溅量增加约5%，伸出长度应尽可能缩短。

3.二氧化碳保护焊的分类

(1)半自动CO_2气体保护焊

适于各种空间位置焊接，可以取代手弧焊。

(2)全自动CO_2气体保护焊

适于较长水平直线或规则几何曲线焊缝的焊接。

4.二氧化碳保护焊的应用

CO_2气体保护焊主要适用于低碳钢和低合金结构钢构件的焊接。在一定情况下也可用于焊接不锈钢，还可用于耐磨零件的堆焊、铸钢件的焊补等。CO_2气体保护焊不适用于焊接易氧化的非铁金属及其合金。

8.3.2　埋弧自动焊

1.埋弧自动焊的原理

埋弧焊如图8-11所示。焊接电弧在焊丝与工件之间燃烧，电弧热将焊丝端部及电弧附近的母材和焊剂熔化。熔化的金属形成熔池，熔融的焊剂成为熔渣。熔池受熔渣和焊剂蒸气的保护，不与空气接触。电弧向前移动时，电弧力将熔池中的液体金属推向熔池后方。在随后的冷却过程中，这部分液体金属凝固成焊缝。熔渣则凝固成渣壳，覆盖于焊缝表面。熔渣除了对熔池和焊缝金属起机械保护作用外，焊接过程中还与熔化金属发生冶金反应，从而影响焊缝金属的化学成分。

埋弧焊时，被焊工件与焊丝分别接在焊接电源的两极。焊丝通过与导电嘴的滑动接触与电源连接。焊接回路包括焊接电源、连接电缆、导电嘴、焊丝、电弧、熔池、工件等，焊丝端部在电弧热作用下不断熔化，因而焊丝应连续不断地送进以保持焊接过程的稳定进行。焊丝一般由电动机驱动的送丝滚轮送进，其送进速度应与焊丝的熔化速度相平衡。随应用的不同，焊丝数目可以有单丝、双丝或多丝。有的应用中采用药芯焊丝代替实心焊丝，或是用钢带代替焊丝。

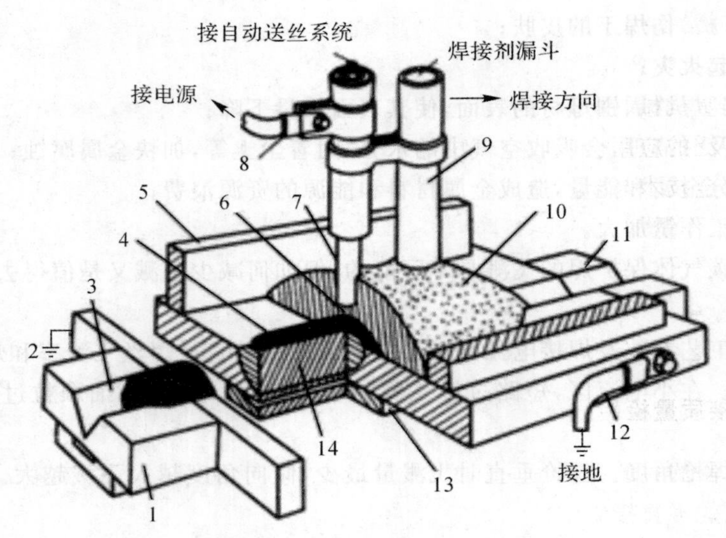

图 8-11　埋弧焊示意图

1—引弧板；　2—接地线；　3—焊件坡口；　4—凝固的熔渣；　5—焊剂挡块(两块，在特殊情况下用)；　6—焊丝；　7—导电嘴；　8—电缆接头；　9—焊剂漏管；　10—焊剂；　11—引出板；　12—母材；　13—焊缝垫板；　14—焊缝

2. 埋弧自动焊的主要优点

①焊接电流大，相应输入功率较大。由于焊剂和熔渣的隔热作用，热效率较高，熔深大。工件的坡口可较小，减少了填充金属量。单丝埋弧焊在工件不开坡口的情况下，一次可熔透 20 mm。

②焊接速度高。以厚度 8～10 mm 的钢板对接焊为例，单丝埋弧焊速度可达 50～80 cm/min，手工电弧焊则不超过 10～13 cm/min。

③焊剂的存在不仅能隔开熔化金属与空气的接触，而且使熔池金属较慢凝固。液体金属与熔化的焊剂间有较多时间进行冶金反应，减少了焊缝中产生气孔、裂纹等缺陷的可能性。焊剂还可以向焊缝金属补充一些合金元素，提高焊缝金属的力学性能。

④在有风的环境中焊接时，埋弧焊的保护效果比其他电弧焊方法好。

⑤自动焊接时，焊接参数可通过自动调节保持稳定。与手工电弧焊相比，焊接质量对焊工技艺水平的依赖程度可大大降低。

⑥没有电弧光辐射，劳动条件较好。

3. 埋弧自动焊的主要缺点

①由于采用颗粒状焊剂，这种焊接方法一般只适用于平焊位置，其他位置焊接需采用特殊措施保证焊剂覆盖焊接区。

②不能直接观察电弧与坡口的相对位置，如果没有采用焊缝自动跟踪装置，则容易焊偏。

③埋弧焊电弧的电场强度较大，电流小于 100A 时电弧不稳，因而不适于焊接厚度小于 1 mm的薄板。

4. 埋弧自动焊的应用

埋弧自动焊的电弧在焊剂层下燃烧，避免了弧光对人体的伤害，且对金属熔池保护可靠、焊缝质量好、熔深大、对较厚工件可不开坡口直接焊接。同时，机械化焊接改善了操作条件，提高了生产效率，通常适用于焊接在水平位置的中、厚板焊件的长直焊缝或有较大直径的环状焊缝，尤其适用于成批生产，是当今焊接生产中最普遍使用的焊接方法之一。在造船、锅炉与压力容器、桥梁、起重机械、铁路车辆、工程机械、重型机械和冶金机械、核电站结构、海洋结构等制造部门有着广泛的应用。

随着焊接冶金技术与焊接材料生产技术的发展，埋弧焊能焊的材料已从碳素结构钢发展到低合金结构钢、不锈钢、耐热钢等以及某些有色金属，如镍基合金、钛合金、铜合金等。

8.4 焊接质量检验与常见的焊接缺陷分析

8.4.1 焊接质量检验

焊接质量检验的目的在于发现焊接缺陷，检验焊接接头的性能，以确保产品的焊接质量。焊接接头质量的优劣直接影响产品的安全使用，严重的缺陷可能导致产品的损坏及造成人员的伤害，如锅炉及压力容器等产品，严重的缺陷会造成锅炉或压力容器的爆炸，造成重大事故。为此，对焊接接头进行必要的检验是保证焊接质量的重要措施。

1. 焊接质量检验内容

(1)焊前检验

包括钢材、焊条、毛坯、清理、装配、工艺措施及焊工操作技能的鉴定等。

(2)焊接生产中的检验

包括对焊接设备运行情况、电流表、电压表、焊接规范、执行焊接工艺规程情况及焊接接头的中间检验等。

(3)成品检验

焊接完毕后，将焊缝清理干净，对成品进行检验。对于具有延时裂纹倾向的低合金高强度钢焊接结构，焊接接头的无损探伤和成品检验应在焊后延迟一段时间后进行，或进行复查。

2. 焊接常用的检验方法

(1)外观检验

外观检验是用肉眼或借助标准样板、量具等器材，必要时使用低倍放大镜(5～20 倍)，检验焊缝外形尺寸是否符合要求，焊缝表面是否有裂纹、气孔、咬边、焊瘤等各种外部缺陷。

(2)致密性检验

对于贮存气体或液体的压力容器或管道，如锅炉、贮气球罐、蒸汽管道等，焊后都要进行焊缝致密性检验。

(3)无损检测

无损检测主要有磁粉检验、渗透检验、射线检验和超声波检验 4 种方法。

8.4.2 常见的焊接缺陷

焊接缺陷是指焊接过程中在焊接接头处产生的不符合设计或工艺文件要求的缺陷。按焊接缺陷在焊缝中的位置,可分为外部缺陷与内部缺陷两大类。外部缺陷位于焊缝区的外表面,肉眼或用低倍放大镜即可观察到,如焊缝尺寸不符合要求、咬边、焊瘤、弧坑、烧穿、下榻、表面气孔、表面裂纹等。内部缺陷位于焊缝内部,需用破坏性实验或探伤方法来发现,如未焊透、未熔合、夹渣、内部气孔、内部裂纹等。

产生焊缝缺陷的原因可从人、机、料、方法和环境五大因素查找。其中,人是较主要的因素。例如,有些缺陷是焊工施焊时的习惯性动作,以及不按照板厚调节气体流量、送丝速度、焊接电流、焊接电压等工艺参数作业所致。常见的焊接缺陷分析见表 8-7。

表 8-7 常见的焊接缺陷产生的原因及防止措施

缺陷名称	特 征	产生原因	防止措施
焊缝外形和尺寸不合要求	焊缝余高过高或过低,焊缝宽窄很不均匀,角焊缝单边下陷量过大	运条不当,焊接规范、坡口尺寸选择不好	选择恰当的坡口尺寸、装配间隙及焊接规范,熟练掌握操作技术
咬边	焊缝与焊件交界处凹陷	焊条角度和摆动不正确;焊接电流过大,焊接速度太快	选择正确的焊接电流和焊接速度,掌握正确的运条方法,采用合适的焊条角度和弧长
气孔	焊缝内部或表面的空穴	焊件表面有水、锈、油;焊条药皮水分过多;电弧太长,保护不好,大气侵入;焊接电流过小、焊速太快	严格清除坡口上的水、锈、油,焊条按要求烘干,正确选择焊接规范
夹渣	焊缝内部和熔合线内存在非金属夹杂物	前道焊缝熔渣未清除干净;焊接电流太小,焊速太快;焊缝表面不干净	多层焊层清渣,坡口清理干净,正确选择工艺规范
未焊透	焊缝金属与焊件之间,或焊缝金属之间的局部为融合	焊接速度太快,焊接电流太小;坡口角度太小,间隙过窄;焊件坡口不干净	选择合理的焊接规范,正确选用坡口形式、尺寸和间隙,加强清理,正确操作
裂纹	焊缝、热影响区内部或表面裂纹	熔池金属中含有较多的硫磷等有害元素,熔池中含有较多的氢,结构刚度大,接头冷却速度太快	焊前预热,限制原材料中硫磷含量,选低氢型焊条,焊条烘干和焊件表面清理
烧穿	液态金属从焊缝反面漏出而形成穿孔	坡口间隙太大,电流太大或速度太慢,操作不当	确定合理的装配间隙,选择合适的焊接规范,掌握正确的运条方法

8.5 焊机操作与常见故障及排除方法

8.5.1 焊机的操作顺序

焊机是焊接的主要设备。在焊接过程中,应该熟练地掌握焊机的操作顺序,避免由于操作失误造成的伤害。正确的焊机操作顺序如下：

①打开配电箱的电源开关(ON)。

②打开焊机电源开关(ON)。

③焊接电流调整:BX1 和 BX3 调节手轮,BX6 调节开关。

④引弧。

⑤焊接作业。

⑥焊接作业终了。

⑦关闭焊机电源开关(OFF)。

⑧关闭配电箱的电源开关(OFF)。

⑨整理焊机并清理场地。

8.5.2 焊机一般故障及排除方法

在焊接过程中,焊机难免发生故障,因此要掌握简单的故障处理方法。焊机常见故障产生原因及处理办法分析见表 8-8。

表 8-8 焊机一般故障产生原因及处理办法分析

故障现象	可能产生的原因	处理方法
焊机不起弧	(1)焊机没有输入电压 (2)焊机接线错 (3)焊机开关处于断的位置 (4)电源线截面太小或焊接电缆截面太小 (5)电源电压过低 (6)焊机绕组有断路	(1)检查刀开关熔断器接通情况及电源电压 (2)检查 220 V 和 380 V 的接线是否正确 (3)打开焊机开关 (4)选用足够截面的电缆或电源线 (5)调整电源电压,检查供电容量 (6)检查绕组情况
外壳带电	(1)线圈绝缘损坏处与外壳相碰 (2)电源线碰外壳 (3)输出线碰外壳 (4)未接地线或接触不良	(1)检查线圈,消除破坏处 (2)消除碰外壳处 (3)消除碰外壳处 (4)接牢接地线
通电后焊机噪声大	(1)初级或次级线圈短路 (2)供电电压与规定的输入电压不符	(1)排除线圈短路故障或更换线圈 (2)供电电压与规定的输入电压一致
额定焊接电流偏小,引弧困难	(1)电网电压低 (2)焊接电缆过长、过细 (3)电源线过细	(1)调整电源电压 (2)按规定使用电缆 (3)按规定使用电源线
焊接电流不可调节	(1)接线脱落 (2)开关失灵 (3)动铁芯或动绕组不能移动	(1)恢复接线 (2)更换开关 (3)检查丝杠和动铁芯、动绕组的配合

续表

故障现象	可能产生的原因	处理方法
线圈发热、冒烟，熔断丝熔断	(1)超负荷使用 (2)冷却风机不转 (3)线圈短路 (4)使用 380 V 电压时误接在 220 V 接线柱上	(1)按规定的负载持续率使用 (2)修复或更换冷却风机 (3)排除短路处或更换线圈 (4)供电电压与规定的输入电压一致
通电后焊机震动，噪声高	(1)铁芯弹簧片不紧 (2)铁芯滑块与调节杆松动 (3)导轨或导轨滑块移动 (4)次级线短路	(1)扭紧弹簧片 (2)更换滑块或调节杆 (3)紧固导轨螺母、导轨与滑块垫紧 (4)排除短路故障

复习思考题

1. 焊接方法如何分类？常用的有哪几种？
2. 焊接工具主要有哪些？使用中要注意什么？
3. 简述焊条电弧焊中焊条直径、焊接电流和焊件厚度三者之间的选用关系。
4. 手弧焊的原理是什么？弧焊机的主要结构有哪些？
5. 手动电弧焊的操作要领有哪些？选择焊条时主要考虑哪些因素？
6. 在运条的基本操作中焊条应完成哪几个动作？这些运动应满足什么要求？若不能满足这些要求会产生哪些后果？
7. 常见的焊接缺陷有哪些？怎样预防？
8. 二氧化碳保护焊的主要缺点是什么？

第9章 数控加工

数控机床加工与传统机床加工的工艺规程从总体上说是一致的，但也发生了明显的变化，它是用数字信息控制零件和刀具位移的机械加工方法，是解决零件品种多变、批量小、形状复杂、精度高等问题以及实现高效化和自动化加工的有效途径。

数控技术起源于航空工业的需要，20世纪40年代后期，美国一家直升机公司提出了数控机床的初始设想，1952年美国麻省理工学院研制出三坐标数控铣床。20世纪50年代中期，这种数控铣床已用于加工飞机零件。20世纪60年代，数控系统和程序编制工作日益成熟和完善，数控机床已被用于各个工业部门，但航空航天工业始终是数控机床的最大用户。一些大的航空工厂配有数百台数控机床，其中以切削机床为主。数控加工的零件有飞机和火箭的整体壁板、大梁、蒙皮、隔框、螺旋桨以及航空发动机的机匣、轴、盘、叶片的模具型腔和液体火箭发动机燃烧室的特型腔面等。数控机床发展的初期是以连续轨迹的数控机床为主，连续轨迹控制又称轮廓控制，要求刀具相对于零件按规定轨迹运动。以后又大力发展点位控制数控机床，点位控制是指刀具从某一点向另一点移动，只要求最后能准确地到达目标而不管移动路线如何。

9.1 数控机床的特点

数控加工(numerical control machining)集光电技术、信息处理、气动技术、机械技术、液压技术、电气技术和计算机技术等多种技术于一体，是高度机电一体化的典型产品，它又是机电一体化的重要组成部分，是现代机床技术水平的重要标志。数控加工体现了当前世界机床技术进步的主流，是衡量机械制造工艺水平的重要指标，在柔性生产和计算机集成制造等先进制造技术中起着重要的基础核心作用。数控机床与传统机床相比，具有以下特点。

1.具有高度柔性

在数控机床上加工零件，主要取决于加工程序，它与普通机床不同，不必制造和更换许多模具、夹具，不需要经常重新调整机床。因此，数控机床适用于所加工的零件频繁更换的场合，亦即适合单件、小批量产品的生产及新产品的开发，从而缩短了生产准备周期，节省了大量工艺装备费用。

2.加工精度高

数控机床的加工精度一般可达0.05～0.1 mm。数控机床是按数字信号形式控制的，数控装置每输出一脉冲信号，则机床移动部件移动一个脉冲当量(一般为0.001 mm)，而且机床进给传动链的反向间隙与丝杠螺距平均误差可由数控装置进行补偿，因此，数控机床定位精度比较高。

3.加工质量稳定可靠

加工同一批零件，在同一机床，在相同加工条件下，使用相同刀具和加工程序，刀具的走刀轨迹完全相同,零件的一致性好,质量稳定。

4.生产率高

数控机床可有效地减少零件的加工时间和辅助时间,数控机床的主轴转速和进给量的范围大,允许机床进行大切削量的强力切削。数控机床移动部件的快速移动和定位及高速切削加工,极大地提高了生产率。另外,与加工中心的刀库配合使用,可实现在一台机床上进行多道工序的连续加工,减少了半成品的工序间周转时间,提高了生产率。

5.机床操作者的劳动趋于智力型

数控机床加工前输入程序并启动,机床就能自动连续地进行加工,直至加工结束。操作者要做的只是程序的输入、编辑、零件装卸、刀具准备、加工状态的观测、零件的检验等工作,劳动强度大大降低,机床操作者的劳动趋于智力型工作。

6.生产管理现代化

数控机床的加工,可预先精确估计加工时间,对所使用的刀具、夹具可进行规范化和现代化管理,易于实现加工信息的标准化,已与计算机辅助设计与制造(CAD/CAM)有机地结合起来,是现代化集成制造技术的基础。数控机床的技术水平高低及其在金属切削加工机床产量和总拥有量的百分比是衡量一个国家国民经济发展和工业制造整体水平的重要标志之一。

9.2 数控车床

数控车床是数字程序控制车床的简称。数控车床作为机电一体化的典型产品,是集机械、计算机、自动控制及检测等技术为一身的自动化设备,适用于加工多品种、小批量及结构较复杂、精度要求较高的零件,是目前使用量最大,覆盖面最广的一种数控机床,约占数控机床总数的25%。它是机械制造设备中具有高精度、高效率、高自动化和高柔性化等优点的工作母机。

数控车床是数控机床的主要品种之一,它在数控机床中占有非常重要的位置,几十年来一直受到世界各国的普遍重视并得到了迅速的发展。

9.2.1 数控车床的分类与结构

数控车床与普通车床一样,也是用来加工零件旋转表面的,一般能够自动完成外圆柱面、圆锥面、球面及螺纹的加工,还能加工一些复杂的回转面,如双曲面等。数控车床和普通车床的工件安装方式基本相同,为了提高加工效率,数控车床多采用液压、气动和电动卡盘。

1.数控车床的分类

数控车床品种繁多,规格不一,可按如下方法进行分类。

(1)按车床主轴位置分类

①立式数控车床。立式数控车床简称为数控立车,其车床主轴垂直于水平面,有一个直径很大的圆形工作台,用来装夹工件。这类机床主要用于加工径向尺寸大、轴向尺寸相对较小的大型复杂零件。

②卧式数控车床。卧式数控车床又分为数控水平导轨卧式车床和数控倾斜导轨卧式车床。其倾斜导轨结构可以使车床具有更大的刚性,并易于排除切屑。

(2)按加工零件的基本类型分类

①卡盘式数控车床。这类车床没有尾座,适合车削盘类(含短轴类)零件。夹紧方式多为

电动或液动控制，卡盘结构多具有可调卡爪或不淬火卡爪(即软卡爪)。

②顶尖式数控车床。这类车床配有普通尾座或数控尾座，适合车削较长的零件及直径不太大的盘、套类零件。

(3)按刀架数量分类

①单刀架数控车床。数控车床一般都配置有各种形式的单刀架，如四工位卧式自动转位刀架和多工位转塔式自动转位刀架，如图9-1所示。

图9-1　基本结构形式的自动转位刀架

(a)四工位刀架；(b)多工位刀架

②双刀架数控车床。这类车床的双刀架配置可以是平行分布，如图9-2(a)所示，也可以是相互垂直分布，如图9-2(b)所示。

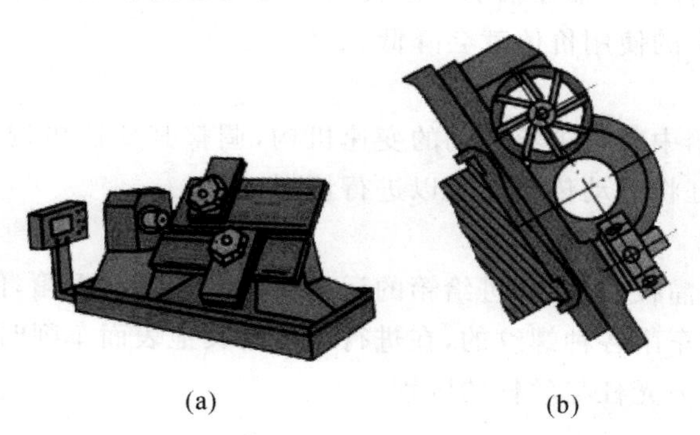

图9-2　组合形式的自动转位刀架

(a)平行交错双刀架；(b)垂直交错双刀架

(4)按功能分类

①经济型数控车床：采用步进电动机和单片机对普通车床的进给系统进行改造后形成的简易型数控车床，成本较低，但自动化程度和功能都比较差，车削加工精度也不高，适用于要求不高的回转类零件的车削加工。

②普通数控车床：根据车削加工要求在结构上进行专门设计并配备通用数控系统而形成的数控车床，数控系统功能强，自动化程度和加工精度也比较高，适用于一般回转类零件的车削加工。这种数控车床可同时控制两个坐标轴，即 X 轴和 Z 轴。

③车削加工中心：在普通数控车床的基础上，增加了 C 轴和动力头，更高级的数控车床带有刀库，可控制 X，Z 和 C 3个坐标轴，联动控制轴可以是(X，Z)，(X，C)或(Z，C)。由于增加了 C 轴和铣削动力头，这种数控车床的加工功能大大增强，除可以进行一般车削外还可以进行径向和轴向铣削、曲面铣削、中心线不在零件回转中心的孔和径向孔的钻削等加工。

(5)其他分类方法

按数控系统的不同控制方式等指标,数控车床可以分很多种类,如直线控制数控车床、两主轴控制数控车床等;按特殊或专门工艺性能可分为螺纹数控车床、活塞数控车床、曲轴数控车床等多种。

2.数控车床的结构

数控车床的外形与普通车床相似,即由床身、主轴箱、刀架、进给系统、冷却和润滑系统等部分组成。数控车床的进给系统与普通车床有质的区别,传统普通车床有进给箱和交换齿轮架,而数控车床是直接用伺服电机通过滚珠丝杠驱动溜板和刀架实现进给运动,因而进给系统的结构大为简化。

虽然数控车床的种类较多,但其结构均主要由车床主体、数控装置和伺服系统三大部分组成。其主要组成部件有主轴箱、交换齿轮箱、进给箱、溜板箱、刀架、尾架、光杠、丝杠、床身、床脚和冷却装置。

(1)主轴箱

又称床头箱,它的主要任务是将主电机传来的旋转运动经过一系列的变速机构使主轴得到所需的正反两种转向的不同转速,同时主轴箱分出部分动力将运动传给进给箱。主轴箱中的主轴是车床的关键零件。主轴在轴承上运转的平稳性直接影响工件的加工质量,一旦主轴的旋转精度降低,则机床的使用价值就会降低。

(2)进给箱

又称走刀箱,进给箱中装有进给运动的变速机构,调整其变速机构,可得到所需的进给量或螺距,通过光杠或丝杠将运动传至刀架以进行切削。

(3)丝杠与光杠

用以连接进给箱与溜板箱,并把进给箱的运动和动力传给溜板箱,使溜板箱获得纵向直线运动。丝杠是专门用来车削各种螺纹的,在进行工件的其他表面车削时,只用光杠,不用丝杠。要结合溜板箱的内容区分光杠与丝杠的区别。

(4)溜板箱

是车床进给运动的操纵箱,内装有将光杠和丝杠的旋转运动变成刀架直线运动的机构,通过光杠传动实现刀架的纵向进给运动、横向进给运动和快速移动,通过丝杠带动刀架作纵向直线运动,以便车削螺纹。

(5)刀架

由两层滑板(中、小滑板)、床鞍与刀架体共同组成。用于安装车刀并带动车刀作纵向、横向或斜向运动。尾架安装在床身导轨上,并沿此导轨纵向移动,以调整其工作位置。尾架主要用来安装后顶尖,以支撑较长工件,也可安装钻头、铰刀等进行孔加工。

(6)床身

是车床带有精度要求很高的导轨(山形导轨和平导轨)的一个大型基础部件。用于支撑和连接车床的各个部件,并保证各部件在工作时有准确的相对位置。

(7)冷却装置

冷却装置主要通过冷却水泵将水箱中的切削液加压后喷射到切削区域,降低切削温度,冲走切屑,润滑加工表面,以提高刀具使用寿命和工件的表面加工质量。

9.2.2　数控车床的加工对象

与传统车床相比，数控车床比较适合于车削具有以下要求和特点的回转体零件。

1.精度要求高的零件

由于数控车床的刚性好，制造和对刀精度高，能方便和精确地进行人工补偿甚至自动补偿，所以它能够加工尺寸精度要求高的零件。在有些场合可以以车代磨。此外，由于数控车削时刀具运动是通过高精度插补运算和伺服驱动来实现的，再加上机床的刚性好和制造精度高，所以它能加工对母线直线度、圆度、圆柱度要求高的零件。

2.表面粗糙度要求高的回转体零件

数控车床能加工出表面粗糙度值小的零件，不但是因为机床的刚性好和制造精度高，还由于它具有恒线速度切削功能。在材质、精车余量和刀具已定的情况下，表面粗糙度取决于进给速度和切削速度。使用数控车床的恒线速度切削功能，就可选用最佳线速度来切削端面，这样切出的粗糙度既小又一致。数控车床还适合于车削各部位表面粗糙度要求不同的零件。粗糙度值小的部位可以用减小进给速度的方法来达到，而这在传统车床上是做不到的。

3.轮廓形状复杂的零件

数控车床具有圆弧插补功能，所以可直接使用圆弧指令来加工圆弧轮廓。数控车床也可加工由任意平面曲线所组成的轮廓回转零件，既能加工可用方程描述的曲线，也能加工列表曲线。

4.带一些特殊类型螺纹的零件

传统车床所能切削的螺纹相当有限，它只能加工等节距的直、锥面，公、英制螺纹，而且一台车床只限定加工若干种节距。数控车床不但能加工任何等节距直、锥面，公、英制和端面螺纹，而且能加工增节距、减节距，以及要求等节距、变节距之间平滑过渡的螺纹。数控车床加工螺纹时主轴转向不必像传统车床那样交替变换，它可以一刀又一刀不停顿地循环，直至完成加工，所以它车削螺纹的效率很高。数控车床还配有精密螺纹切削功能，再加上一般采用硬质合金成型刀片，以及可以使用较高的转速，所以车削出来的螺纹精度高、表面粗糙度小，包括丝杠在内的螺纹零件都可在数控车床上加工。

5.超精密、超低表面粗糙度的零件

磁盘、录像机磁头、激光打印机的多面反射体、复印机的回转鼓、照相机等光学设备的透镜及其模具，以及隐形眼镜等要求超高的轮廓精度和超低的表面粗糙度值，它们适合于在高精度、高功能的数控车床上加工。以往很难加工的塑料散光用的透镜，现在也可以用数控车床来加工。超精加工的轮廓精度可达到0.1 μm，表面粗糙度值 R_a 可达0.02 μm。超精车削零件的材质以前主要是金属，现已扩大到塑料和陶瓷。

9.2.3　数控车削加工工艺

数控车削加工工艺以普通车床的加工工艺为基础，结合数控车床的特点，综合运用多方面的知识解决数控车削加工过程中面临的工艺问题，其内容包括金属切削原理与刀具、加工工艺、典型零件加工及工艺分析等方面的基础知识和基本理论。合理地设计加工工艺，充分发挥数控车床的特点，可以实现数控加工中的优质、高产、低耗。

1.数控车削加工工艺的基本特点

数控车床是目前使用最广泛的数控机床之一。数控车床主要用于加工轴类、盘类等回转体零件。通过数控加工程序的运行,可自动完成内外圆柱面、圆锥面、成形表面、螺纹和端面等工序的切削加工,并能进行车槽、钻孔、扩孔、铰孔等工作。

2.数控车削加工工艺的主要内容

数控车削加工工艺的主要内容包括分析加工路线、制定加工步骤、确定装夹方案、计算数值、选用刀具和编写程序等。数控车床加工程序与普通车床工艺规程有较大差别,涉及的内容也较广。数控车床加工程序不仅要包括零件的工艺过程,而且还要包括切削用量、走刀路线、刀具尺寸以及车床的运动过程。因此,要求编程人员对数控车床的性能、特点、运动方式、刀具系统、切削规范以及工件的装夹方法都要非常熟悉。工艺方案的好坏不仅会影响车床效率的发挥,而且将直接影响到零件的加工质量。完整的数控车削加工工艺主要包括以下内容:

①分析被加工零件的图纸,明确工序加工内容及技术要求。

②确定零件的加工方案,制定数控加工工艺路线,如划分工序、安排加工顺序,处理与非数控加工工序的衔接等。

③加工工序的设计,如零件定位基准的选取、装夹方案的确定、工步划分、刀具选择和确定切削用量等。

④数控加工程序的调整,如选取对刀点和换刀点、确定刀具补偿及确定加工路线等。

3.数控车削加工工艺分析

工艺分析是数控车削加工的前期工艺准备工作。加工工艺制定得是否合理,对程序编制、机床的加工效率和零件的加工精度等都有很重要的影响。因此,应遵循一般的工艺原则并结合数控车床的特点,认真而详细地制定好零件的数控车削加工工艺。其主要内容有分析零件图纸、确定工件在车床上的装卡方式、各表面的加工顺序和刀具的进给路线,以及刀具、夹具和切削用量的选择等。

(1)数控车削加工零件的工艺分析

1)零件图分析。零件图分析是制定数控车削工艺的首要工作,主要包括以下内容。

①尺寸标注方法分析。零件图上的尺寸标注方法应适应数控车床加工的特点。如图9-3所示,应以同一基准标注尺寸或直接给出坐标尺寸。这种标注方法既便于编程,又有利于设计基准、工艺基准、测量基准和编程原点的统一。

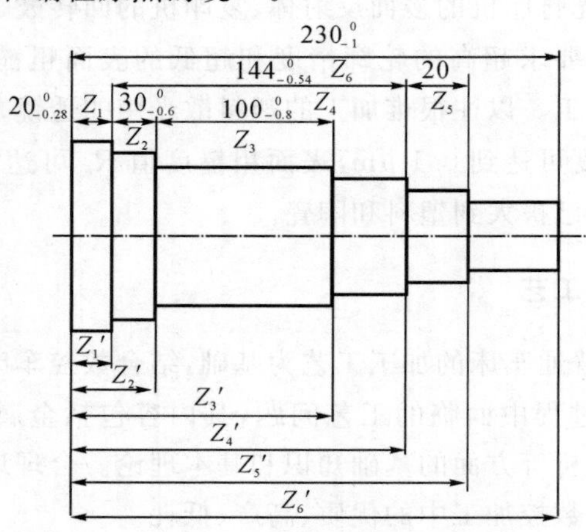

图9-3 零件尺寸标注分析

②轮廓几何要素分析。在手工编程时，要计算每个节点坐标；在自动编程时，要对构成零件轮廓的所有几何要素进行定义。因此在分析零件图时，要分析几何要素的给定条件是否充分。

图 9-4 所示的几何要素中，根据图示尺寸计算可知圆弧与斜线相交而并非相切。又如图 9-5 所示的几何要素，图样上给定的几何条件自相矛盾，总长不等于各段长度之和。

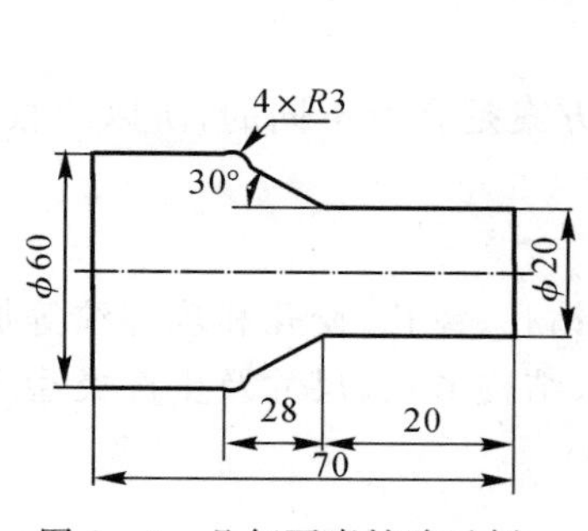

图 9-4 几何要素缺陷示例一

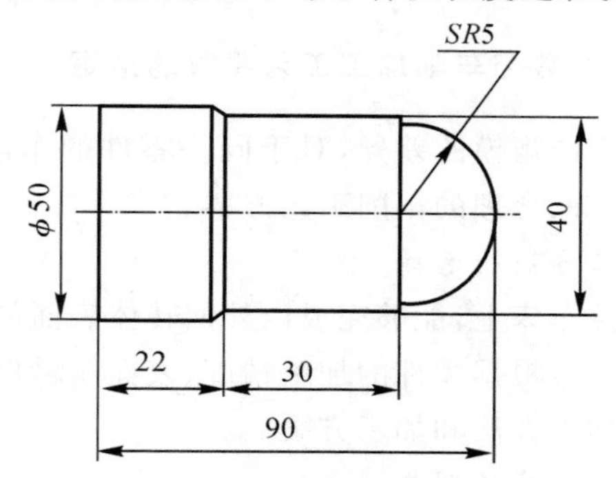

图 9-5 几何要素缺陷示例二

③精度及技术要求分析。对被加工零件的精度及技术要求进行分析，是零件工艺分析的主要内容，只有在分析零件尺寸精度和表面粗糙度的基础上，才能正确、合理地选择加工方法、装夹方式、刀具及切削用量等。

精度及技术要求分析主要指精度及各项技术要求是否齐全、合理。分析工序的数控车削加工精度能否达到图样要求，若达不到而需要采取其他措施（如磨削）弥补时，则应给后续工序留有余量。找出图样上有位置精度要求的表面，这些表面应在一次装夹下完成。对表面粗糙度要求较高的表面，应确定用恒线速度切削。

2)结构工艺性分析。零件的结构工艺性是指零件对加工方法的适应性，即所设计的零件结构应便于加工成型。在数控车床上加工零件时，应根据数控车削的特点，认真审视零件结构的合理性。如图 9-6(a)所示零件，需要用 3 把不同宽度的切槽刀切槽，如无特殊需要，显然是不合理的。若改成图 9-6(b)所示结构，则只需一把切槽刀即可切出 3 个槽，既减少了刀具数量、少占领刀架刀位，又节省了换刀时间。所以在结构工艺性分析时，若发现问题应及时向设计人员或有关部门提出修改意见。

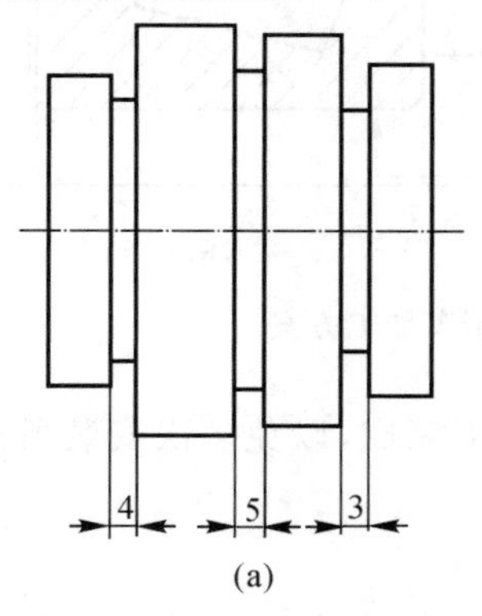

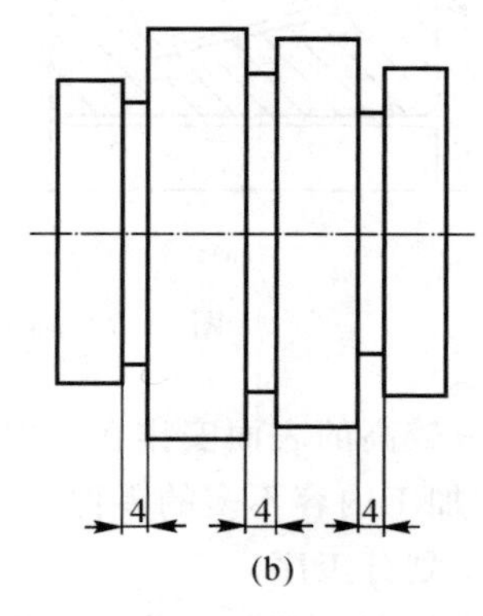

图 9-6 结构工艺性示例

3)零件装夹方式的选择。数控车床上零件的装夹方式与普通机床一样,要合理选择定位基准和夹紧方案,主要注意以下两点。

①力求设计、工艺与编程计算的基准统一,这样有利于提高编程时数值计算的简便性和精确性。

②尽量减少装夹次数,尽可能在一次装夹后加工出全部待加工面。

9.2.4 数控车削加工工艺路线的拟定

由于生产规模的差异,对于同一零件的车削工艺方案是有所不同的,所以应根据具体条件,选择经济、合理的车削工艺方案。

1.加工方法的选择

在数控车床上,能够完成内外回转体表面的车削、钻孔、镗孔、铰孔和攻螺纹等加工操作。具体选择时应根据零件的加工精度、表面粗糙度、材料、结构形状、尺寸及生产类型等因素,选择相应的加工方法和加工方案。

2.加工工序的划分

在数控车床上加工零件,工序可以比较集中,一次装夹应尽可能完成全部工序,与普通车床的加工相比,其加工工序划分有自己的特点。数控车床常用的工序划分原则有下述两种。

①保持精度原则。数控加工要求工序尽可能集中,通常粗、精加工在一次装夹下完成。为减少热变形和切削力变形对工件的形状、位置精度、尺寸精度和表面粗糙度的影响,应将粗、精加工分开进行。对轴类和盘类零件,应将待加工面先粗加工,然后留少量余量精加工,以保证表面质量要求;对轴上有孔、螺纹加工的工件,应先加工表面,而后加工孔、螺纹。

②提高生产效率原则。数控加工中,为了减少换刀次数,节省换刀时间,应将需用同一把刀加工的加工部位全部完成后,再换另一把刀来加工其他部位,同时应尽量减少空行程。用同一把刀加工工件的多个部位时,应以最短的路线到达各加工部位。实际生产中,数控加工工序的划分要根据具体零件的结构特点、技术要求等情况综合考虑。

在批量生产中,常用以下两种方法进行工序的划分。

(1)按零件加工表面划分工序(见图 9-7)

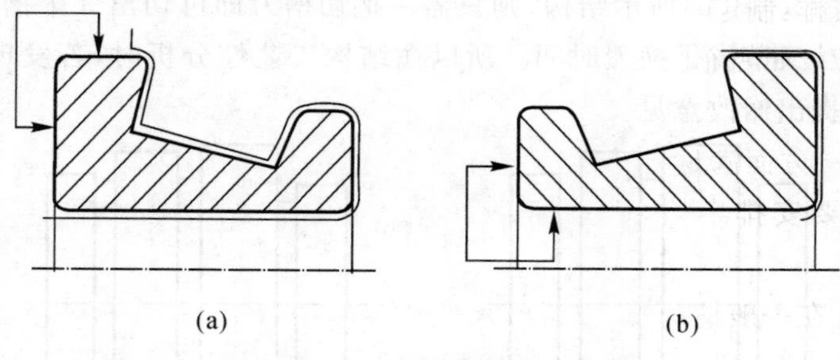

图 9-7 轴承内圈精车加工方案

将位置精度要求较高的表面安排在一次安装下完成,以免多次安装所产生的安装误差影响位置精度,适用于加工内容不多的零件。

(2)按粗、精加工划分工序

以粗加工中完成的那一部分工艺过程为一道工序,精加工中完成的那一部分工艺过程为一道工序，适用于零件加工后易变形或精度要求较高的零件。

例 9.1　加工如图 9-8(a)所示手柄零件，该零件加工所用坯料为 ϕ32 mm，批量生产，加工时用一台数控车床。工序的划分及装夹方式如下：

工序 1　如图 9-8(b)所示，将一批工件全部车出，包括切断，夹棒料外圆柱面，工序内容有：车出 ϕ12 mm 和 ϕ20 mm 两圆柱面→圆锥面（粗车掉 R42 mm 圆弧的部分余量）→转刀后按总长要求留下加工余量切断。

工序 2　如图 9-8(c)所示，用 ϕ12 mm 外圆和 ϕ20 mm 端面装夹，工序内容有：车削包络 SR7 mm 球面的 30°圆锥面→对全部圆弧表面半精车（留少量的精车余量）→换精车刀将全部圆弧表面一刀精车成形。

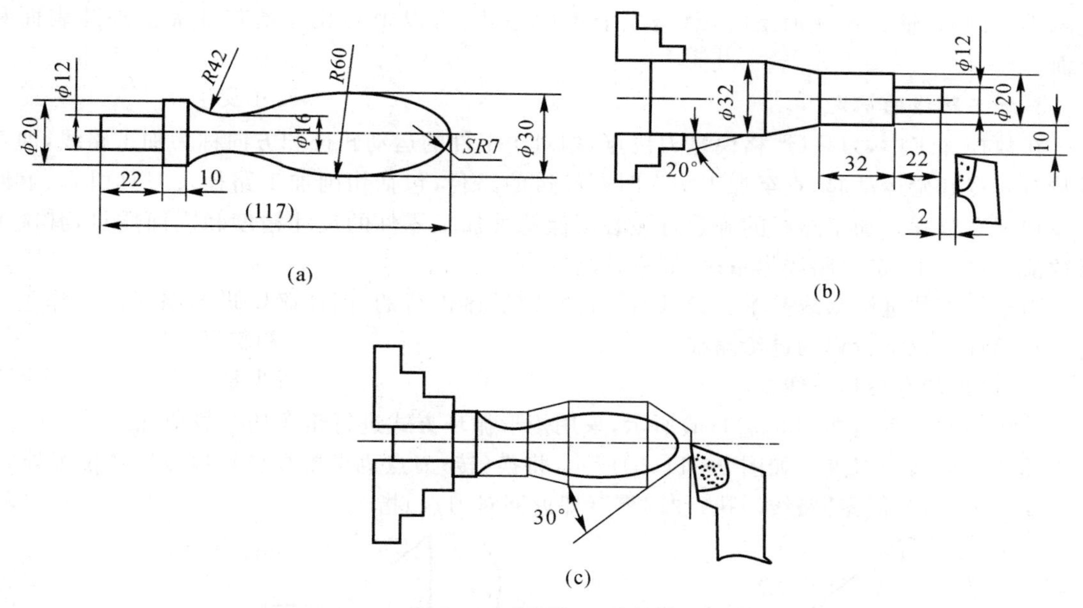

图 9-8　手柄加工示意图

加工顺序的安排：制定零件车削加工顺序时一般应遵循下列原则。

①先粗后精。按照粗车→半精车→精车的顺序进行，逐步提高加工精度。粗车将在较短的时间内将工件表面上的大部分加工余量（图 9-9 中的双点画线内所示部分）切掉，一方面提高金属切除率，另一方面满足精车的余量均匀性要求。若粗车后所留余量的均匀性满足不了精加工的要求，则要安排半精车做准备。精车要保证加工精度，按图样尺寸一刀切出零件轮廓。

②先近后远。在一般情况下，离对刀点近的部位先加工，离对刀点远的部位后加工，以便缩短刀具移动距离，减少空行程时间。对于车削而言，先近后远还有利于保持坯件或半成品的刚性，改善其切削条件。例如，加工图 9-10 所示的零件时，若第一刀吃刀量未超限，则应该按 ϕ34→ϕ36→ϕ38 的次序先近后远地安排车削顺序。

③内外交叉。对既有内表面（内型腔），又有外表面需加工的回转体零件，安排加工顺序时，应先进行外、内表面粗加工，后进行外、内表面精加工。切不可将零件上的一部分表面（外表面或内表面）加工完毕后，再加工其他表面（内表面或外表面）。

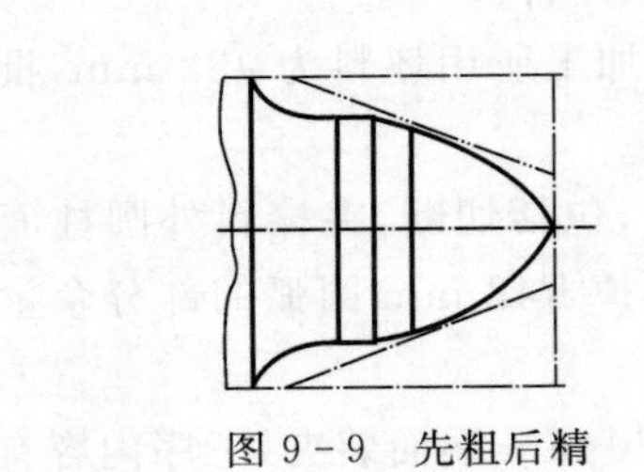

图 9-9 先粗后精

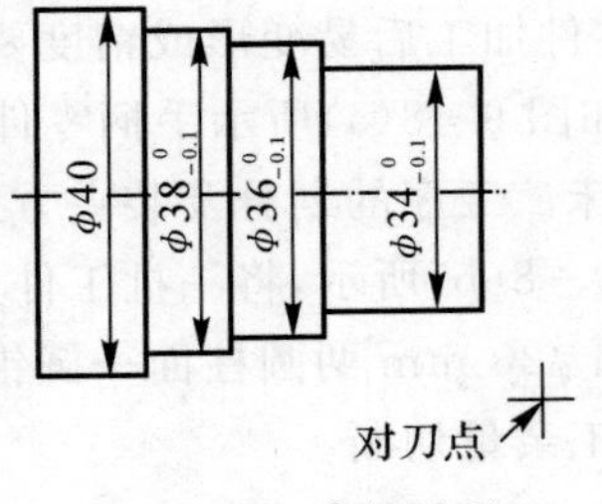

图 9-10 先近后远

④基面先行。用作精基准的表面应优先加工出来，因为定位基准的表面越精确，装夹误差就越小。例如，轴类零件加工时，总是先加工中心孔，再以中心孔为精基准加工外圆表面和端面。

3.加工路线的确定

在数控加工中，刀具(严格说是刀位点)相对于工件的运动轨迹和方向称为加工路线，即刀具从对刀点开始运动起，直至加工结束时所经过的路径，包括切削加工路径及刀具引入、返回等非切削空行程。加工路线的确定首先必须保持被加工零件的尺寸精度和表面质量，其次考虑数值计算简单、走刀路线尽量短、效率较高等。

因精加工的进给路线基本上都是沿零件轮廓顺序进行的，因此确定进给路线的工作重点是确定粗加工及空行程的进给路线。

(1)最短的空行程路线

①巧用起刀点。如图 9-11(a)所示，采用矩形循环方式进行粗车的一般情况。

②巧设换(转)刀点。如图 9-11(b)所示，将换(转)刀点也设置在离坯件较远的位置处。

③合理安排"回零"路线。执行"回零"(即返回对刀点)指令。

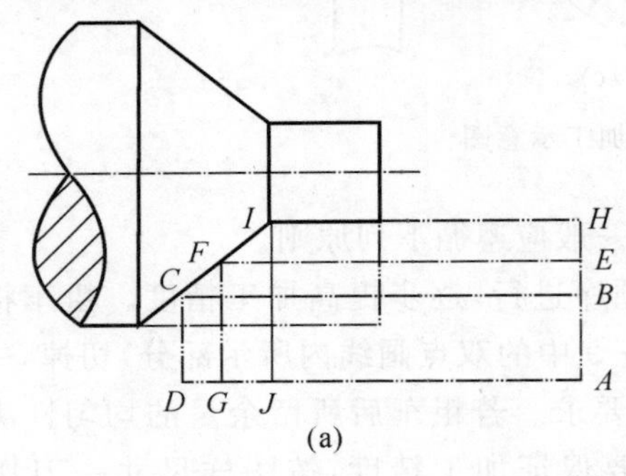

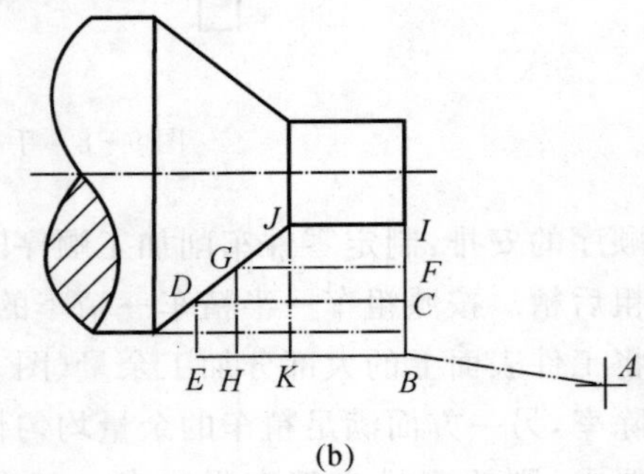

图 9-11 巧用起刀点

图 9-11(a)将起刀点与对刀点重合在一起。

第一刀为 $A \to B \to C \to D \to A$；

第二刀为 $A \to E \to F \to G \to A$；

第三刀为 $A \to H \to I \to J \to A$。

图 9-11(b)将起刀点与对刀点分离。

起刀点与对刀点分离的空行程为 $A \to B$；

第一刀为 $B \to C \to D \to E \to B$；

第二刀为 $B \to F \to G \to H \to B$；

第三刀为 $B \to I \to J \to K \to B$。

(2)粗加工(或半精加工)进给路线

①常用的粗加工进给路线。图 9－12 所示为利用数控系统具有的矩形循环功能、三角形循环功能、封闭式复合循环功能的进给路线。

图 9－12(a)所示为利用数控系统具有的矩形循环功能而安排的“矩形”循环进给路线。

图 9－12(b)所示为利用数控系统具有的三角形循环功能而安排的“三角形”循环进给路线。

图 9－12(c)所示为利用数控系统具有的封闭式复合循环功能控制车刀沿工件轮廓等距线循环的进给路线。

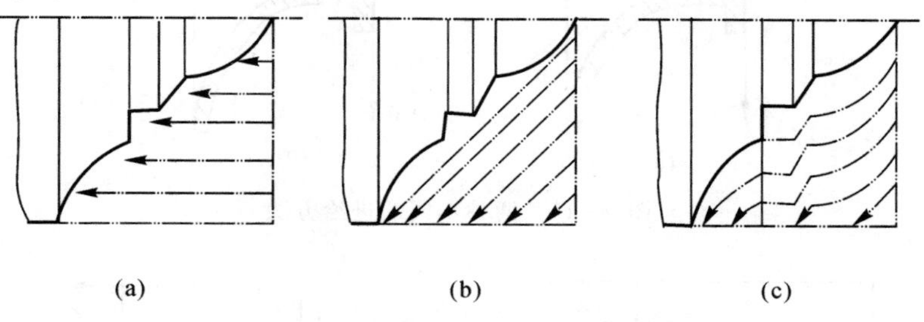

图 9－12　常用的粗加工循环进给路线

②大余量毛坯的阶梯切削进给路线。图 9－13 所示为车削大余量工件两种加工路线。

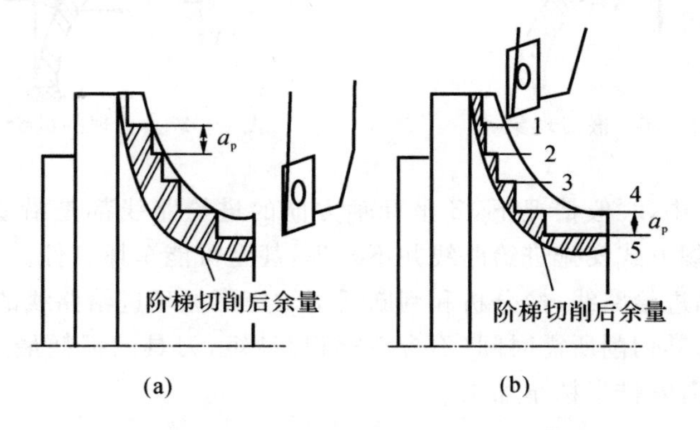

图 9－13　大余量毛坯的阶梯切削进给路线

(a)错误的阶梯切削路线；（b)正确的阶梯切削路线

③双向切削进给路线。图 9－14 所示为轴向和径向联动双向进刀的路线。

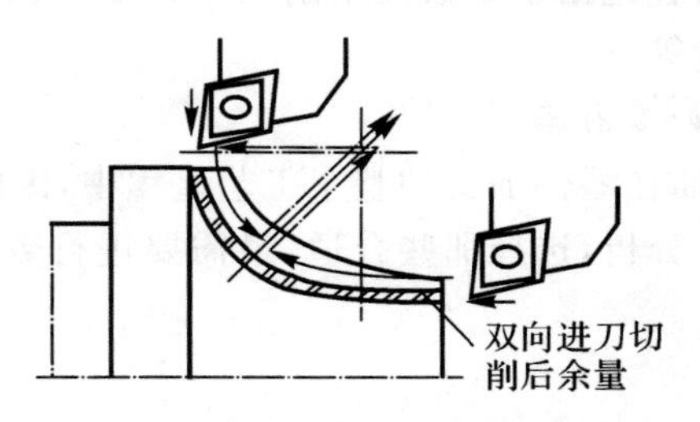

图 9－14　顺工件轮廓双向进给的路线

(3)精加工进给路线

①完工轮廓的连续切削进给路线。在安排一刀或多刀进行的精加工进给路线时,其零件的完工轮廓应由最后一刀连续加工而成。

②各部位精度要求不一致的精加工进给路线。若各部位精度相差不是很大,应以最严的精度为准,连续走刀加工所有部位;若各部位精度相差很大,则精度接近的表面安排同一把刀在走刀路线内加工,并先加工精度较低的部位,最后再单独安排精度高的部位的走刀路线。

(4)特殊的进给路线(见图 9-15~图 9-17)

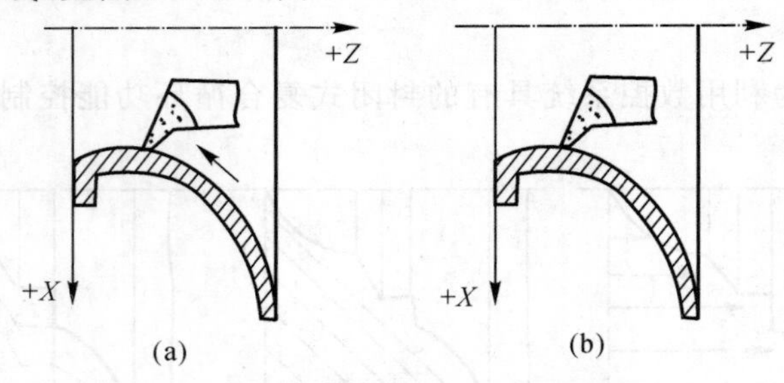

图 9-15　两种不同的进给方法

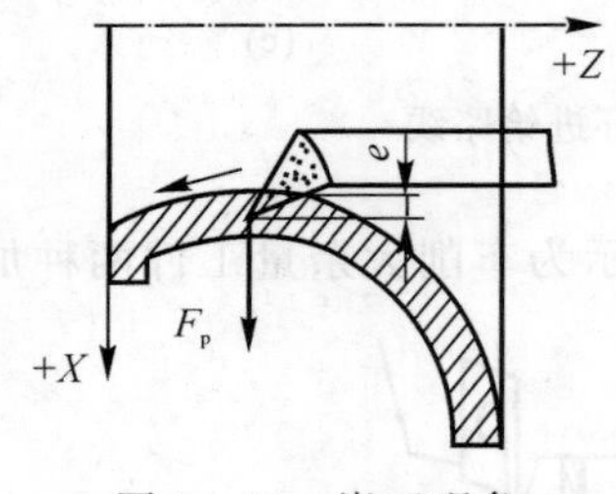

图 9-16　嵌刀现象

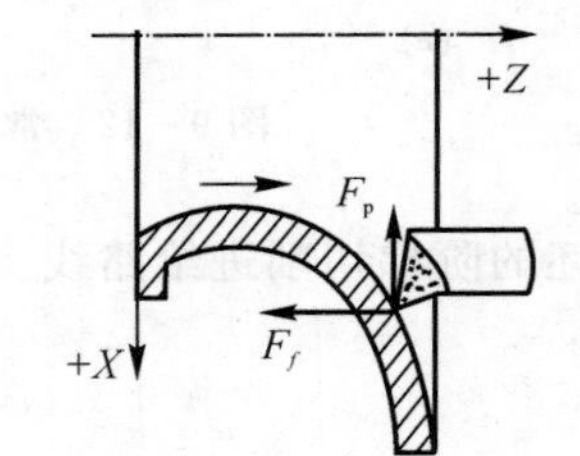

图 9-17　合理的进给方案

在数控车削加工中,一般情况下,Z 坐标轴方向的进给路线都是沿着坐标的负方向进给的,但有时按这种常规方式安排进给路线并不合理,甚至可能车坏工件。

对以上 3 种切削进给路线,经分析和判断后可知矩形循环进给路线的进给长度总和最短。因此,在同等条件下,其切削所需时间(不含空行程)最短,刀具的损耗最少。但粗车后的精车余量不够均匀,一般需安排半精车加工。

9.2.5　数控车削加工工序的设计

为了合理地编制数控车削程序,提高零件的加工质量和生产效率,必须正确地进行数控车削加工工序的设计,其主要内容包括审定数控车削工序的加工内容,确定进给路线(或刀具运动轨迹)、工艺装备、切削用量等。

1. 审定数控车削工序的加工内容

数控车削工序一般都穿插在零件加工的整个工艺过程中,因此在工序设计时,应根据数控车削的特点,对零件图样进行分析,选择那些合适、最需要进行数控车削加工的内容。数控车削加工工序有下述工艺特征。

(1)加工精度

数控车床刚性好,制造和对刀精度高,能方便和精确地进行人工补偿和自动补偿,所以数控车削加工的形状和位置精度为IT7～IT5。

(2)表面粗糙度

数控车床具有恒线切削功能,能加工出表面粗糙度值小而均匀的零件。车削材料为铸铁、黄铜、铝合金的零件,粗糙度值 R_a 一般为 10～1.25 μm;碳钢、合金钢类零件,粗糙度值 R_a 一般为 5～1.25 μm。

(3)表面形状复杂的零件

对于由直线或圆弧组成的轮廓,直接利用机床的直线或圆弧插补功能进行切削。对于由非圆曲线组成的轮廓先用直线或圆弧去逼近,然后用直线或圆弧插补功能进行插补切削。

(4)螺纹加工

数控车床不但能车削任何等导程的直、锥和端面螺纹,而且能车增导程、减导程以及要求等导程与变导程之间平滑过渡的螺纹。

2. 确定进给路线

为了实现最短进给路线,具体的车削路线确定方法见本章 9.2.4"数控车削加工工艺路线的拟定"。

3. 夹具的选择

车床主要用于加工工件的内外圆柱面、圆锥面、回转成型面、螺纹及端平面等。上述各表面都是绕车床主轴的旋转轴而成的,根据这一加工特点和夹具在车床上安装的位置,将车床夹具分为两种基本类型,一类是安装在车床主轴上的夹具,这类夹具和机床主轴相连接并带动工件一起随主轴旋转,除了各种卡盘(三爪、四爪)、顶尖等通用夹具或其他机床附件外,往往根据加工的需要设计出各种心轴或其他专用夹具;另一类是安装在滑板或床身上的夹具,对于某些形状不规则和尺寸较大的工件,常常把夹具安装在车床滑板上,刀具则安装在车床主轴上作旋转运动,夹具作进给运动。

4. 刀具的选择

数控车削常用车刀一般分为尖形车刀、圆弧形车刀和成形车刀三类。

(1)尖形车刀

尖形车刀是以直线形切削刃为特征的车刀。这类车刀的刀尖(同时也为其刀位点)由直线形的主、副切削刃构成,如90°内外圆车刀、左右端面车刀、切断(车槽)车刀,以及刀尖倒棱很小的各种外圆和内孔车刀。

用这类车刀加工零件时,其零件的轮廓形状主要由一个独立的刀尖或一条直线形主切削刃位移后得到,它与另两类车刀加工时所得到零件轮廓形状的原理是截然不同的,尖形车刀几何参数(主要是几何角度)的选择方法与普通车削时基本相同,但应适合数控加工的特点(如加工路线、加工工步等)进行全面的考虑,并应兼顾刀尖本身的强度。

(2)圆弧形车刀

构成主切削刃的刀刃形状为一圆度误差或线轮廓误差很小的圆弧,如图 9-18 所示,该圆弧刃每一点都是圆弧形车刀的刀尖。因此,刀位点不在圆弧上,而在该圆弧的圆心上。

当某些尖形车刀或成型车刀(如螺纹车刀)的刀尖具有一定的圆弧形状时,也可作为这类车刀使用。

圆弧形车刀可用于车削内外表面,特别适合于车削各种光滑连接(凹形)的成形面。选择车刀圆弧半径时应考虑两点,一是车刀车削刃的圆弧半径应小于或等于零件凹形轮廓上最小曲率半径，以免发生加工干涉；二是该半径不宜选得太小，否则不但制造困难，还会因刀具强度太弱或刀体散热能力差而导致车刀损坏。

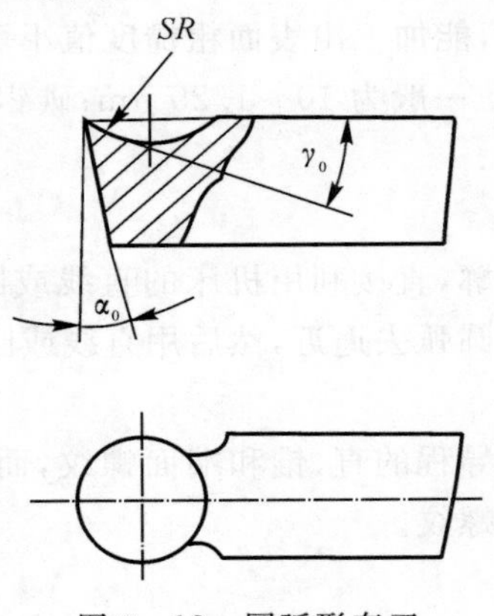

图 9-18　圆弧形车刀

(3)成形车刀

成形车刀俗称样板车刀，其加工零件的轮廓形状完全由车刀刀刃的形状和尺寸决定。在数控车削加工中，常见的成形车刀有小半径圆弧车刀、非矩形槽车刀和螺纹车刀等。在数控加工中，应尽量少用或不用成形车刀，当确有必要选用时，则应在工艺准备文件或加工程序单上进行详细说明。图 9-19 给出了常用的焊接式车刀的种类、形状和用途。

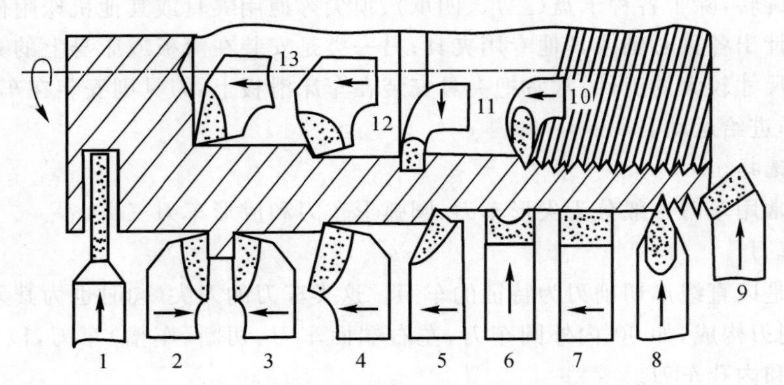

图 9-19　常用焊接式车刀的种类、形状和用途

1—切断刀；　2—90°左偏刀；　3—90°右偏刀；　4—弯头车刀；　5—直头车刀；　6—成形车刀；
7—宽刃精车刀；　8—外螺纹车刀；　9—端面车刀；　10—内螺纹车刀；　11—内槽车刀；　12—通孔车刀；　13—盲孔车刀

5. 切削用量的选择

数控编程时，编程人员必须确定每道工序的切削用量，并以指令的形式写入程序中。切削用量包括主轴转速、背吃刀量及进给速度。对于不同的加工方法，需要选用不同的切削用量。切削用量的选择应保证零件加工精度和表面粗糙度，充分发挥刀具的切削功能；保证合理的刀具耐用度，并充分发挥机床的性能；最大限度地提高生产率，降低成本。

(1)确定背吃刀量 a_p(mm)

背吃刀量根据机床、工件和刀具的刚度来确定。在刚度允许的条件下，应尽可能使背吃刀量等于工件的加工余量，这样可以减少走刀次数，提高生产效率。为了保证加工表面质量，可以留少许精加工余量，一般为0.2～0.5 mm。

按照上述方法确定的切削用量进行加工，工件表面的加工质量未必十分理想。因此，切削用量的具体数值还应根据机床性能、相关的手册并结合实际经验用模拟方法确定，使主轴转速、背吃刀量及进给速度三者能相互适应，以形成最佳切削用量。

(2) 确定主轴转速 n(r/min)

主轴转速 n 应根据允许的切削速度 v_c 和工件直径 d 来选择，有

$$v_c = \pi d n / 1\ 000$$

式中　n—— 工件或刀具的转速(r/min)；

v_c—— 切削速度(m/min)，由刀具的耐用度决定；

d—— 切削刃选定点处所对应的工件或刀具的回转直径(mm)。

数控车床加工螺纹时，因其传动链的改变，原则上转速只要能保证主轴每转一周时，刀具沿主轴进给轴(多为 Z 轴)方向移动一个螺距即可，不应受到限制，但数控车床车螺纹时，会受到以下几方面的影响。

①螺纹加工程序段中指令的螺距值，相当于以进给量 f(mm/r)表示的进给速度F，如果将机床的主轴转速选得过高，则其换算后的进给速度(mm/min)必定大大超过正常值。

②刀具在其位移过程中将受到伺服驱动系统升、降频率和数控装置插补运算速度的约束。由于升、降频率特性满足不了加工需要等原因，则可能因主进给运动产生的“超前”和“滞后”而导致部分螺牙的螺距不符合要求。

③车削螺纹必须通过主轴的同步运动功能而实现，即车削螺纹需要设置主轴脉冲发生器(编码器)。当其主轴转速选得过高时，通过编码器发出的定位脉冲(即主轴每转一周时所发出的一个基准脉冲信号)将可能因“过冲”(特别是当编码器的质量不稳定时)而导致工件螺纹产生乱纹(俗称“烂牙”)。

鉴于上述原因，不同的数控系统在车削螺纹时推荐使用不同的主轴转速范围。大多数经济型数控车床的数控系统推荐车螺纹时的主轴转速 n 为

$$n \leqslant \frac{1\ 200}{P} - k$$

式中　P—— 被加工螺纹的螺距(mm)；

k—— 保险系数，一般为80。

(3)确定进给速度 v_f(mm/min)

进给速度的大小直接影响表面粗糙度的值和车削效率，其大小值主要根据零件的加工精度和表面粗糙度要求，以及刀具、工件的材料性质选取，最大进给速度受机床刚度和进给系统的性能限制。确定进给速度应遵循下述原则。

①当工件的质量要求能够得到保证时，为了提高生产效率，可以选择较高的进给速度，一般在100～200 mm/min范围内选取。

②在切断、加工深孔或用高速钢刀具加工时，宜选择较低的进给速度，一般在20～50 mm/min范围内选取。

③当加工精度、表面粗糙度要求较高时，进给速度也应选小些，一般在20～50 mm/min范围内选取。

④当刀具空行程时，特别是远距离“回零”时，可以设定该机床数控系统设定的最高进给

速度。

计算进给速度时，按下式进行计算：

$$v_f = nf$$

式中 f—— 每转进给量(mm/r)，粗车时一般取 0.3 ～ 0.8 mm/r，精车时常取 0.1 ～ 0.3 mm/r，切断时常取 0.05 ～ 0.2 mm/r；

n—— 工件转速(r/mm)。

按上述原则和范围初定切削用量后，还应根据所选择的数控机床，结合实际加工情况进行圆整或调整后确定其切削用量。

9.2.6 数控车床编程

数控车床是一种高效的自动化加工设备，它严格按照加工程序、自动地对被加工工件进行加工。把从数控系统外部输入的直接用于加工的程序称为数控加工程序，简称为数控程序。编制数控程序是使用数控车床的一项重要技术工作。数控编程就是将加工零件的加工顺序、刀具运动轨迹的尺寸数据、工艺参数(主运动和进给运动速度、切削深度等)及辅助操作(换刀、主轴正反转、冷却液开关、刀具夹紧、松开等)等加工信息，用规范的文字、数字、符号组成代码，按一定格式编写成加工程序。理想的加工程序不仅应保证加工出符合图样要求的合格工件，而且应使数控机床的功能得到合理的应用和充分的发挥，使数控机床安全、可靠、高效地工作。在编制程序前，编程员应充分了解数控加工的特点，了解数控机床的规格、性能，以及数控系统所具备的功能及编程指令格式代码。

1.数控编程的内容与方法

在编制数控程序前，应首先了解数控程序编制的主要内容、工作步骤、每一步应遵循的工作原则等，最终才能获得满足要求的数控程序。

(1)数控编程的内容

数控车床能够自动加工出不同形状、不同尺寸及高精度的零件，这是因为数控车床可以按事先编制好的加工程序，经其数控装置"接受"和"处理"，实现对零件自动加工的控制。用数控车床加工零件时，首先要做的工作就是编制加工程序。从分析零件图样到获得数控车床所需控制介质(加工程序单或数控带等)的全过程，称为程序编制，其主要内容和一般流程如图9－20所示。

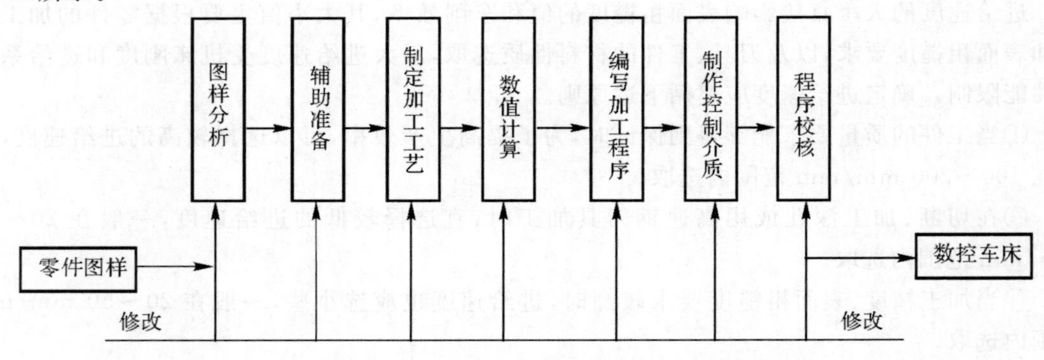

图 9－20　程序编制的主要内容和一般流程

①图样分析。根据加工零件图纸和技术文件，对零件的轮廓形状、有关尺寸精度、形状精度、基准、表面粗糙度、毛坯种类、件数、材料及热处理等项目要求进行分析，并形成初步的加工方案。

②辅助准备。根据图样分析确定机床坐标系、编程坐标系、刀具准备、对刀方法、对刀点位置及测定机械间隙等。

③制定加工工艺。拟定加工工艺方案，确定加工方法、加工路线与余量的分配、定位夹紧方式并合理选用机床、刀具、切削用量等。

④数值计算。在编制程序前，还需对加工轨迹的一些未知坐标值进行计算，作为程序输入的数据，主要包括数字换算、尺寸链计算、坐标计算和辅助计算等。对于复杂的加工曲线和曲面还需要使用计算机辅助计算。

⑤编写加工程序。根据确定的加工路线、刀具号、刀具形状、切削用量、辅助动作及数值计算的结果，按照数控车床规定使用的功能指令代码及程序段格式，逐段编写加工程序。此外，还应附上必要的加工示意图、刀具示意图、机床调制卡、工序卡等加工条件说明。

⑥制作控制介质。加工程序完成后，还必须将加工程序的内容记录在控制介质上，以便输入到数控装置中(如穿孔带、磁带机软盘等)，还可采用手动方式将程序输入给数控装置。

⑦程序校核。加工程序必须经过校核和试切削才能正式使用，通常可以通过数控车床的空运行来检查程序格式有无出错；或用模拟仿真软件来检查刀具加工轨迹的正误，根据加工模拟轮廓的形状，与图纸对照检查。但是，这些方法仍无法检查出刀具偏置误差和编程计算不准而造成的零件误差大小及切削用量的选用是否合适、刀具断屑效果和工件表面质量是否达到要求等，所以必须采用首件试切的方法来进行实际效果的检查，以便对程序进行修正。

(2)数控编程的方法

数控加工程序的编制方法主要有两种：手工编程和自动编程。

①手工编程。手工编程指主要由人工来完成数控编程中各个阶段的工作。一般，几何形状不太复杂的零件，所需的加工程序不长，计算比较简单，用手工编程比较合适。

②自动编程。自动编程是指在编程过程中，除了分析零件图样和制定工艺方案由人工进行外，其余工作均由计算机辅助完成。

2.数控机床坐标系

在数控编程时，为了描述机床的运动、简化程序编制的方法及保证记录数据的互换性，数控机床的坐标系和运动方向均已标准化。

关于数控机床坐标轴名称及正负方向，我国已制定了JB3015—1982《数控机床和运动方向的命名》数控标准，它与ISO841相同。标准坐标系采用右手直角笛卡尔坐标系，如图9-21所示。它确定了直角坐标X,Y,Z三者的关系及其方向，并规定围绕X,Y,Z各轴的回转运动的命名及方向。大拇指指向为X轴的正方向，食指指向为Y轴的正方向，中指指的为Z轴的正方向。用A,B,C分别表示绕X,Y,Z轴的旋转运动，其运动的正方向可按右手螺旋定则确定，以大拇指指向$+X$，$+Y$，$+Z$方向，食指、中指指向就是圆周进给运动的$+X$，$+Y$，$+Z$方向。在此坐标系中，车床主轴方向为Z轴，平行于横向点运动方向(工件径向)为X轴，不论Z轴与X轴，凡刀具离开工件的方向为正向，接近工件方向为负向，如图9-22所示。

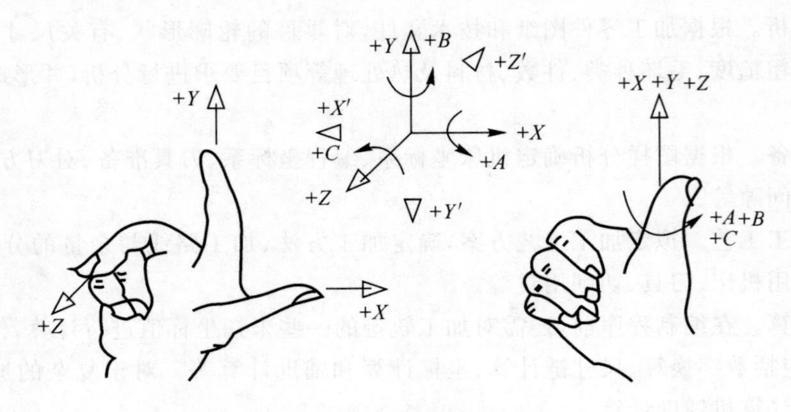

图 9-21　坐标轴的方向

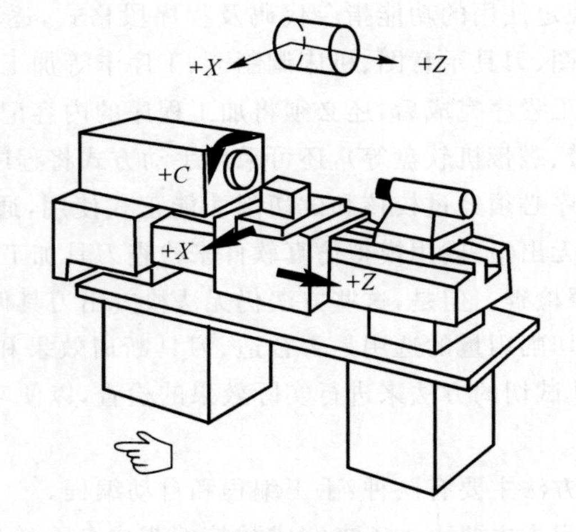

图 9-22　数控车床坐标系

为了自动完成加工过程，工件和刀具总是作相对运动的。在数控编程中规定：假定工件固定不动，全部由刀具运动实现加工编程，刀具运动的控制方式有点位控制、直线控制和轮廓控制三种。

3. 编程概述

一般可将编程功能分为两类，一类用来实现刀具轨迹控制，即各进给轴的运动，如直线/圆弧插补、进给控制、坐标原点偏置及变换、尺寸单位设定、刀具偏置及补偿等，这类功能被称为准备功能，以字母 G 及两位数字组成，也称为 G 代码；另一类功能被称为辅助功能，用来完成程序的执行控制、主轴控制、刀具控制、辅助设备控制等。在这些辅助功能中，T 代码用于选刀，S 代码用于控制主轴转速，F 代码用于控制进给速度，其他功能由字母 M 与两位数字组成的 M 代码来实现。

(1)准备功能

这里以配置华中数控“世纪星”数控系统（HNC-21T）的车床为例，介绍其使用的准备功能，即 G 代码及其功能（见表 9-1）。

表 9-1　HNC-21T 的 G 代码及其功能

G代码	组	功　能	参数(后续地址字)
G00	01	快速定位	X,Z
▼ G01		直线插补	同上
G02		顺圆插补	X,Z,I,K,R
G03		逆圆插补	同上
G04	00	暂停	P
G20	08	英寸输入	
▼ G21		毫米输入	
G28	00	返回到参考点	X,Z
G29	00	由参考点返回	同上
G32	01	螺纹切削	X,Z,R,E,P,F
▼ G36	17	直径编程	
G37		半径编程	
▼ G40	09	刀尖半径补偿取消	
G41		左刀补	D
G42		右刀补	D
G53	00	直接机床坐标系编程	
▼ G54	—	坐标系选择	
G55		坐标系选择	
G56	11	坐标系选择	
G57		坐标系选择	
G58		坐标系选择	
G59		坐标系选择	
G71	06	外径/内径车削复合循环	
G72		端面车削复合循环	X,Z,U,W,C,P,Q,R,E
G73		闭环车削复合循环	
G76		螺纹切削复合循环	
G80	01	内/外径车削固定循环	X,Z,I,K,C,P,R,E
G81		端面车削固定循环	
G82		螺纹切削固定循环	
▼ G90	13	绝对值编程	
G91		增量值编程	

续 表

G代码	组	功 能	参数(后续地址字)
G92	00	工件坐标系设定	X,Z
G94	14	每分钟进给	
G95		每转进给	
▼ G96	16	恒线速度有效	S
G97		取消恒线速度	

注意:图中标有▼号的G代码是上电时的初始状态。

由表9-1可以看出,G代码被分为了不同的组,这是由于大多数的G代码是模态的原因。所谓模态G代码,是指这些G代码不只在当前的程序段中起作用,而且在以后的程序段中一直起作用,直到出现另一个同组的G代码为止。同组的模态G代码控制同一个目标但起不同的作用,它们之间是不相容的。00组的G代码是非模态的,即这些G代码只在它们所在的程序段中起作用。G01和G00,G90和G91上电时的初始状态由参数决定。

如果程序中出现了未列在表中的G代码,则系统会显示报警。

同一程序段中可以有几个G代码出现,但当两个或两个以上的同组G代码出现时,最后出现的一个(同组的)G代码有效。

(2)辅助功能

车床用S代码对主轴转速进行编程,用F代码对进给速度进行编程,用T代码进行选刀编程,其他可编程辅助功能由M代码来实现。HNC-21T的M代码及其功能见表9-2,一般,一个程序段中最多可以有一个M代码。

表9-2　HNC-21T的M代码及其功能

代 码	模 态	功能说明	代 码	模 态	功能说明
M00	非模态	程序停止	M03	模态	主轴正转启动
M02	非模态	程序结束	M04	模态	主轴反转启动
M30	非模态	程序结束并返回程序起点	M05	▼模态	主轴停止转动
			M06	非模态	换刀
M98	非模态	调用子程序	M07	模态	切削液打开
M99	非模态	子程序结束	M09	▼模态	切削液停止

4.主轴功能、进给功能和刀具功能

(1)主轴功能S

主轴功能S控制主轴转速,其后的数值表示主轴速度。由于车床的工件安装在主轴上,所以主轴转速即为工件旋转的速度。

主轴转速的单位依G96,G97而不同。

①若采用G96编程,则为恒切削线速度控制,S之后指定切削线速度,单位为m/min。

②若采用 G97 编程，则取消恒切削线速度控制，S 之后指定主轴转速，单位为 r/min。

③在恒切削线速度控制下，一般要限制最高主轴转速，如设定超过了最高转速，则要使主轴转速等于最高转速。

S 是模态指令，S 功能只有在主轴转速可调节时才有效。

借助操作面板上的主轴倍率开关，指定的速度可在一定范围内进行倍率修调。

(2)进给功能 F

F 指令表示加工工件时刀具对于工件的合成进给速度，F 的单位取决于 G94(每分钟进给量，单位为 mm/min)或 G95(主轴每转的刀具进给量，单位为 mm/r)。

(3)刀具功能 T

T 代码用于选刀，其后的 4 位数字分别表示选择的刀具号和刀具补偿号。T 代码与刀具的关系是由机床制造厂规定的，数控系统在执行 T 指令时，首先转动转塔刀架，直到选中了指定的刀具为止。当一个程序段同时包含 T 代码与刀具移动指令时，先执行 T 代码指令，然后执行刀具的移动指令。在执行 T 指令的同时，数控系统自动调入刀补寄存器中的补偿值。

5. 编程方式的选定

(1)直径方式编程指令 G36 和半径方式编程指令 G37

格式：G36

G37

说明：该组指令用于选择编程方式。其中，G36 为直径编程；G37 为半径编程。

数控车床的工件外形通常是旋转体，其 X 轴尺寸可以用两种方式加以指定，即直径方式和半径方式。G36 为默认值，数控车床出厂时一般设为直径方式编程。

例 9.2 直径编程。

G36 G91 G01 X－100.00 是指刀具在 X 向进给 50 mm。

G36 G90 G01 X100.00 是指刀具在 X 向进给至 ϕ100 mm 处。

提示：

①当使用直径方式编程时，圆弧参数(如半径 R，圆心 I，K)仍用半径值标明；

②如无特殊说明，后述编程实例均采用直径方式编程。

(2)绝对值编程指令 G90 与相对值编程指令 G91

格式：G90

G91

说明：该组指令用于选择编程方式。其中，G90 为绝对值编程；G91 为相对值编程。

采用 G90 编程时，编程坐标轴 X，Z 上的编程值是相对于程序原点(G92 建立的工件坐标系原点，或 G54～G59 选定的工件坐标系原点，或 G52 指令的局部坐标系原点，或 G53 指令的机床坐标系原点)的坐标值。

采用 G91 编程时，编程坐标轴 X，Z 上的编程值是相对于前一位置而言的，该值等于沿轴移动的距离，与当前的编程坐标无关。

G90，G91 为模态指令，可相互注销；G90 为默认值。

G90，G91 可用于同一程序段中，但要注意其顺序所造成的差异。

提示：采用 G90 编程时，也可用 U，W 表示 X，Z 轴的增量值。

例 9.3 如图 9－23 所示的工件，分别使用 G90，G91 编程，要求刀具由原点按顺序移动到

1,2,3 点,然后回到原点。

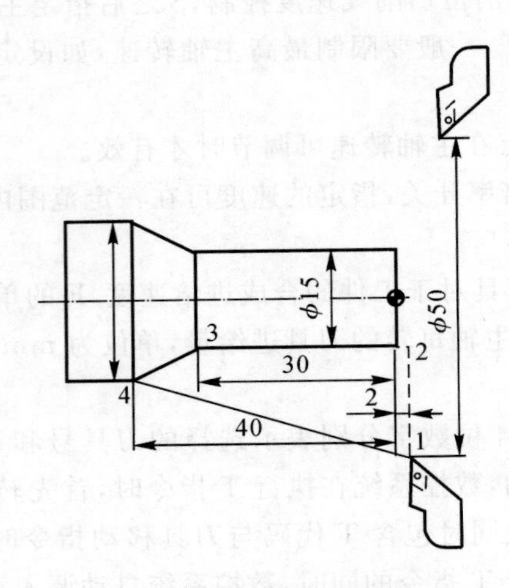

图 9-23　G90,G91 编程实例

绝对编程	增量编程	混合编程
%0001	%0001	%0001
T0101	T0101	T0101
M03 S100	M03 S100	M03 S100
(G90)G00X50Z2	G91G00X－35Z0	(G90)G00X50Z2
G01X15(Z2)	(X0)Z－32	G01X15(Z2)
(X15)Z－30	X10Z－10	Z－30
X25Z－40	X25Z42	U10Z－40
X50Z2	M30	X50W42
M30		M30

选择合适的编程方式可以使编程简化。当图纸尺寸由一个固定基准给定时,采用绝对方式编程较为方便;当图纸尺寸以轮廓顶点之间的间距给出时,采用相对方式编程较为方便。

6. 坐标系的设定与选择

(1)工件坐标系设定指令 G92

格式:G92X_Z_

说明:G92 通过设定对刀点与工件坐标系原点的相对位置来建立工件坐标系。其中,X,Z 分别为设定的工件坐标系原点到对刀点的有向距离;G92 指令为非模态指令,但其建立的工件坐标系在被新的工件坐标系取代前一直有效。

例 9.4　使用 G92 编程,建立如图 9-24 所示的工件坐标系。

G92　X80　Z120

执行此程序段只建立工件坐标系,并不产生刀具与工件的相对运动。显然,当改变刀具位置,即刀具当前点不在对刀点位置上时,在执行程序段"G92 X_Z_"前,应先进行对刀操作。

(2)工件坐标系选择指令 G54～G59

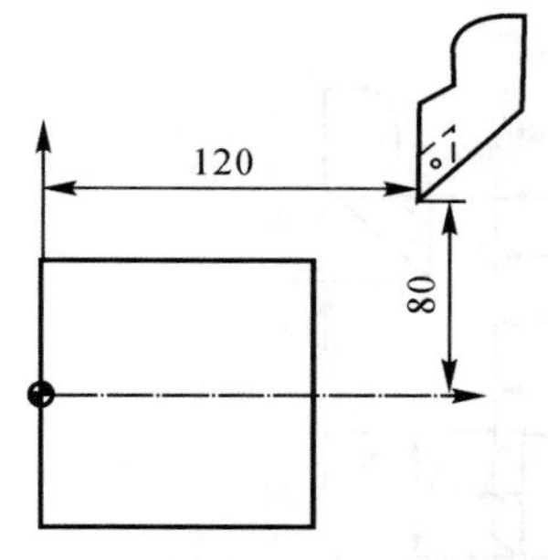

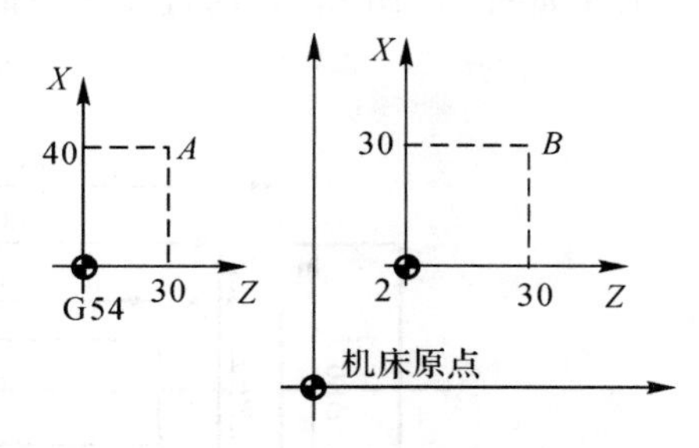

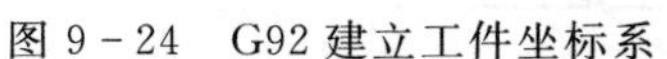

图 9-24　G92 建立工件坐标系　　　　图 9-25　使用工件坐标系编程

例 9.5　如图 9-25 所示，使用工件坐标系编程。要求刀具从当前点移动到 A 点，再从 A 点移动到 B 点。

当前点→A→B

```
%0004
N01 G54 G00 G92 X40 Z30
N02 G59
N03 G00 X30 Z30
N04 M30
```

(3)直接机床坐标系编程指令 G53

格式:G53

说明:G53 使用机床坐标系编程。在含有 G53 的程序段中，绝对值编程时的指令是在机床坐标系中的坐标值。

G53 指令为非模态指令。

7. 进给控制指令

(1)快速定位指令 G00

格式:G00 X(U)_Z(W)_

说明:G00 指定刀具相对于工件以各轴预先设定的快速移动速度，从当前位置快速移动到程序段指定的定位终点(目标点)。

其中，在 G90 时，X，Z 为定位终点在工件坐标系中的坐标；在 G91 时，X，Z 为定位终点相对于起点的位移量；在 G90，G91 时，U，W 均为定位终点相对于起点的位移量。

G00 一般用于加工前快速定位趋近加工点或加工后快速退刀，以缩短加工辅助时间，但不能用于加工过程。

G00 为模态指令，可以由 G01，G02，G03 或 G32 指令注销。

(2)线性进给(直线插补)指令 G01

格式:G01X(U)_Z(W)_F_

说明:G01 指令刀具以联动的方式，按 F 规定的合成进给速度，从当前位置按线性路线(联动直线轴的合成轨迹为直线)移动到程序段指定的终点。

其中，在 G90 时，X，Z 为线性进给终点在工件坐标系中的坐标；在 G91 时，X，Z 为线性进给终点相对于起点的位移量；在 G90，G91 时，U，W 均为线性进给终点相对于起点的位移量。

G01 为模态指令，可以由 G00，G02，G03 或 G32 指令注销。

例 9.6 工件如图 9－26 所示，用直线插补指令编程。

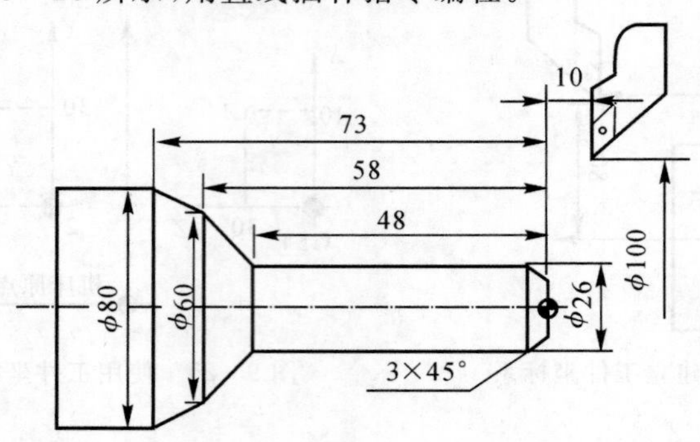

图 9－26 G01 编程实例

```
%0005
T0101                       ;选定坐标系，选 1 号刀
G00 X100 Z10                ;快速定位到起点
G00 X16 Z2 M03 S500         ;快速移动到倒角延长线，Z 轴 2mm 处
G01 U10 W－5 F300           ;倒角
Z－48                       ;车削加工外圆
U34 W－10                   ;车削第一段锥
U20 Z－73                   ;车削第二段锥
X90                         ;退刀
G00 X100 Z10                ;回起点
M05
M30
```

例 9.7 用 G01 指令编程，粗、精加工如图 9－27 所示的零件。

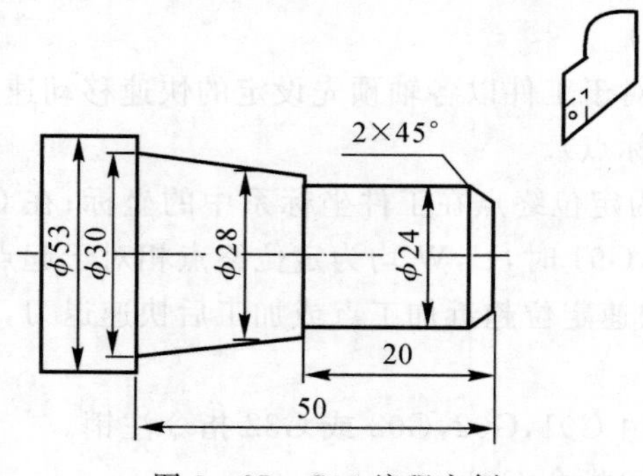

图 9－27 G01 编程实例

```
%0006
T0101
M03 S500
G00 X100 Z40
G00 X31 Z3                  ;移动到切入点
```

```
G01 Z-50 F100          ;粗车φ30的外圆
G00 X36                ;退刀
Z3
X25
G01 Z-20 F100          ;粗车φ24的外圆
G00 X36                ;退刀
Z3
X15
G01 U14 W-7 F100       ;粗倒角
G00 X36
X100 Z40
T0202
G00 X100 Z40
G00 X14 Z3
G00 X24 Z-2 F800       ;精倒角
Z-20                   ;精车φ24的外圆
X28                    ;精车端面
X30 Z-50               ;精车锥面
G00 X36                ;退刀
X80 Z10
M30
```

(3)圆弧进给(插补)指令 G02,G03

格式:$\begin{cases}G02\\G03\end{cases}$ X(U)_Z(W)_ $\begin{cases}I\_K\_\\R\_\end{cases}$ F_

说明:G02,G03 指令刀具以联动方式,按 F 规定的合成进给速度,从当前位置按顺、逆时针圆弧路线(联动轴的合成轨迹为圆弧)移动到程序段指令的终点。

其中:G02 为顺时针圆弧插补;G03 为逆时针圆弧插补。

提示:顺时针或逆时针是从垂直于圆弧所在平面的坐标轴的正方向看到的回转方向;同时编入 R 与 I,K 值时,R 有效。

例 9.8 工件如图 9-28 所示,用圆弧插补指令编程。

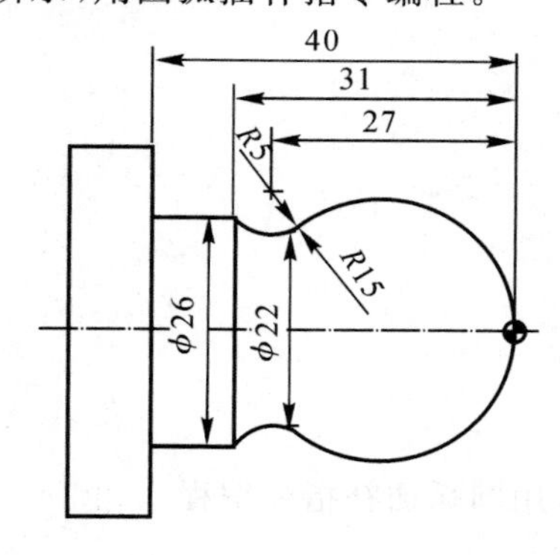

图 9-28 G02,G03 编程实例

```
%0007
N10 T0101                    ;选1号刀
N20 G00 X40 Z5               ;移动到起始点的位置
N30 M03 S400                 ;主轴以400r/min旋转
N40 G00 X0                   ;到达工件中心
N50 G01 Z0 F260              ;接触工件毛坯
N60 G03 U24 W-24 R15         ;加工R15的圆弧段
N70 G02 X26 Z-31 R5          ;加工R5的圆弧段
N80 G01 Z-40                 ;加工φ26的外圆
N90 X40
N100 Z5                      ;回起始点
N110 M30                     ;主轴停,主程序结束并复位
```

例 9.9 如图 9-29 所示,用圆弧插补指令编程。

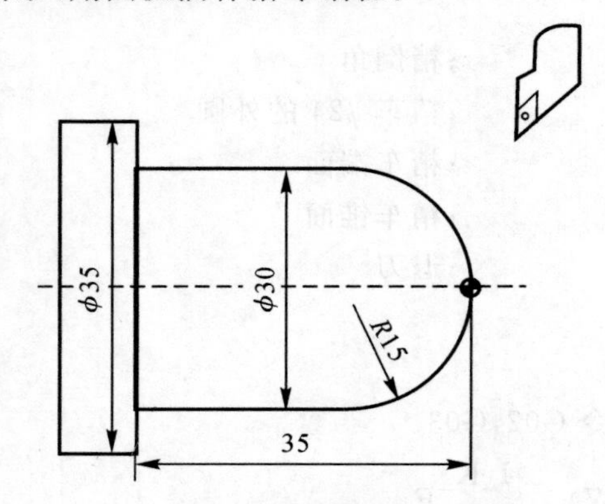

图 9-29 用圆弧插补指令编程

```
%0008
N10 T0101
N20 M03 S400
N30 G00 X90 Z20
N40 G00 X0 Z3
N50 G01 Z0 F100
N60 G03 X30 Z-15 R15
N70 G01 Z-35
N80 X36
N90 G00 X90 Z20
N100 M05
N110 M30
```

例 9.10 如图 9-30 所示,用圆弧插补指令编程。

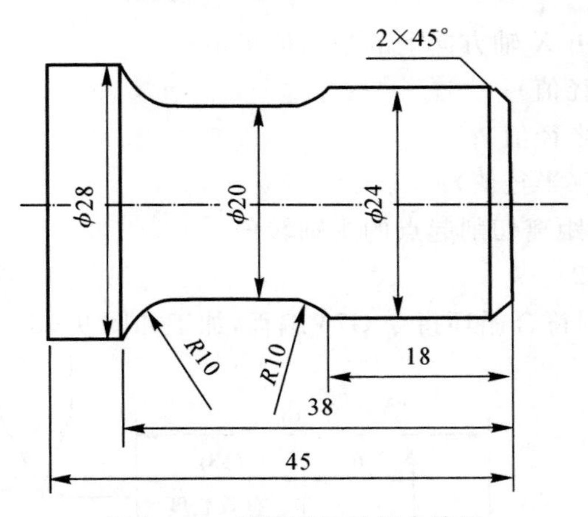

图9-30 用圆弧插补指令编程

%0009
N10 T0101
N20 M03 S400
N30 G00 X90 Z10
N40 G00 X14 Z3
N50 G01 X24 Z−2 F100
N60 Z−18
N70 G02 X20 Z−24 R10
N80 G01 Z−30
N90 G02 X28 Z−38 R10
N100 G01 Z−45
N110 G00 X30
N120 X90 Z10
N130 M30

(4)螺纹切削 G32

格式:G32X(U)_Z(W)_R_E_P_F_

说明:G32 指令用于加工圆柱形螺纹、锥螺纹和端面螺纹。

(5)螺纹切削复合循环 G76

格式:G76C_R_E_A_X_Z_I_K_U_V_Q_P_F_

其中:C 为精整次数(1～99),为模态值;

R 为螺纹 Z 向退尾长度(00～99),为模态值;

E 为螺纹 X 向退尾长度(00～99),为模态值;

A 为刀尖角度(两位数字),为模态值,在 80°,60°,55°,30°,29°和 0°的 6 个角度中选一个,通常用 α 表示;

在 G90 编程时,X,Z 为有效螺纹终点 C 的坐标;在 G91 编程时,X,Z 为有效螺纹终点相对循环起点 A 的有向距离;

I 为螺纹两端的半径差,如 I=0,则为直螺纹(圆柱螺纹)切削方式;

K 为螺纹高度,该值由 X 轴方向上的半径值指定;

U 为精加工余量(半径值);

V 为最小切削深度(半径值);

Q 为第一次切削深度(半径值);

P 为主轴基准脉冲处距离切削起点的主轴转角;

F 为螺纹导程(同 G32)。

例 9.11 用螺纹切削符合循环指令 G76 编程,加工如图 9-31 所示的螺纹结构。

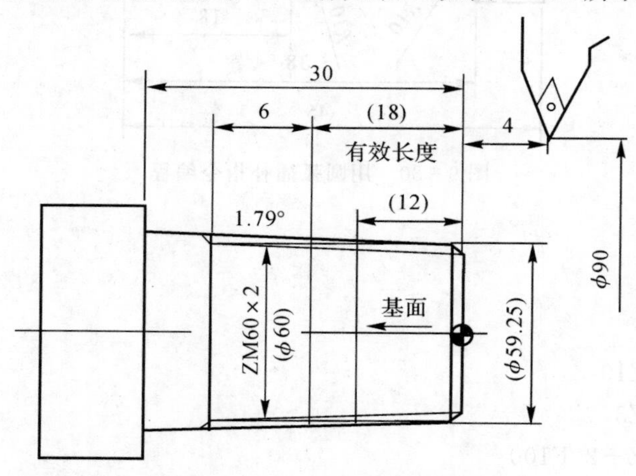

图 9-31 G76 循环切削螺纹

```
%0010
N10  T0101                                   ;选 1 号刀
N20  G00  X100  Z100                         ;到程序起点或换刀点位置
N30  M03  S400                               ;主轴以 400r/min 旋转
N40  X90  Z4                                 ;到简单循环起点位置
N50  G80  X61.125  Z-30  I-1.063  F80        ;加工锥螺纹外表面
N60  G00  X100  Z100                         ;到程序起点或换刀位置
N70  T0202                                   ;换 2 号刀
N80  G00  X90  Z4                            ;到螺纹循环起点位置
N90  G76  C2  R-3  E1.3  A60  X58.15  Z-24  I-0.875  K1.299  U0.1  V0.1  Q0.9  F2
N100  G00  X100  Z100                        ;返回程序起点位置或换刀点位置
N110  M30                                    ;主轴停,主程序结束并复位
```

(6)倒角加工

①直线后倒直角。

格式:G01 X(U)_Z(W)_C_

说明:该指令用于直线后倒直角,指令刀具从当前直线段起点经该直线上中间点,倒直角到下一段的点。

②直线后倒圆角。

格式:G01 X(U)_Z(W)_R_

说明:该指令用于直线后倒圆角,指令刀具从当前直线段起点经该直线上中间点,倒直角到下一段的点。

例 9.12　用倒角指令编制如图 9-32 所示工件的加工程序。

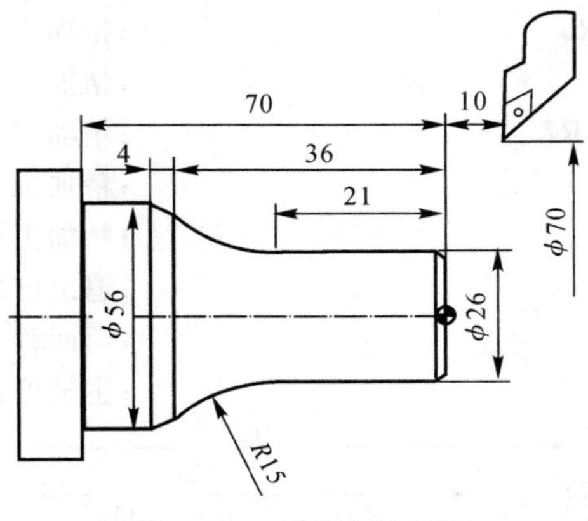

图 9-32　倒角编程实例

```
%0011
N10 T0101                        ;选 1 号刀
N20 G00 X70 Z10                  ;移动到起始点的位置
N30 M03 S400                     ;主轴以 400 r/min 旋转
N40 G00 X0 Z4                    ;到达工件中心
N50 G01 W-4 F100                 ;接触工件毛坯
N60 X26 C3                       ;倒 3×45°的直角
N70 Z-21                         ;加工 ϕ26 外圆
N80 G02 U30 W-15 R15 RL=4        ;加工 R15 的圆弧,并倒边长 4 mm 的直角
N90 G01 Z-70                     ;加工 ϕ56 的外圆
N100 G00 U10                     ;退刀,离开工件
N110 X70 Z10                     ;返回程序起点位置
N110 M30                         ;主轴停,主程序结束并复位
```

(7)闭环车削复合循环 G73

格式:G73 U_W_R_P_Q_X_Z_F_S_T_

例 9.13　编制如图 9-33 所示零件的加工程序。设切削起点在 $A(60,5)$;X,Z 方向粗加工余量分别为 3 mm,0.9 mm;粗加工次数为 3;X,Z 方向精加工余量分别为 0.6 mm,0.1 mm。其中点画线部分为工件毛坯。

```
%0012
N1 T0101                                   ;选 1 号刀
N2 G00 X80 Z80                             ;到程序起点位置
N3 M03 S400                                ;主轴以 400 r/min 旋转
N4 G00 X60 Z5                              ;到简单循环起点位置
N5 G73 U3 W0.9 R3 P6 Q13 X0.6 Z0.1 F120    ;闭环粗切循环加工
```

N6 G00 X0Z3 ;精加工轮廓开始，到倒角延长线处
N7 G01 U10 Z－2 F80 ;倒角加工 2×45°角
N8 Z－20 ;精加工 ϕ20 外圆
N9 G02 U10 W－5 R5 ;精加工 $R5$ 圆弧
N10 G01 Z－35 ;精加工 ϕ20 外圆
N11 G03 U14 W－7 R7 ;精加工 $R7$ 圆弧
N12 G01 Z－52 ;精加工 ϕ34 外圆
N13 U10 W－10 ;精加工锥面
N14 U10 ;退出已加工表面，精加工轮廓结束
N15 G00 X80 Z80 ;返回程序起点位置
N16 M30 ;主轴停，主程序结束并复位

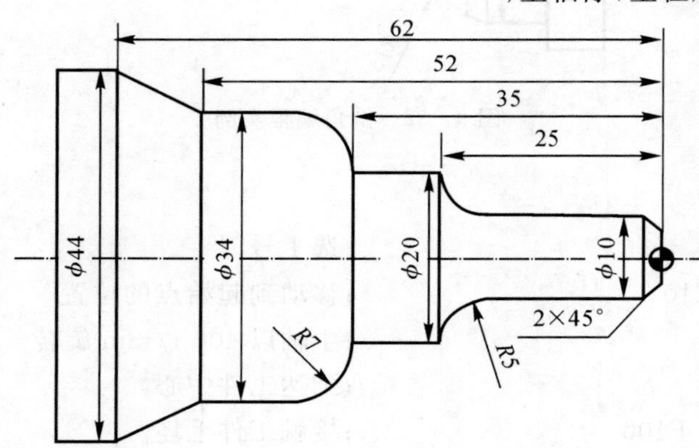

图 9－33 G73 编程实例

(8)有凹槽内外径粗车复合循环 G71

格式：G71 U_R_P_Q_X_Z_F_S_T_

例 9.14 用有凹槽的外径粗加工复合循环编制图 9－34 所示零件的加工程序。

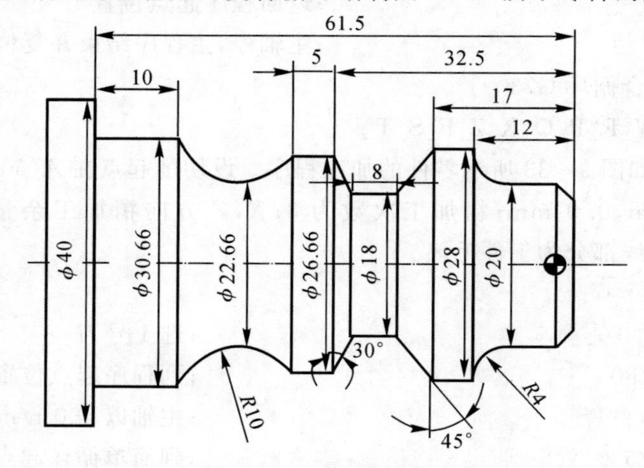

图 9－34 G73 编程实例

```
%0013
N1 T0101                              ;选1号刀
N2 G00 X80 Z100                       ;到程序起点位置
N3 M03 S400                           ;主轴以400 r/min旋转
N4 G00 X42 Z3                         ;到循环起点位置
N5 G71 U1 R1 P8 Q19 E0.3 F100         ;有凹槽粗切循环加工
N6 G00 X80Z100                        ;粗加工后,到换刀点位置
N7 T0202                              ;换2号刀
N8 G00 G42 X42 Z3                     ;圆弧半径补偿
N9 G00 X10                            ;精加工轮廓开始,到倒角延长线处
N10 G01 X20 Z-2 F80                   ;精加工倒2×45°角
N11Z-8                                ;精加工φ20外圆
N12 G02 X28 Z-12 R4                   ;精加工R4圆弧
N13 G01 Z-17                          ;精加工φ28外圆
N14 U-10 W-5                          ;精加工下切锥
N15 W-8                               ;精加工φ18外圆槽
N16 U8.66 W-2.5                       ;精加工上切锥
N17 Z-37.5                            ;精加工φ26.66外圆
N18 G02 X30.66 W-14 R10               ;精加工R10下切圆弧
N19 G01 W-10                          ;精加工φ30.66外圆
N20 X40                               ;退出已加工表面,精加工轮廓结束
N21 G00 G40 X80 Z100                  ;取消半径补偿,返回换刀点位置
N21 M30                               ;主轴停,主程序结束并复位
```

9.2.7 数控车床的上电、启动和急停

1. 上电

上电部分主要包括以下内容：

①检查机床状态是否正常；

②检查电源电压是否符合要求,接线是否正确；

③按下“急停”按钮；

④机床上电；

⑤数控上电；

⑥检查风扇电机运转是否正常；

⑦检查面板上的指示灯是否正常。

2. 复位

系统上电进入软件操作界面时,系统的工作方式为“急停”,为控制系统运行,需左旋并拔起操作台右上角的“急停”按钮使系统复位,并接通伺服电源。系统默认进入“回参考点”方式,软件操作界面的工作方式变为“回零”。

3. 返回机床参考点

控制机床运动的前提是建立机床坐标系，为此，系统接通电源、复位后首先应进行机床各轴返回参考点的操作。其操作方法如下：

①如果系统显示的当前工作方式不是回零方式，按一下控制面板上面的“回零”按键，确保系统处于“回零”方式。

②根据 X 轴机床参数“回参考点方向”，按一下“$+X$”（“回参考点方向”为“+”）或“$-X$”（“回参考点方向”为“−”），X 轴回到参考点后，“$+X$”或“$-X$”按键内的指示灯亮。

③用同样的方法使用“$+Z$”“$-Z$”按键，可以使 Z 轴回参考点。所有轴回参考点后，即建立了机床坐标系。

4. 急停

机床运行过程中，在危险或紧急情况下，按下“急停”按钮，CNC 即进入急停状态，伺服进给及主轴运转立即停止工作（控制柜内的进给驱动电源被切断）；松开“急停”按钮（左旋此按钮，自动跳起），CNC 进入复位状态。

解除紧急停止前，先确认故障原因是否排除，且紧急停止解除后应重新执行回参考点操作，以确保坐标位置的正确性。

注意：在上电和关机之前应按下“急停”按钮以减少设备电冲击。

5. 关机

①按下控制面板上的“急停”按钮，断开伺服电源。

②断开数控电源。

③断开机床电源。

9.3 数控铣床

数控铣床是一种用途广泛的数控机床。数控铣床是在普通铣床上集成了数字控制系统，可以在程序代码的控制下较精确地进行铣削加工的机床，特别适合于加工凸轮、模具、螺旋桨等形状复杂的零件，在汽车、模具、航空航天、军工等行业得到了广泛的应用。数控铣床在制造业中具有重要的地位，目前发展起来的加工中心也是在数控铣床的基础上产生的。由于数控铣削工艺较复杂，需要解决的技术问题也较多，因此，铣削也是研究机床和开发数控系统及自动编程软件系统的重点。

9.3.1 数控铣床的分类

数控铣床是在一般铣床的基础上发展起来的，两者的加工工艺基本相同，但数控铣床是靠程序控制的自动加工机床，所以其结构也与普通铣床有很大区别。

1. 按主轴的位置分类

(1)数控立式铣床

数控立式铣床在数量上占大多数，应用范围也最广。从机床数控系统控制的坐标数量来看，目前三坐标数控立铣仍占大多数；一般可进行三坐标联动加工，但也有部分机床只能进行 3 个坐标中的任意两个坐标联动加工。此外，四坐标和五坐标数控立铣机床主轴可以绕 X，Y，Z 坐标轴中的其中一个或两个轴作旋转运动。

(2)数控卧式铣床

与通用卧式铣床相同,其主轴轴线平行于水平面。为了扩大加工范围和扩充功能,卧式数控铣床通常采用增加数控转盘或万能数控转盘来实现四、五坐标加工。这样,不但工件侧面上的连续回转轮廓可以加工出来,而且可以实现在一次安装中,通过转盘改变工位,进行"四面加工"。

(3)立卧两用数控铣床

目前,这类数控铣床已不多见,由于这类铣床的主轴方向可以更换,能达到在一台机床上既可以进行立式加工,又可以进行卧式加工,而同时具备上述两类机床的功能,其使用范围更广,功能更全,选择加工对象的余地更大,且给用户带来不少方便。

2.按构造分类

(1)工作台升降式数控铣床

这类数控铣床采用工作台移动、升降,而主轴不动的方式。小型数控铣床一般采用此种方式。

(2)主轴头升降式数控铣床

这类数控铣床采用工作台纵向和横向移动,且主轴沿垂向溜板上下运动,主轴头升降式数控铣床在精度保持、承载重量、系统构成等方面具有很多优点,已成为数控铣床的主流。

(3)龙门式数控铣床

这类数控铣床主轴可以在龙门架的横向与垂向溜板上运动,而龙门架则沿床身作纵向运动。大型数控铣床,因要考虑到扩大行程、缩小占地面积及刚性等技术上的问题,往往采用龙门架移动式。

3.按数控系统的功能分类

(1)经济型数控铣床

经济型数控铣床一般采用经济型数控系统,采用开环控制,可以实现三坐标联动。这种数控铣床成本较低,功能简单,加工精度不高,适用于一般复杂零件的加工,一般有工作台升降式和床身式两种类型。

(2)全功能数控铣床

全功能数控铣床采用半闭环控制或闭环控制,其数控系统功能丰富,可以实现4个坐标以上的联动,加工适应性强,应用最广泛。

(3)高速铣削数控铣床

高速铣削是数控加工的一个发展方向,该技术已经比较成熟,已逐渐得到广泛的应用。这种数控铣床采用全新的机床结构、功能部件和功能强大的数控系统,并配以加工性能优越的刀具系统,可以对大体积的曲面进行高效率、高质量的加工。但目前这种机床价格昂贵,使用成本比较高。

9.3.2　数控铣床的主要功能

各种类型数控铣床所配置的数控系统虽然各有不同,但各种数控系统的功能,除一些特殊功能不尽相同外,其主要功能基本相同。

1.点位控制功能

此功能可以实现对相互位置精度要求很高的孔系加工。

2. 连续轮廓控制功能

此功能可以实现直线、圆弧的插补功能及非圆曲线的加工。

3. 刀具半径补偿功能

此功能可以根据零件图样的标注尺寸来编程，而不必考虑所用刀具的实际半径尺寸，从而减少编程时的复杂数值计算。

4. 刀具长度补偿功能

此功能可以自动补偿刀具的长短，以适应加工中对刀具长度尺寸调整的要求。

5. 比例及镜像加工功能

比例功能可将编好的加工程序按指定比例改变坐标值来执行。镜像加工又称轴对称加工，如果一个零件的形状关于坐标轴对称，那么只要编出一个或两个象限的程序，而其余象限的轮廓就可以通过镜像加工来实现。

6. 旋转功能

该功能可将编好的加工程序在加工平面内旋转任意角度来执行。

7. 子程序调用功能

有些零件需要在不同的位置上重复加工同样的轮廓形状，将这一轮廓形状的加工程序作为子程序，在需要的位置上重复调用，就可以完成对该零件的加工。

8. 宏程序功能

该功能可用一个总指令代表实现某一功能的一系列指令，并能对变量进行运算，使程序更具灵活性和方便性。

9.3.3 数控铣床的加工特点

数控铣削加工范围广，它具有下述独特之处。

①零件加工的灵活性好、适应性强，能加工轮廓形状特别复杂或难以控制尺寸的零件，例如，壳体类零件、模具类零件等。

②能加工普通机床无法加工或很难加工的零件，例如，用数学模型描述的复杂曲线零件以及三维空间曲面类零件。

③加工质量稳定可靠、精度高。

④能加工一次装夹定位后，需进行多道工序加工的零件。

⑤生产自动化程度高，可以减轻操作者的劳动强度，有利于生产管理自动化。

⑥具有良好的耐磨性、抗冲击性与韧性。

⑦生产效率高。

9.3.4 数控铣床的加工工艺范围

铣削加工是机械加工中最常用的加工方法之一，它主要包括平面铣削和轮廓铣削，也可以对零件进行钻、扩、铰、镗、锪加工及螺纹加工等。数控铣削主要适合于下列几类零件的加工。

1. 平面类零件

平面类零件是指加工面平行或垂直于水平面，以及加工面与水平面的夹角为一定值的零件，这类加工面可展开为平面。图 9-35 所示的 3 个零件均为平面类零件。其中，曲线轮廓面

A垂直于水平面，可采用圆柱立铣刀加工。凸台侧面B与水平面成一定角度，这类加工面可以采用专用的角度成形铣刀来加工。对于斜面C，当工件尺寸不大时，可用斜板垫平后加工；当工件尺寸很大，斜面坡度又较小时，也常用行切加工法加工，这时会在加工面上留下进刀时的刀锋残留痕迹，要用钳修方法加以清除。

2. 直纹曲面类零件

直纹曲面类零件是直线依某种规律的移动所产生的曲面类零件。当采用四坐标或五坐标数控铣床加工直纹曲面类零件时，加工面与铣刀圆周接触的瞬间为一条直线。它也可在三坐标数控铣床上采用行切加工法实现近似加工。

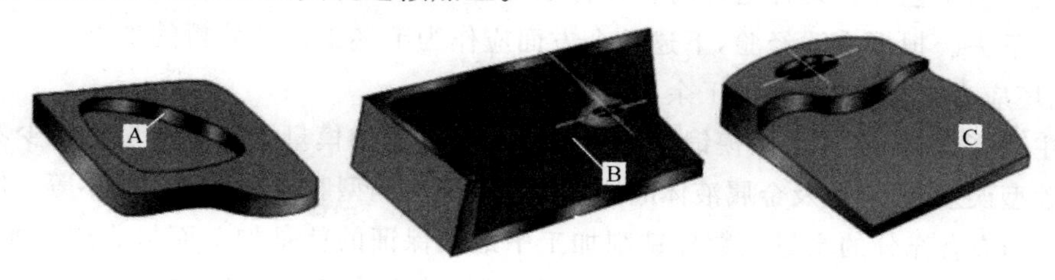

图9-35　平面类零件

3. 立体曲面类零件

立体曲面类零件是指加工面为空间曲面的零件，它的加工面不能展开成平面，一般使用球头铣刀切削，加工面与铣刀始终为点接触，若采用其他刀具加工，易于产生干涉而铣伤邻近表面，加工立体曲面类零件一般使用三坐标数控铣床。

9.3.5　数控铣削加工零件的工艺性分析

零件的工艺性分析是制定数控铣削加工工艺的前提，其主要包含下述内容。

1. 零件图及结构工艺性分析

①分析零件的形状、结构及尺寸的特点，确定零件上是否有妨碍刀具运动的部位，是否有会产生加工干涉或加工不到位的区域，零件的最大形状尺寸是否超过机床的最大行程，零件的刚性随着加工的进行是否有太大的变化等。

②检查零件的加工要求，如尺寸加工精度、形位公差及表面粗糙度在现有的加工条件下是否可以得到保证，是否还有更经济的加工方法或方案。

③零件上是否存在对刀具形状及尺寸有限制的部位，如过渡圆角、倒角、槽宽等，这些尺寸是否过于凌乱，是否可以统一。尽量使用最少的刀具进行加工，减少刀具规格、换刀及对刀次数和时间，以缩短总的加工时间。

④对于零件加工中使用的工艺基准应当着重考虑，它不仅决定各个加工工序的前后顺序，还对各个工序加工后各加工表面之间的位置精度产生直接的影响。应分析零件上是否有可以利用的工艺基准，对于一般加工精度要求的零件，可以利用零件上现有的一些基准面或基准孔，或者专门在零件上加工出工艺基准。当零件的加工精度要求很高时，必须采用先进的统一基准定位装夹系统才能保证加工要求。

⑤分析零件材料的种类、牌号及热处理要求，了解零件材料的切削加工性能，合理选择刀具材料和切削参数。同时，要考虑热处理对零件的影响(如热处理变形)，并在工艺路线中安排

相应的工序消除这种影响，而零件的最终热处理状态也将影响工序的前后顺序。

⑥当零件上的一部分内容已经加工完成，这时应充分了解零件的已加工状态，数控铣削加工的内容与已加工内容之间的关系，尤其是位置尺寸关系，这些内容在加工时如何协调，采用什么方式或基准保证加工要求。

⑦构成零件轮廓的几何元素（点、线、面）的条件（如相切、相交、垂直和平行等），是数控编程的重要依据。因此，在分析零件图样时，务必要分析几何元素的给定条件是否充分。

2. 零件毛坯的工艺性分析

零件毛坯的工艺性在设计毛坯时就要仔细考虑好。否则，如果毛坯不适合数控铣削，加工将很难进行下去。根据实践经验，下述几个方面应作为毛坯工艺性分析的重点。

（1）毛坯应有充分、稳定的加工余量

毛坯主要指锻件、铸件。因模锻时的欠压量与允许的错模量会造成余量的多少不等；铸造时也会因砂型误差、收缩量及金属液体的流动性差不能充满型腔等造成余量的不等。因此，在其加工过程中均应有充分的余量。数控铣削加工中最难保证的就是加工面与非加工面之间的尺寸，这一点应该引起重视。如果已确定或准备采用数控铣削加工，就应事先对毛坯的设计进行必要的更改或在设计时就加以充分考虑，即在零件图样注明的非加工面处也增加适当的余量。

（2）分析毛坯的装夹适应性

主要考虑毛坯在加工时定位和夹紧的可靠性与方便性，以便在一次安装中加工出较多表面。对不便于装夹的毛坯，可以考虑在毛坯上另外增加装夹余量或工艺凸台、工艺凸耳等辅助基准。

（3）分析毛坯的余量大小及均匀性

主要是考虑在加工时是否要分层切削，分几层切削。也要分析加工中与加工后的变形程度，考虑是否应采取预防性措施与补救措施。如对于热轧件，经淬火时效后很容易在加工中与加工后变形，最好采用经预拉伸处理的淬火板坯。

9.3.6 数控铣床编程特点

数控铣床的数控装置具有多种插补方式，一般都具有直线插补和圆弧插补，有的还具有极坐标插补，抛物线插补，螺旋线插补等多种插补功能。编程时要合理充分地选择这些功能，以提高加工效率和精度，并充分利用数控铣床刀具各种补偿功能。与数控车床编程功能相似，数控铣床的编程功能指令也分为准备功能和辅助功能两大类。其程序编制特点可归纳如下：

①最大限度发挥机床功能，根据零件的实际形状选用机床，平面零件轮廓加工可选用二坐标联动的数控铣床，立体零件加工应选用三坐标联动数控铣床。

②编制程序时应充分利用机床数控系统所具有的各种插补功能（如直线插补、圆弧插补、极坐标插补、抛物线插补等）。

③尽量利用系统固有功能（如位置补偿功能、刀具长度补偿功能、刀具半径补偿功能、固定循环功能等）。

④零件轮廓较复杂时，对曲线轮廓先要进行数学处理，由直线和圆弧组成的轮廓，可采用几何学上的数值计算以求出各节点和基点的坐标。这里所说的节点即为用连续直线段或圆弧段逼近零件轮廓曲线时，逼近线段的交点，而基点即为各几何元素的交点或切点。而非圆平面轮廓和立体轮廓的数学处理，可采用微机计算或自动编程。

复习思考题

1. 数控机床与传统机床相比，具有哪些特点？
2. 数控车床如何分类？
3. 简述数控车削加工工艺的基本特点。
4. 简述数控车削加工工艺的主要内容。
5. 数控铣床的加工工艺范围有哪些？
6. 什么是模态 M 功能？什么是非模态 M 功能？
7. 数控铣削加工零件的工艺性分析内容有哪些？

第 10 章　电火花线切割加工

电火花线切割加工(Wire cut Electrical Discharge Machining,WEDM),有时又称线切割。其基本工作原理是利用连续移动的细金属丝作电极,对工件进行脉冲火花放电蚀除金属、切割成形。

1960 年,苏联首先研制出靠模线切割机床。中国于 1961 年也研制出类似的机床。早期的线切割机床采用电气靠模控制切割轨迹。当时由于切割速度低,制造靠模比较困难,仅用于在电子工业中加工其他加工方法难以解决的窄缝等。1966 年,中国研制成功采用乳化液和快速走丝机构的高速走丝线切割机床,并相继采用了数字控制和光电跟踪控制技术。此后,随着脉冲电源和数字控制技术的不断发展以及多次切割工艺的应用,大大提高了切割速度和加工精度。

传统的切削加工一般应具备两个基本条件,一是刀具材料的硬度必须大于工件材料的硬度;二是刀具和工件都必须具有一定的刚度和强度以承受切削过程中不可避免的切削力。这就给切削加工带来了两个局限,一是不能加工硬度接近或超过刀具硬度的工件材料;二是不能加工带有细微结构的零件。随着工业生产和科学技术的发展,具有高硬度、高强度、高熔点、高脆性、高韧性等性能的新材料不断出现,具有各种细微结构与特殊工艺要求的零件也越来越多,用传统的切削加工的方法很难对它们进行加工,特种加工就是在这种形势下应运而生的。

10.1　线切割加工原理

线切割加工属于电火花加工,是比较常用的特种加工方法之一。它是用一根移动着的金属丝作为工具电极与工件之间产生火花放电,沿着设定的几何图形轨道,利用脉冲放电腐蚀金属来加工工件,所以称为线切割加工,这种加工方式不需要制作成形的电极。目前,线切割机床的工件与电极丝的相对切割运动都采用数控技术来控制,所以又将数控线切割加工简称为线切割加工。

线切割加工就是在一定的介质中,通过工具电极和工件电极之间放电产生的点蚀作用对金属工件进行加工的一种工艺方法。电源柜中的脉冲电源在绝缘介质中放电产生 5～100 kHz 电脉冲,瞬间在放电通道中形成 6 000～10 000℃高温,使工件融化或汽化成形。通常取正极性加工,即工件接正极,钼丝接负极。正负极逐渐接近到一定间距(例如 DK77 系列为 0.01～0.02 mm)就会放电,完成对工件加工,如图 10-1 所示。

电火花线切割加工的基本原理如图 10-2 所示。被切割的工件作为工件电极,电极丝作为工具电极。电极丝接脉冲电源的负极,工件接脉冲电源的正极。当来一个电脉冲时,在电极丝和工件之间可能产生一次火花放电,在放电通道中心温度瞬时可高达 5 000℃以上,高温使工件局部金属熔化,甚至有少量汽化,高温也使电极丝和工件之间的工作液部分产生汽化,这些汽化后的工作液和金属蒸气瞬间迅速热膨胀,并具有爆炸的特性。靠这种热膨胀和局部微爆炸，抛出熔化和汽化了的金属材料而实现对工件材料进行电蚀切割加工。

图 10-1　电火花线切割 DK7780

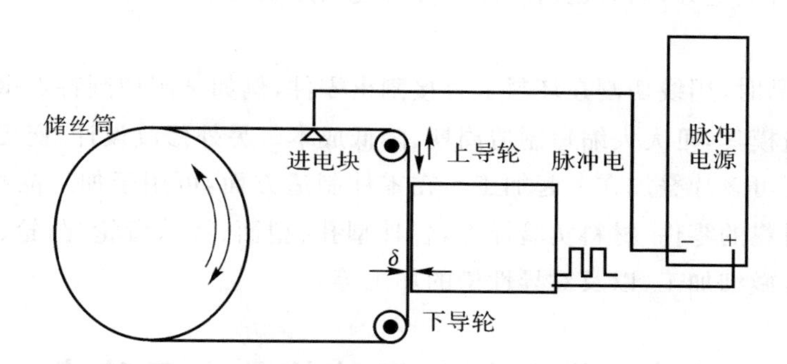

图 10-2　电火花线切割加工原理

10.2　线切割加工特点及应用范围

10.2.1　线切割加工特点

电火花线切割加工是利用工具电极（钼丝）和工件两极之间脉冲放电时产生的电腐蚀现象对工件进行尺寸加工，工件与钼丝之间不直接接触，加工变形小，可以加工微细异形孔、窄缝和复杂形状的工件，去除的材料很少，加工余料仍可利用。线切割主要有下述特点。

①不需制造成形电极，用简单的电极丝即可对工件进行加工。主要切割各种高硬度、高强度、高韧性和高脆性的导电材料，如淬火钢、硬质合金等。

②由于电极丝比较细，可以加工微细异型孔、窄缝和复杂形状的工件。

③能加工各种冲模、凸轮、样板等外形复杂的精密零件，尺寸精度高达 0.02～0.01 mm，表面粗糙度 R_a 值可达 1.6 μm，还可切割带斜度的模具或工件。

④由于切缝很窄，切割时只对工件材料进行“套料”加工，故余料还可以利用。

⑤自动化程度高，操作方便，劳动强度低。

⑥加工周期短，成本低。

10.2.2 线切割加工应用范围

线切割加工为新产品试制、精密零件加工及模具制造开辟了一条新的工艺途径，主要应用于以下几方面。

1. 加工模具

适用于各种形状的冲模，调整不同的间隙补偿量，只需一次编程就可以切割凸模、凸模固定板、凹模及卸料板等。模具配合间隙、加工精度通常都能达到 0.01～0.02 mm（快走丝机）和 0.002～0.005 mm（慢走丝机）的要求。此外，还可以加工挤压模、粉末冶金模、塑料压模等，也可以加工带锥度的模具。

2. 加工电火花成形加工用的电极

一般穿孔加工用的电极，带锥度型腔加工用的电极，以及铜钨、银钨合金之类的电极材料，用线切割加工经济效益好，同时也适用加工微细复杂形状的电极。

3. 加工零件

在试制新产品时，用线切割在坯料上直接割出零件，例如试制切割特殊微电机硅钢片定转子铁心，不需制造模具，可大大缩短制造周期、降低成本。另外修改设计、变更加工程序比较方便，加工薄件时还可多片叠加在一起加工。在零件制造方面，可用于加工品种多、数量少的零件，特殊难加工材料的零件，材料实验样件，各种型孔、型面、特殊齿轮、凸轮、样板、成形刀具。同时，还可以进行微细加工，以及对异性槽的加工等。

10.3 线切割机床结构及加工特点

10.3.1 线切割机床结构

DK7732 线切割机床由机床本体、脉冲电源、微机控制装置、工作液循环系统等部分组成，如图 10－3 所示。

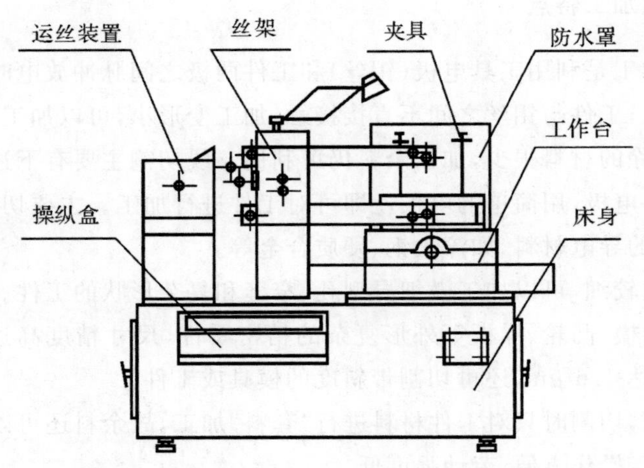

图 10－3 DK7732 线切割机床

1. 机床本体

机床本体由床身、运丝机构、工作台和丝架等组成。

(1)床身

用于支撑和连接工作台、运丝机构等部件,内部安放机床电器和工作液循环系统。

(2)运丝机构

电动机通过联轴器带动储丝筒交替作正、反向转动,钼丝整齐地排列在储丝筒上,并经过丝架导轮作往复高速移动。

(3)工作台

用于安装并带动工件在水平面内作 X,Y 两个方向的移动。工作台分上下两层,分别与 X,Y 向丝杠相连,由两个步进电机分别驱动。

(4)丝架

丝架的主要功用是在电极丝按给定线速度运动时,对电极丝起支撑作用,并使电极丝工作部分与工作台平面保持一定的几何角度。

2. 脉冲电源

脉冲电源又称高频电源,其作用是把普通的50Hz交流电转换成高频率的单向脉冲电压。加工时,电极丝接脉冲电源负极,工件接正极。

3. 微机控制装置

微机控制装置的主要功能是轨迹控制和加工控制。电火花线切割机床的轨迹控制系统曾经历过靠模仿形控制、光电仿形控制,现已普遍采用数字程序控制,并已发展到微型计算机直接控制阶段。加工控制包括进给控制,短路回退,间隙补偿,图形缩放,旋转和平移,适应控制,自动找中心,信息显示,自诊断功能等。其控制精度为±0.001 mm,加工精度为±0.01 mm。

4. 工作液循环系统

由工作液、工作液箱、工作液泵和循环导管组成。工作液起绝缘、排屑、冷却的作用。每次脉冲放电后,工件与电极丝(钼丝)之间必须迅速恢复绝缘状态,否则脉冲放电就会转变为稳定持续的电弧放电,影响加工质量。在加工过程中,工作液可把加工过程中产生的金属颗粒迅速从电极之间冲走,使加工顺利进行,工作液还可冷却受热的电极丝和工件,防止工件变形。

10.3.2 线切割机床特点

线切割加工机床有以下特点。

①工件材质硬度可以不考虑,只要导电即可加工。

②热变形小,加工过程中虽然产生高温,但只是局部和短暂的。

③加工表面有0.005 mm左右变质层,其厚度和加工参数有关,和加工表面粗糙度成正比。

④无毛刺加工,但入口处有切割痕迹,其大小与钼丝直径、电加工参数有关。

⑤由于是非接触式加工,所以无切削力。

⑥加工精度已进入微米级。

⑦不需要复杂刀具,只要一根钼丝即可。

根据线切割加工机床加工的特点,该机床主要适合以下加工对象。

①加工各种精密金属模具,如冲模、压铸模、注塑模等。

②加工各种精密零件,如齿轮、凸轮等。

③加工各种复杂形状的样板。

④切割特殊材料,如人造金刚石、硬质合金等。

10.4 线切割机床上丝、穿丝、紧丝步骤及注意事项

1.上丝、穿丝、紧丝的具体过程

将丝筒开至机床左侧(此时以人站在面对丝筒为准),松开换向压板,丝筒停的位置根据需要绕丝多少,并以丝通过固定导轮在丝筒上所对应的位置为准(可调整),将运丝电机开到上丝挡,固定好钼丝盘(松紧适度),将丝头穿过固定导轮,从丝筒上方(右)绕过并固定,手按换向开关,使丝筒逆时针转动,从左向右移动,带动钼丝均匀排绕在丝筒上,到所需要位置停下。

剪断钼丝,将丝头固定在丝筒的另一端(不能直接穿丝),因快走丝多次使用,丝筒换向往返运转,在换向时必须有 2mm 左右的间隙,以促使不叠丝,此时向绕丝方向转动丝筒 10 圈,从丝架上端通过导轮、水嘴至下端回到丝筒,从丝筒下向上绕,然后固定(注意:所有的导轮、导电块、喷水孔里的丝都必须在相应的正确位置)。

绕丝时电机开的是上丝挡,所以钼丝排列不太均匀且较松,需紧丝一次,将丝筒手盘转至左侧,此时左手拿紧丝器,将钼丝挂在紧丝器导轮槽中,用适当的力向后拉,用右手盘动丝筒顺时针转动,使钼丝从下端绕在丝筒适当的位置上。移动左侧换向压板,压好换向开关,打开运丝电机至加工槽,启动丝筒电机至右侧丝快绕完时停下,再用手转动到右侧丝绕完,固定好丝头。反转至右侧,绕丝至适当位置后,调整好右侧换向板,压好换向开关,到此紧丝工作全部完成。

2.断丝及其处理

(1)断丝

线切割机床在加工过程中经常会遇到断丝情况,断丝的原因可分为以下 3 种情况。

①加工时间太长,钼丝磨损过大,出现断丝;

②操作时不慎人为造成断丝;

③不规则放电造成断丝。

加工中必须打开断丝保护开关,使系统在断丝后自动停止运行,加工的工件放电位置和电脑程序记忆保持一致,切记一定不能关闭步进电机,以免造成电脑和机床联系分开,使各自所在当前点不一致,不能加工出符合精度要求的模具。

(2)断丝处理

①若属于丝耗过大而造成的断丝,应更换新钼丝,从当前的位置穿过工件,正确完成穿丝、紧丝后继续加工。

②若属于外力或放电不规则造成断丝,可根据实际情况(如丝的长、短或烧融的程度)来定,如还能用就拉掉短的一端,长的一端按穿丝的方法找好穿丝的正确位置及调整好换向压板,此时的丝需要紧丝处理后再正常加工。

③若属于不规则放电造成断丝,则应调整放电参数,使其正常放电方能正常加工。

④若断丝后由于工件太厚或工件变形不能从切缝中穿丝，可点动控制系统，使机床拖板（带工件）和加工程序一同回原点后重新切割，若所切的工件超过2/3或者更多，这时可再回后用加工程序“倒置”，从反向切割到已切割的点，完成模具加工。特殊模具（特大切面）应打多个穿丝孔，根据实际情况决定从哪个穿丝孔继续加工。

3.电加工参数的合理选择

（1）脉宽

CNC－B系列数控柜共分5挡，从左到右依次为20 μs，40 μs，60 μs，80 μs，100 μs。脉宽大则切割效率高，但切割工件粗糙度差，钼丝损耗大。

（2）脉间

CNC－B系列数控柜为无极调速，从左到右依次为4～10倍率。

（3）电流

脉间、脉宽、功率管开启数均影响电流大小。CNC－B系列数控柜工作时电流应在0.5～5 A内选择，电流大则加工效率高，切割工件粗糙度差。

（4）电压

CNC－B系列数控柜电压共分为高压、低压两挡。正常切割时均用低压挡。用高压挡则加工速度快，但切割工件粗糙度差，易断丝。当外供电源低于380V时，加工困难，效率低，以采用高压挡加工为佳。

（5）跟踪

以稳定电流为原则，可调节操作软件，屏幕右下方跟踪主调节器，指针左移为加强，右移为减弱。

4.注意事项

上丝、穿丝、紧丝是线切割机床进行加工的必要过程，在这一操作过程中，一定要注意以下几个问题。

①丝必须穿在导轮V形槽中间。

②挡丝棒、导电块如果磨损严重，可变换位置再使用。

③运丝一段时间后应紧丝，但力度要适中，太紧易断丝，太松会影响精度及粗糙度。

④上丝时，钼丝要与储丝筒垂直，丝筒往返移动时缝隙要一致（一般间隙为2～3 mm），绝不能叠丝。

⑤上丝时将机床运线开关置于上丝挡，上丝完毕后必须将其置于加工挡，以免烧坏电机。

5.切割线路的确定

在加工中，工件内部残余应力的相对平衡受到破坏后，会引起工件的变形，所以在选择切割线路时，须注意以下几方面。

①避免从工件端面开始加工，应从穿丝孔开始加工。

②加工的路线距离端面（侧面）应大于5 mm。

③加工路线开始应从离开工件夹具的方向进行，最后再转向工件夹具的方向。

④在一块毛坯上要切出2个以上零件时，不应连续一次切割出来，而应从不同预制穿丝孔开始加工。

10.5 典型线切割加工

例 10.1 加工如图 10-4 所示的正五角星图形,外接圆半径为 25 mm。

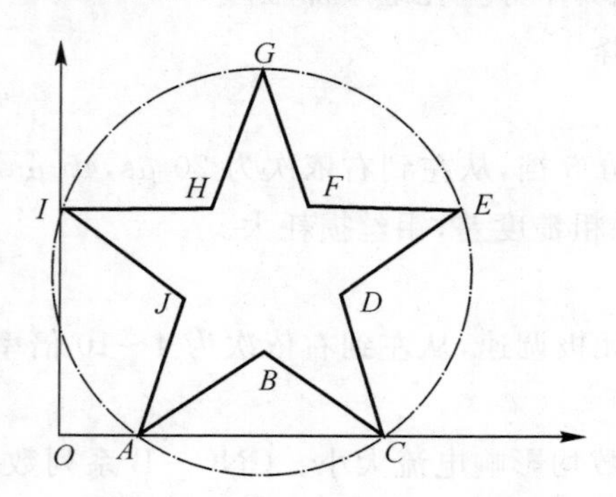

图 10-4 正五角星图形线切割加工

线切割加工过程中,钼丝与工件的被加工表面之间必须保持一定间隙,即放电间隙。放电间隙是放电时电极和工件间的距离,间隙的宽度由工作电压、加工量等加工条件而定,它的大小一般在 0.01~0.5 mm 之间,粗加工时间隙较大,精加工时则较小。线切割路线是以钼丝的中线进行编程的,加工时根据走丝方向进行左补偿或右补偿,所以零件与零件之间必须留出钼丝的直径大小的宽度。例如钼丝的直径是 0.2 mm,单边放电间隙是 0.01 mm,则零件与零件之间走一次丝则间隙为 0.22 mm,因此在进行操作时,按 0.22 mm 进行补偿。

使用快速走丝线切割加工,起点和退出点均设在 $O(0,0)$ 长度尺寸计算时作圆整处理(小数点后第四位四舍五入),采用图形编程,其操作过程:开关→输入加工程序→设定脉间、脉宽、电流、电压跟踪→开启运丝电机→开水泵、调喷水量→开启高频电源→开启机床进给→检查步进电机是否吸住→检查工作台刻度盘是否正常运行,并将刻度盘归零位→开始加工。

加工路线:从起点 O 到 A,切割直线 AB,切割直线 BC,切割直线 CD,切割直线 DE,切割直线 EF,切割直线 FG,切割直线 GH,切割直线 HI,切割直线 IJ,切割直线 JA,从 A 点退回到起点 O。加工时须注意不应碰到丝架和卡具。

例 10.2 凸凹模零件的加工实例。

凸凹模尺寸如图 10-5 所示,线切割加工的电极丝为直径是 0.2 mm 的钼丝,单面放电间隙是 0.01 mm。

1.绘制工件图形

(1)画圆

①选择"基本曲线——圆"菜单项,用"圆心——半径"方式作圆。

②输入(0,0)以确定圆心位置,再输入半径值"8",画出一个圆。

③在系统仍然提示"输入圆弧上一点或半径"时输入"26",画出较大的圆,单击鼠标右键结束命令。

④继续用如上的命令作圆,输入圆心点(-40,-30),分别输入半径值 8 和 16,画出另一

组同心圆。

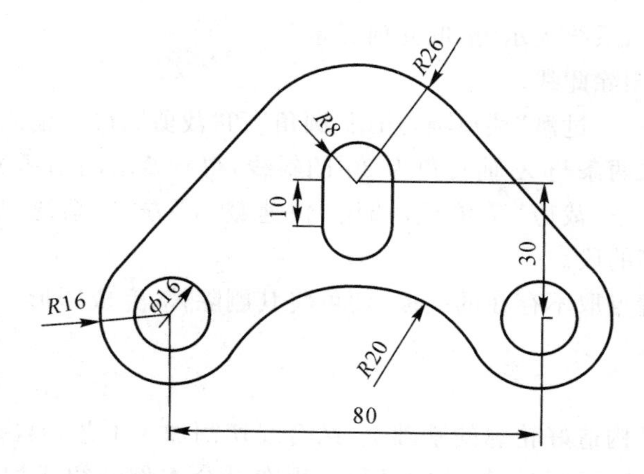

图10-5　要加工的凸凹模尺寸

(2)画直线

①选择“基本曲线——直线”菜单项，选用“两点线”方式，系统提示输入“第一点(切点，垂足点)”位置。

②单击空格键，激活特征点捕捉菜单，从中选择“切点”。

③在$R16$的圆的适当位置上点击，此时移动鼠标可看到光标拖画出一条假想线，此时系统提示输入“第二点(切点，垂足点)”。

④再次单击空格键激活特征点捕捉菜单，从中选择“切点”。

⑤再在$R26$的圆的适当位置确定切点，即可方便地得到这两个圆的外公切线。

⑥选择“基本曲线——直线”，单击“两点线”标志，换用“角度线”方式。

⑦单击第二个参数后的下拉标志，在弹出的菜单中选择“X轴夹角”。

⑧单击“角度＝45”的标志，输入新的角度值“30”。

⑨用前面用过的方法选择“切点”，在$R16$的圆的右下方适当的位置点击。

⑩拖画假想线至适当位置后，单击鼠标左键，画线完成。

(3)作对称图形

①选择“基本曲线——直线”菜单项，选用“两点线”，切换为“正交”方式。

②输入(0,0)，拖动鼠标画一条铅垂的直线。

③在下拉菜单中选择“曲线编辑——镜像”菜单项，用缺省的“选择轴线”“拷贝”方式，此时系统提示拾取元素，分别点取刚生成的两条直线与图形左下方的半径为8和16的同心圆后，单击鼠标右键确认。

④此时系统又提示拾取轴线，拾取刚画的铅垂直线，确定后便可得到对称的图形。

(4)作长圆孔形

①选择“曲线编辑——平移”菜单项，选用“给定偏移”“拷贝”和“正交”方式。

②系统提示拾取元素，点取$R8$的圆，单击鼠标右键确认。

③系统提示“X和Y方向偏移量或位置点”，输入(0,－10)，表示X轴向位移为0，Y轴向位移为－10。

④用上述的作公切线的方法生成图中的两条竖直线。

(5)最后编辑

①选择橡皮擦图标,系统提示“拾取几何元素”。

②点取铅垂线,并删除此线。

③选择“曲线编辑——过渡”菜单项,选用“圆角”和“裁剪”方式,输入“半径”值20。

④依提示分别点取两条与X轴夹角为30°的斜线,得到要求的圆弧过渡。

⑤选择“曲线编辑——裁剪”菜单项,选用“快速裁剪”方式,系统提示“拾取要裁剪的曲线”,注意应选取被剪掉的段。

⑥分别用鼠标左键点取不存在的线段,便可将其删除掉,完成图形。

2.轨迹生成及加工

(1)轨迹生成

轨迹生成是在已经构造好轮廓的基础上,结合线切割加工工艺,给出确定的加工方法和加工条件,由计算机自动计算出加工轨迹的过程。现在结合本例介绍线切割加工走丝轨迹生成方法。

①选择“轨迹生成”项,在弹出的对话框中,按缺省值确定各项加工参数。

②在本例中,加工轨迹与图形轮廓有偏移量。加工凹模孔时,电极丝加工轨迹向原图形轨迹之内偏移进行“间隙补偿”。加工凸模时,电极丝加工轨迹向原图形轨迹之外偏移进行“间隙补偿”。补偿距离为$\Delta R=d/2+Z=0.06$ mm,如图10-6所示。把该值输入到“第一次加工量”,然后按确定。

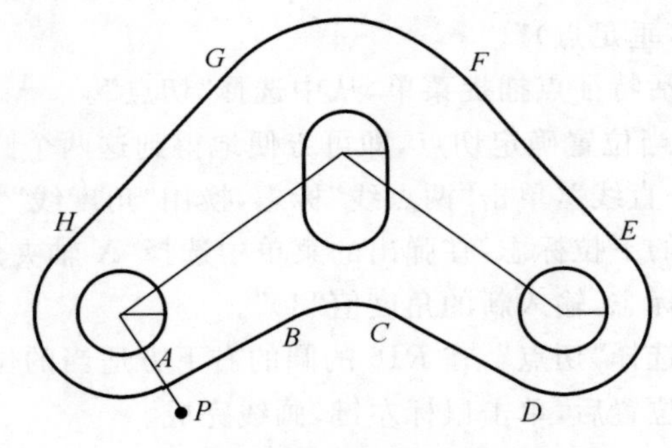

图10-6　实际加工轨迹

③系统提示“拾取轮廓”。本例为凹凸模,不仅要切割外表面,而且要切割内表面,这里先切割凹模型孔。本例中有3个凹模型孔,以左边圆形孔为例,拾取该轮廓,此时$R8$ mm轮廓线变成红色的虚线,同时在鼠标点击的位置上沿着轮廓线出现一对双向的绿色箭头,系统提示“选择链拾取方向”(系统缺省时为链拾取)。

④选取顺时针方向后,在垂直轮廓线的方向上又会出现一对绿色箭头,系统提示“选择切割的侧扁”。

⑤因拾取轮廓为凹模型孔,拾取指向轮廓内侧的箭头,系统提示“输入穿丝点位置”。

⑥按空格键激活特征点捕捉菜单,从中选择“圆心”,然后在$R8$ mm的圆上选取,即确定了圆心为穿丝点位置,系统提示“输入退出点(回车则与穿丝点重合)”。

⑦单击鼠标右键或按回车,系统计算出凹模型孔轮廓的加工轨迹。

⑧系统提示继续“拾取轮廓”,按上述方法完成另外两个凹模的加工轨迹。系统提示继续

“拾取轮廓”，拾取 AB 段，此时 AB 段变成红色虚线。

⑨系统顺序提示“选择链拾取方向”“选择切割的侧边”“输入穿丝点位置”和“输入退出点”，选择 $A \to B \to C \to D \to E \to F \to G \to H \to A$ 的顺序加工，B 点为顺序起点，此轮廓为外表面，选择加工外侧边，穿丝点调整到模胚之外，取点为 $P(-29.500, -48.178)$，退出点也选此点。

⑩单击鼠标右键或按 ESC 键结束轨迹生成，选择编辑轨迹命令的“轨迹跳步”功能将以上几段轨迹连接起来。

(2)加工

“点火”后按 F1 机床将自动运行，直至加工完成。

复习思考题

1. 何谓特种加工？特种加工和常规加工工艺之间有何关系？
2. 试述电火花线切割加工的成形原理和加工范围。
3. 简述电火花线切割加工的特点。
4. 试述电火花线切割加工的操作步骤。

第11章 激光加工技术

激光是20世纪人类的四大发明之一，现在已经广泛应用于工业、军事、科学研究和日常生活中。21世纪号称人类已经进入光电子时代，作为能量光电子的激光技术进一步广泛应用，这将极大地改变人类的生产和生活。激光加工技术实现了光、机、电技术相结合，是一种先进制造技术，目前正处于向传统制造技术中许多工艺过程积极渗透的阶段。由于它具有无接触、不需要模具、清洁、效率较高、方便实行数控和可以用来进行特殊加工等优良特性，目前已经广泛应用于汽车、冶金、航空航天、机械、纺织、化工、建筑、造船、仪器仪表、微电子工业、艺术品制作、日常生活用品和工业用品制造等众多领域，用来进行打孔，切割，铣削，焊接，刻蚀，大型零件的强化和修复，材料表面改性和材料合成，模具、模型和零件的快速制造，工艺美术品制作和清洗，产品标刻和防伪等。

11.1 激光加工技术的特点

激光的空间控制性（射束的方向变化、旋转、扫描等）和时间控制性（开、关、脉冲间隔）优异，激光加工系统特别适合采用计算机控制，它与计算机数控技术相结合，可构成自动化加工设备，为优质、高效、低成本的加工开辟了广阔的前景。激光加工具有下列一些优点。

1. 适应性强

可加工各种材料，包括高硬度、高熔点、高强度及脆性、软性材料；既可在大气中，又可在真空中进行加工。

2. 加工质量好

由于能量密度高和非接触式加工，并可瞬时完成，工件热变形极小，而且无机械变形，对精密零件加工非常有利。

3. 加工精度高

如微型陀螺转子采用激光动平衡技术，其质量偏心值可控制在1%或千分之几微米的范围内。

4. 加工效率高

激光切割可比常规方法提高效率8～20倍；激光焊接可提高效率30倍；用激光强化电镀，其金属沉积率可提高1 000倍；用激光微调薄膜电阻可提高工效100倍，提高精度1～2个数量级。

5. 节能和节省材料

激光束的能量利用率为常规热加工工艺的10～1 000倍。激光切割可节省材料15%～30%。

6. 经济效益高

与其他方法相比，激光打孔可节省直接加工费用25%～75%，间接加工费用50%～75%，用激光切割钢件可降低加工费用70%～90%。

11.2　激光内雕加工

11.2.1　激光内雕的基本原理

激光内雕是指利用激光对水晶等玻璃制品表面及内部进行文字、图形、图像的雕刻，是激光加工的一种形式。激光相对于其他加工方式有着先天的优势，它能够在不损伤工件表面的情况下，对内部的特定位置进行打点加工。把激光的焦点定在水晶内部，使焦点处的能量密度刚好达到水晶损伤点（破坏阈值），而在水晶表面及内部其他部位由于光能没有达到水晶的破坏阈值将不会造成任何损伤，再结合计算机精确方位控制，就不难在水晶内部雕出特定的三维图案。这里所说的水晶并不是天然的水晶，而是人造水晶，这种水晶透光性好、亮度高、从不同方向看都是均匀透明的。但这并不是说有色水晶就不能内雕，有色水晶由于里面含有一些有色元素而呈现出特定的颜色，由于这些元素的存在，其对光能的吸收可能会高一些，所以光相对要弱一些，但一般来说，在光强足够大的情况下能够雕刻。

11.2.2　激光内雕原材料

激光内雕所采用的内雕材料为水晶，通常所见的水晶分为天然水晶和人造水晶。

天然水晶(rock crystal)是稀有矿物，宝石的一种，石英结晶体，在矿物学上属于石英族。其主要化学成分是二氧化硅，化学式为 SiO_2。纯净时形成无色透明的晶体，当含微量元素 Al，Fe 等时呈粉色、紫色、黄色、茶色等。经辐照微量元素形成不同类型的色心，产生不同的颜色，如紫色、黄色、茶色、粉色等。含伴生包裹体矿物的被称为包裹体水晶，如发晶、绿幽灵、红兔毛等，内包物为金红石、电气石、阳起石、云母、绿泥石等。

人造水晶是人工方法生长的 α 石英晶体。α 石英在高压下能溶于碱性溶液，晶体结构较完整，含孪晶、空穴、夹杂较少。利用其溶解度随温度降低而减少，可从氢氧化钠或碳酸钠溶液中生长出 α 石英晶体。其合成压力为 16.5MPa，温度为 400℃。在(001)基面生长速度为 1.27μm/日，再经精细的切割技术和绝无瑕疵的打磨功夫，就会得到亮度和透明度与天然水晶类似的人造水晶，其物理特性见表 11-1。人造水晶纯净透明，弥补了天然水晶的不足。

表 11-1　水晶的物理特性

项目	特征
颜色	无色
光泽	玻璃光泽
解理	无
断口形状	贝壳状
摩氏硬度	7
密度	$2.66^{+0.03}_{-0.027}$ g/cm^3
光性特征	非均质体，一轴晶，正光性，有牛眼干涉图
折射率	非均质体，一轴晶，正光性，有牛眼干涉图

续表

项目	特征
折射率	1.544～1.553
双折射率	0.009
紫外荧光	无
特殊光学效应	猫眼效应

11.2.3 激光内雕机

激光内雕机是一个由计算机控制的、可在水晶玻璃内部雕刻出二维或三维图形的系统，下面就杭州先临三维激光内雕机 Argus Pro 为大家做简要介绍，内雕机 Argus Pro 如图 11-1 所示。

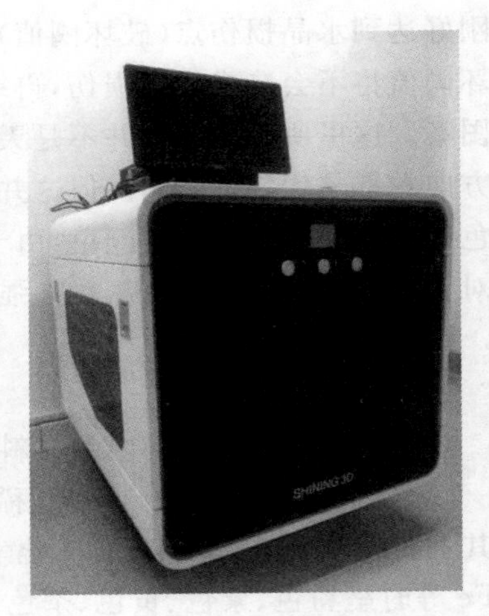

图 11-1 Argus Pro 激光内雕机

激光内雕机在工作过程中，沿着 z 轴方向采用分层加工的方式完成三维点云的内雕。激光内雕加工工艺过程主要包括图形设计、图形点云化处理以及激光内雕操作 3 个步骤。激光内雕机在工作过程中，沿着 z 轴方向将图形分成若干层，然后每次堆叠加工一层，最终形成完整图形的三维内雕，其系统示意图如图 11-2 所示。

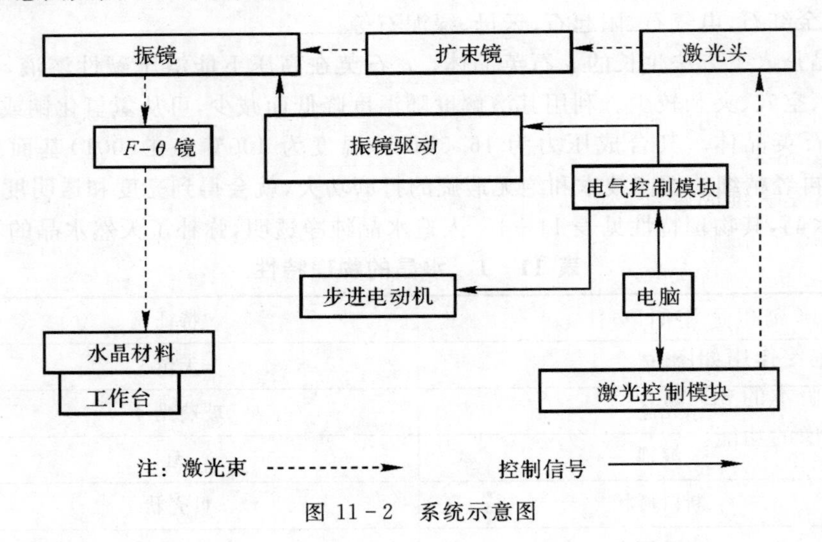

图 11-2 系统示意图

11.2.4 激光内雕所需软件介绍

1. 3ds Max 软件

3ds Max(简称 Max)软件是由国际著名的 Autodesk 公司的子公司 Discreet 公司制作开发的，它是集造型、渲染和制作动画于一身的三维制作软件，从它出现的那一天起，即受到了全世界无数三维动画制作爱好者的热情赞誉，3ds Max也不负众望，屡屡在国际上获得大奖。当前，它已逐步成为在个人PC机上最优秀的三维动画制作、建模软件，广泛应用于广告、影视、工业设计、建筑设计、三维动画、多媒体制作、游戏、辅助教学以及工程可视化等领域。该软件具有下列优点。

(1)性价比高

3ds Max有非常好的性能价格比，它所提供的强大的功能远远超过了它自身低廉的价格，一般的制作公司就可以承受得起，这样就可以使作品的制作成本大大降低，而且它对硬件系统的要求相对来说也很低，一般普通的配置就已经可以满足学习的需要。

(2)易于操作

3ds Max的制作流程十分简洁高效，操作简明，只要用户的操作思路清晰就可以创建出相应的模型，有利于初学者学习。

因此，在激光雕刻过程中，一般采用3ds Max作为激光雕刻三维模型的创作软件。

2. Adobe Photoshop

Adobe Photoshop 简称"PS"，是由 Adobe Systems 开发和发行的图像处理软件。Photoshop主要处理以像素所构成的数字图像。使用其众多的编修与绘图工具，可以有效地进行图片编辑工作，在图像、图形、文字、视频、出版等各方面都有涉及。该软件在激光内雕过程中，主要用于图像处理和设计；同时，在三维模型建立的情况下，可以为三维模型绘制纹理贴图。

3. 3D Crystal

3D Crystal是一款点云处理软件。点云(Point Cloud)是在获取物体表面每个采样点的空间坐标后，得到的点的集合。该软件能够计算三维图像数据任意两点的距离(直线、弧面、投影)，计算角度、半径，可以计算指定区域的体积和面积，获取任意方位一条或多条截面线，生成空间坐标，从而形成点云，用于海量点云数据的处理及三维模型的制作。3D Crystal还支持模型的对整、整合、编辑、压缩和纹理映射等点云数据全套处理流程。该软件可接受多种数据模型格式的导入，如dxf,obj,asc等后缀名的文件，处理完毕后最终形成相应格式的文件。

4. 3D Vision

3D Vision是三维成像及布点软件。该软件功能强大、界面简洁，分为标准版和专业版，均可同激光内雕机配合制作丰富多样的三维立体模型水晶。软件还自带有强大的编辑功能，可以对照片或点云进行编辑处理、添加文字、添加平面或者立体的个性化配饰，并进行组合编辑，输出主流激光雕刻机适用的雕刻文件格式，如dxf,3ds,obj,stl,v3e,ply2等后缀格式文件。3D Vision的主要作用如图11-3所示。

其中专业版本的3D Vision软件在标准版的基础上增加了与三维相机M2配套使用，制作三维立体人像的功能。普通的光学相机只限于摄取二维平面的图像，而三维相机可通过拍摄获得真实的三维立体图像。三维相机如图11-4所示。

5. 3D Craft

3D Craft是雕刻机雕刻软件，用于控制雕刻机的各项参数设置，如激光频率、材料大小设置、加工方式、分块雕刻等工艺参数。每次加工不同产品时，都要进行试加工，加工步骤如图11-5所示。

在试加工之前，要确定激光雕刻机的加工方式，3D Craft提供了原点加工和中心加工两种加工方式。其中原点加工是系统默认的加工方式，在加工时，默认以机器的原点为加工起点。

而中心加工则需要人为设定，以加工模型的中心为加工中心。加工起始点确定方法如图 11－6 所示。

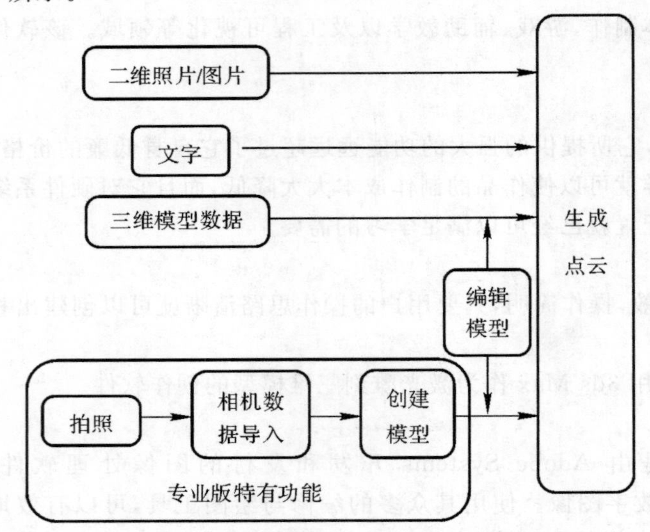

图 11－3　3D Vision 功能示意图

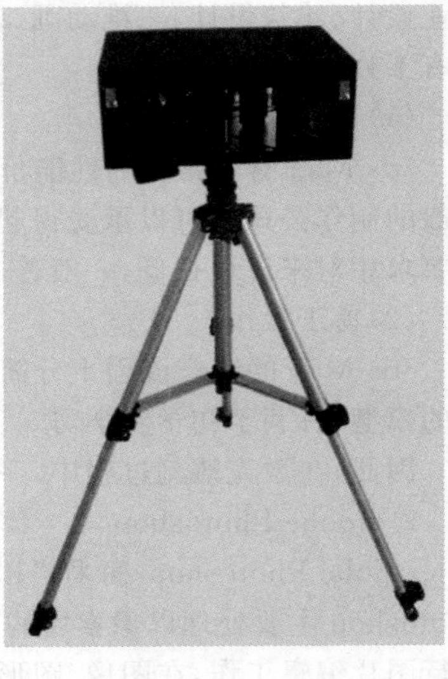

图 11－4　M2 三维相机

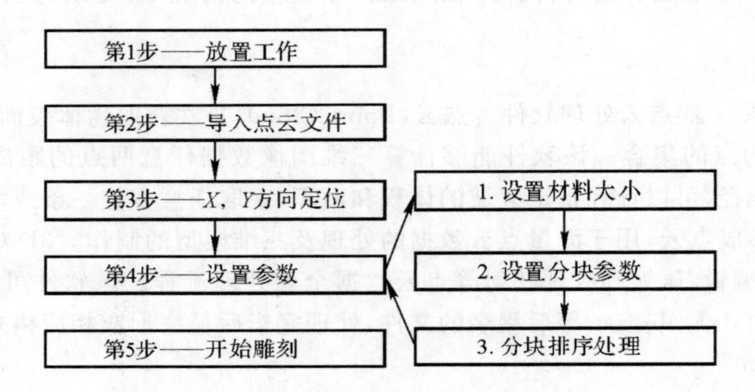

图 11－5　雕刻机调试加工步骤

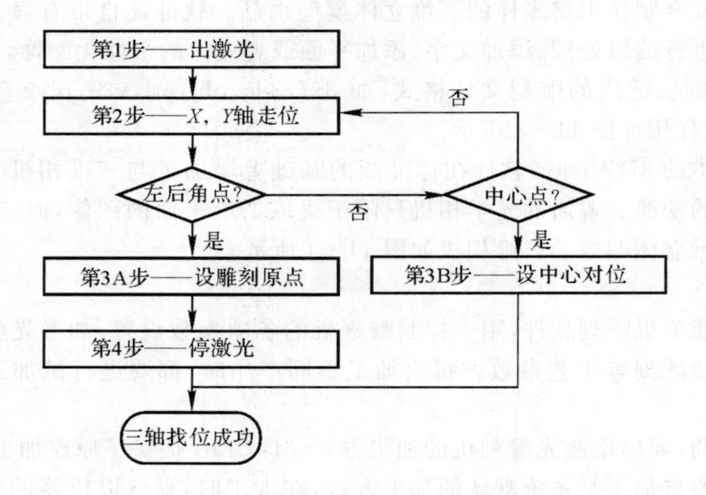

图 11－6　激光雕刻确定加工起始点方法

当点云数据较大时，必须经过 3D Craft 软件进行分块排序处理，才能用于雕刻。此过程会自动生成同名 3dp 后缀文件以便于日后加工使用。在打开 dxf 后缀的点云文件时，也会在相同路径下自动生成同名的 vrt 后缀文件，此文件可以提高数据的导入处理速度。数据加载完毕后，在软件的视图窗界面可以查看模型数据的尺寸和点云数据计算好的点数。

试加工是对加工参数的一个调试，如果加工工件不满足加工要求，改变参数再次试加工，直到达到要求为止。最后根据模型数据尺寸，准备尺寸合适的加工材料，按照图 11－7 操作，就可以加工了。

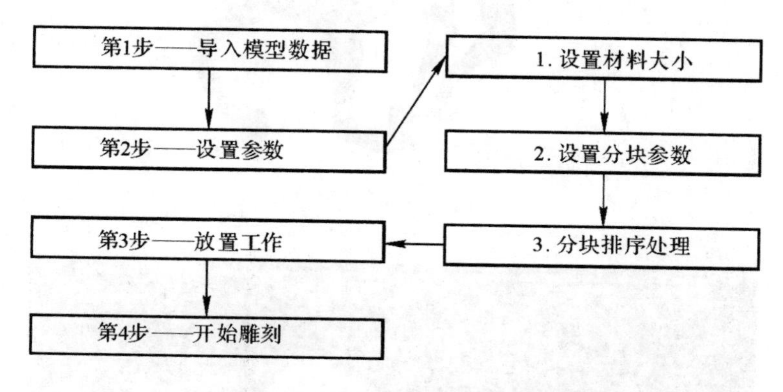

图 11－7　雕刻机的一般操作步骤

激光内雕是一个综合性的加工过程，通过 3ds Max 软件对实物进行三维建模，然后用 Photoshop 对所建模型进行图像处理，用 3D Crystal 以及 3D Vision 软件对模型进行点云处理，得到相应的雕刻文件，最后用 3D Craft 软件控制激光内雕机进行激光内雕加工，流程图如图 11－8 所示。

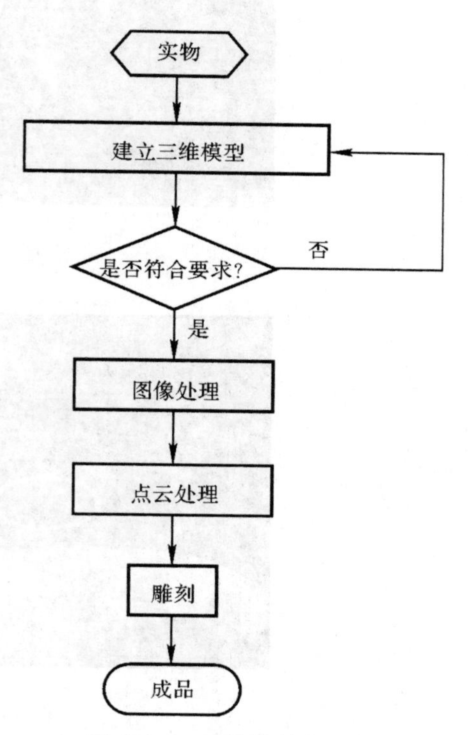

图 11－8　三维雕刻流程图

例 11.1　对骏马(见图 11－9)进行数字设计，最终用激光内雕机 Argus Pro 在大小为 30mm×70mm×110mm 的水晶上完成雕刻。

第 1 步：应用 3ds Max 对骏马建立 3d 模型，尤其是注意细节的勾勒，模型如图 11－10 所示。

第 2 步：采用 Adobe Photoshop 为模型绘制纹理贴图。纹理贴图能大幅度提高 3D 模型真实性，相当于给模型赋予了灵魂。绘制好的贴图如图 11－11 所示。

第 3 步：将骏马模型和骏马纹理贴图导入 3D Crystal，生成骏马模型点云，同时设置点云参数，如图 11－12 所示。

第 4 步：将骏马模型的点云文件导入 3D Vision 软件并设定水晶的毛坯尺寸，在毛坯内调整模型，如图 11－13 所示。同时利用 3D Vision 强大的编辑功能完成骏马的艺术文字设计，如图 11－14 所示。

图 11-9　骏马

图 11-10　骏马 3D 模型

图 11-11　骏马的纹理贴图

第 5 步：应用 3D Craft 软件完成水晶内雕，最终得到雕刻产品，如图 11-15 所示。

图 11-12　骏马模型的点云生成

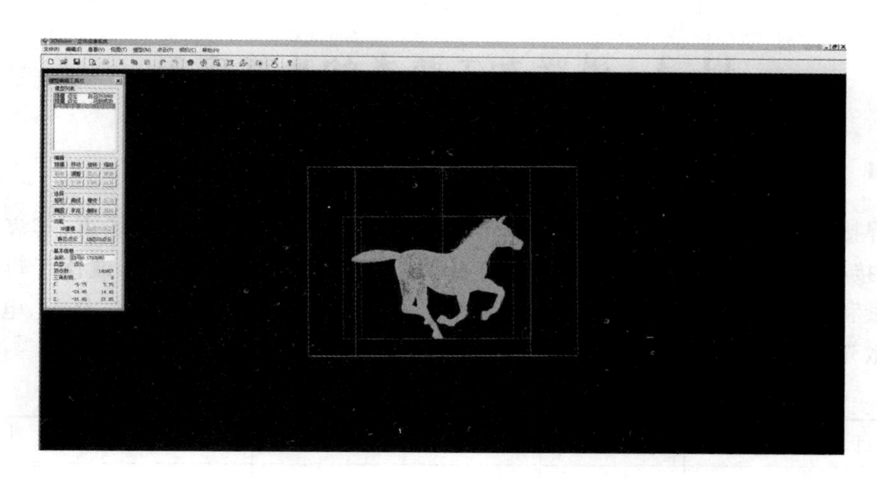

图 11-13　模型在 3D Vision 中的调整

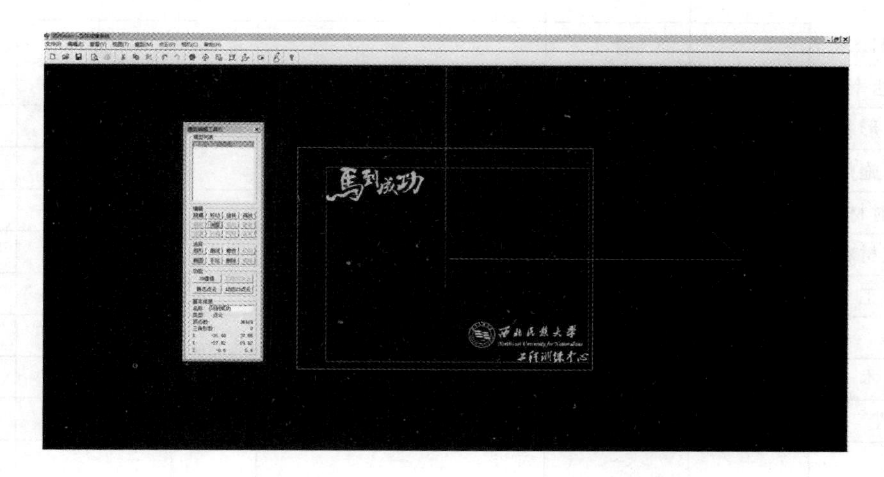

图 11-14　应用 3D Vision 进行艺术文字设计

图 11-15　激光内雕骏马作品

11.3　激光加工技术的其他应用

11.3.1　激光焊接

激光焊接适用于各种相同金属材料和不同金属材料间的焊接。与电子束、等离子焊接相比，激光焊接具有熔池净化效应，能纯净焊缝金属，焊缝的机械性能相当于或优于母材。激光焊接的质量和效率均优于其他焊接方法。微型器件的激光精微焊接对航空、航天、电子工业十分重要。激光焊接与其他焊接方法对比见表 11-2。

表 11-2　各种焊接方法对比

对比项目	激光焊接	电子束焊接	钨极惰性气体保护电弧焊	熔化极气体保护焊	电阻焊
焊接效率	0	0	－	－	＋
大深度比	＋	＋	－	－	－
小热影响区	＋	＋	－	－	0
高焊接速率	＋	＋	－	＋	－
焊缝端面形貌	＋	＋	0	0	0
大气压下施焊	＋	－	＋	＋	＋
焊接高反射材料	－	＋	＋	＋	＋
使用填充材料	0	－	＋	＋	－
自动加工	＋	－	＋	0	＋
成本	－	－	＋	＋	＋
操作成本	0	0	＋	＋	＋
可靠性	＋	－	＋	＋	＋
装夹	＋	－	－	－	－

注："＋"表示优势，"－"表示劣势，"0"表示适中。

激光焊接可以焊接航空仪表游丝和细丝，航空电器、密封继电器以及微型电机中的电触点。德国可用激光焊接直径 0.02 mm 的超细丝和厚度为 1.6 μm 的箔材，而电子束焊接的最小金属丝直径为 0.04 mm，箔材厚度为 0.05 mm，如图 11－16 所示。因此，激光更能胜任细丝或箔片的焊接。

图 11－16　激光焊接超薄工件

大规模集成电路的焊点密集，元件引线的间距只有 0.3mm，用常规的点焊方法很难完成如此密集的焊点的焊接，因此也采用激光焊接的办法进行焊接。美国 IBM 公司用染料激光器成功地把宽 100 μm、厚 50 μm 的铝箔引线焊到了宽 100 μm、厚 18 μm 的集成电路管芯的蒸镀铝膜的电极上，在集成电路芯片上形成微型电气连接，其焊点直径小于 5 μm，不会引起热损伤，不影响管芯的电性能，也不损伤邻近的晶体管及其他元件。美国麻省凡兹蒂设备公司最近为大规模集成电路印制线路板的焊接而研制出的 ILS－7000 型工业智能激光焊机，每小时可焊接 25 000～36 000 个焊点，图 11－17 所示为激光焊接的大规模集成电路。

图 11－17　激光焊接的大规模集成电路

11.3.2 激光打孔和切割

由于激光可以通过聚焦而获得高密度能量($10^6 \sim 10^8$ J/cm^2),瞬间可使任何固体材料熔化,甚至蒸发,因此,从理论上说,可以用激光来加工任何种类的固体材料。事实上激光一发明,人们首先想到利用它来对宝石这类利用常规加工方法难以加工的材料进行孔加工。

激光切割的原理是将聚焦的激光束照射到工件上,将材料加热,使其熔化或者蒸发。一旦激光束将工件完全穿透,就开始了切割工艺:激光束沿着工件轮廓移动,不断地熔化工件材料,从而达到切割的效果。在大多数情况下,气流将熔体从切口中向下挤出。切口的宽度不会比聚焦的激光束宽多少,如利用激光进行木模板的切割和石油管道的激光切缝等,图 11-18 所示为激光加工的密排孔。

图 11-18 激光加工的密排孔

在激光打孔时,短脉冲激光以很高的功率密度将工件材料熔化和蒸发。由此产生的高压将熔体从孔眼中向下排出,以达到打孔的目的。图 11-19 所示为利用激光在金属上切割的复杂孔类零件(光滑无毛刺)。

图 11-19 激光加工的复杂孔类零件

11.3.3　激光表面改性技术

激光表面改性技术包括激光表面相变硬化、激光表面合金化与熔覆、激光表面非晶化与微晶和激光冲击强化等。利用激光表面改性技术可以极大地提高零件表面的机械、物理和化学性质，现在已经广泛应用于工业生产。1974 年，美国通用汽车公司首先采用激光表面淬火技术对汽车转向器齿轮内表面进行处理，克服了磨损问题。德国对 40/50 型和 L58/64 型船用柴油机汽缸套内壁进行激光表面淬火，日本对 45 钢、铬钼钢、铸铁等材料进行激光表面淬火；我国天津渤海无线电厂、青岛激光技工中心也采用激光表面淬火的技术，经济效益显著。此外，激光表面淬火还广泛应用在非调质钢表面处理，冶金机械设备、模具制造等众多领域。图 11－20 所示为应用于冶金行业的轧辊激光相变淬火。

图 11－20　轧辊激光相变淬火

通过激光表面改性的处理，可以使材料表面性质发生变化，提高材料表面硬度、耐磨性、耐腐蚀性等性能，进而满足工业生产的各种需求。相比于其他表面处理工艺，它具有以下显著优势：

① 激光束功率密度高，材料加热和自冷却速度极快，激光硬化处理后的工件表面硬度比常规淬火高 5%～20%，耐磨性提高 1～10 倍。

② 依靠材料本身的热传导实现自冷却，无须冷却介质，工作效率高，有利于自动化生产。

③ 可处理零件的特定部位及其他方法难以处理的部位，对表面轮廓复杂的零件，可进行灵活的局部强化。

④ 材料变形量小，热影响区窄，几乎不影响周围基体的组织。

激光表明淬火与其他表面淬火的比较见表 11－3。

表 11－3　激光表面淬火与其他表面淬火的比较

项目	火焰表面淬火	感应表面淬火	激光表面淬火
变形	大	大	小
自冷淬硬	差	差	良好
淬硬深度	中等	较深	差

续 表

项目	火焰表面淬火	感应表面淬火	激光表面淬火
质量	差	中等	良好
表面氧化	大	较大	较小
几何形状复杂件	良好	差	好
设备投资	小	较小	大
小零件	差	良好	良好
大零件	较好	一般	良好
单件	中等	差	好
大批生产	差	好	较好
可控制性	差	一般	好

激光表面淬火与普通淬火所得金相组织相同，都是马氏体、碳化物和残余奥氏体。但是激光表面淬火加热和冷却的速度极快，致使所得到的晶粒非常细小，且金相排列不规则，金属内部位错密度高，固溶含碳量高，从而使得材料表面的硬度和耐磨性都有很大提升。激光功率、光束能力分布状态和光斑尺寸是激光表面淬火的 3 个主要参数，其直接决定了激光扫描下工件内部的温度场分布形态，从而对相变硬化层尺寸、分布形态及表面硬度产生重要影响。

11.3.4 选择性激光烧结技术

1986 年美国 Texas 大学的研究生 Deckard 提出了选择性激光烧结成形（Selective Laser Sintering，SLS）的思想，并于 1989 年获得了第一个 SLS 技术专利。这是一种用红外激光作为热源来烧结粉末材料成形的快速成形技术（Rapid Prototyping，RP）。同其他快速成形技术一样，SLS 技术采用离散/堆积成形的原理，借助于计算机辅助设计与制造，将固体粉末材料直接成形为三维实体零件，不受成形零件形状复杂程度的限制，不需任何工装模具。

1992 年美国 DTM 公司推出 Sinterstation 2000 系列商品化 SLS 成形机，随后分别于 1996 年、1998 年推出了经过改进的 SLS 成形机 Sinterstation 2500 和 Sinterstation 2500plus，同时开发出多种烧结材料，可直接制造蜡模及塑料、陶瓷和金属零件。由于该技术在新产品的研制开发、模具制造、小批量产品的生产等方面均显示出广阔的应用前景，因此，SLS 技术在十多年时间内得到迅速发展，现已成为技术最成熟、应用最广泛的快速成形技术之一。

选择性激光烧结技术的工艺原理如图 11－21 所示。

首先，在计算机中建立所要制备试样的 CAD 模型，然后用分层软件对其进行处理得到每一加工层面的数据信息。成形时，设定好预热温度、激光功率、扫描速度、扫描路径、单层厚度等工艺条件，先在工作台上用辊筒铺一层粉末材料，由 CO_2 激光器发出的激光束在计算机的控制下，根据几何形体各层横截面的 CAD 数据，有选择地对粉末层进行扫描，在激光照射的位置上，粉末材料被烧结在一起，未被激光照射的粉末仍呈松散状，作为成形件和下一层粉末的支撑；一层烧结完成后，工作台下降一截面层的高度，再进行下一层铺粉、烧结，新的一层和前一层自然地烧结在一起，全部烧结完成后除去未被烧结的多余粉末，便得到所要制备的试样。

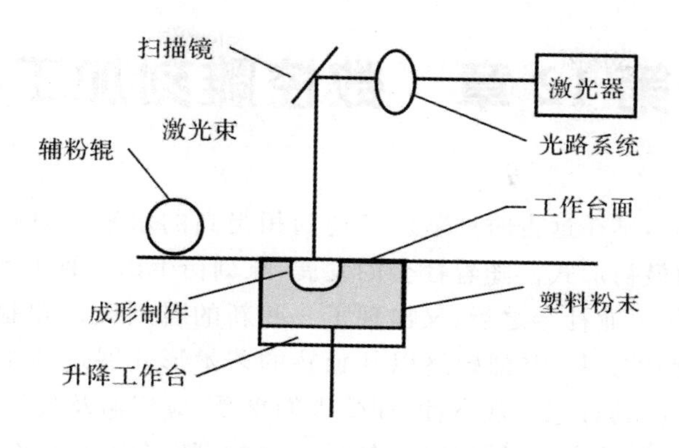

图 11-21　选择性激光烧结技术的工艺原理

同其他快速成形技术相比,SLS 具有以下特点:

①可采用多种材料。从理论上讲,这种方法可采用加热时黏度降低的任何粉末材料,从高分子材料粉末到金属粉末、陶瓷粉末、石英砂粉都可用作烧结材料。

② 制造工艺简单。由于未烧结的粉末可对模型的空腔和悬臂部分起支撑作用,不必像立体印刷成形(Stereo Lithography Apparatus, SLA)和熔融沉积成形(Fused Deposition Moldeling, FDM)工艺那样另外设计支撑结构,因此可以直接生产形状复杂的原形及部件。

③ 材料利用率高。未烧结的粉末可重复使用,无材料浪费,成本较低。

④ 成形精度依赖于所使用材料的种类、粒径、产品的几何形状及其复杂程度等,原形精度可达±1%。

⑤ 应用广泛。由于成形材料的多样化,可以选用不同的成形材料制作不同用途的烧结件,如制作用于结构验证和功能测试的塑料功能件、金属零件和模具、精密铸造用蜡模和砂型、砂芯等。

复习思考题

1. 简述激光加工的特点及适用条件。
2. 列举激光加工的应用实例。

第12章　数控雕刻加工

中国雕刻历史悠久，早在远古时期就已经达到相当高的水平。原始先民在山洞中留下的岩画和石刻，是雕刻的最初形式。随着社会的发展，雕刻衍生出各种派系：石雕、木雕、牙雕、骨雕、砖雕、冰雕等。近代工业社会之后，又出现了一些新的雕刻设计和制作工艺，例如塑料、玻璃、金属雕刻等。自诞生以来，雕刻始终以其独特的艺术形式展现并丰富着人类的历史与文明。雕刻产品造型美观，具有艺术观赏性，深受人们喜爱，应用遍及人类生活的各个方面，例如建筑设计、广告制作、装饰装潢、木器家具等领域。目前，随着生活水平的提高，人们对满足审美要求的雕刻类产品的需求更是出现前所未有的增长。另外，具有漂亮雕刻外观的产品在价格上通常远远高出没有采用雕刻工艺的同类产品，因此很多制造行业把引入雕刻工艺作为提高产品附加值的一项重要举措。

雕刻在传统上是一种手工技艺，存在很多不足，例如劳动强度大、生产效率低、加工周期长、制作精度差、总体成本高、不能批量生产、受到操作者的主观因素影响等，不能满足人们对雕刻行业提出的新需求。数控雕刻就是在这一背景下诞生的，它是结合数控和雕刻发展起来的一项新技术，目的是解决传统雕刻行业生产力低下的现状。数控雕刻是在计算机辅助设计技术（Computer Aided Design，CAD）、计算机辅助制造技术（Computer Aided Manufacturing，CAM）、计算机数控技术（Computer Numerical Control，CNC）、高速铣削技术（High Speed Machining，HSM）、激光技术（Laser Technology）等现代工业技术的基础上发展起来的，在其成长过程中又根据雕刻应用的特殊性综合了艺术设计和造型技术，使得数控雕刻成为一门独特的专业技术。数控雕刻的实施工具为雕刻CAD/CAM软件和数控雕刻机，国内外已有很多厂家开发生产各种类型和档次的数控雕刻机，应用也已经相当普及，所有这些雕刻设备能够有效运作，都需要编制合理的加工程序来驱动，因此数控编程是数控雕刻的核心技术。

12.1　数控雕刻机床与软件概述

数控雕刻加工离不开雕刻机床及雕刻CAD/CAM软件，本节将数控雕刻机和雕刻CAD/CAM软件作一简要介绍。

12.1.1　数控雕刻机

随着中国经济的快速发展，中国雕刻机市场在短短几年时间里，实现了从完全依赖国外产品，到自主研发、逐渐占领国内市场，再到出口国外的转变。在这一转变过程中，雕刻设备不断推陈出新，继电脑刻字机、电脑喷绘机之后，数控雕刻机成为又一个新的发展方向。目前国内市场各种类型和品牌的雕刻机已经如雨后春笋般蜂拥而起。

雕刻机可以分为进口和国产两大类，进口雕刻机，如美国雕霸、悍马、宙斯，日本御牧、罗兰、友嘉，法国嘉宝等品牌，其设计和制造技术已相当成熟，品质也相当稳定，但价格非常昂贵。国产雕刻机，如北京精雕、上海啄木鸟、南京威克、合肥嘉臣、台湾GCC星云、广东粤铭等品牌在国内也有较大的市场占有率，其他各种品牌的雕刻机更是层出不穷，例如力远、力宇、大荣、原贝、四开、海目、博业、海王星、众泰、三工、红帆、威刻、天力、神绘、新罗特等等。

通常，数控雕刻机又称为 CNC 电脑雕刻机，或简称为雕刻机。雕刻机按照市场定位可以划分为石材雕刻机、木工雕刻机、金属雕刻机、建筑模型专用雕刻机、模具雕刻机、PCB 电路板雕刻机等。数控雕刻机从工作原理上划分为两大类，即激光雕刻机和数控雕铣机。除特殊说明外，下文中数控雕刻机均专指数控雕铣机。数控雕刻机与普通数控铣床和高速铣削加工中心相比较，在如下四个方面显著不同：

① 普通数控铣床和高速铣削加工中心的加工对象是钢、铸铁、钛合金等金属材料，应用领域是飞机、汽车、造船等传统机械行业。数控雕刻机的加工对象是亚克力、双色板、有机玻璃、PVC 板、ABS 板、人造大理石、木材、皮革、石墨、铜、铝等软质材料，应用领域主要是礼品、印章、模型、标牌、家具等轻工行业。

② 数控铣床功率大、效率高、稳定性好，但加工软质材料时表面欠光洁、效率不高；高速铣削加工中心虽然克服了以上缺点，但价格昂贵，一般用户难以承受。与普通数控设备相比较，数控雕刻机有着主轴转速高、加工软质材料效率高、表面光洁、性价比高等优点。

③ 数控铣床和加工中心的非移动部分和移动部分的刚性都非常高，因此能进行重切削；但由于移动部分惯性很大，牺牲了灵活性，对于细小的切削和快速进给就显得力不从心了。数控雕刻机的移动部分非常轻巧，并且具有一定的刚性，从而可以高效地进行精细加工，同时对于软质材料可以进行高速加工，加工精度较高，表面质量好；但由于移动部分的刚性较差，所以不可能进行重切削。

④ 普通数控铣床需要输出大扭矩进行重切削，一般通过提高主轴变速箱的减速比来提升输出扭矩，从而转速低是不可避免的，通常最高转速为 6 000 r/min，在如此低的转速下是不大可能采用小半径刀具的。数控雕刻机的雕刻头一般采用电主轴或气动主轴，即电机和主轴是一体的；这是因为数控雕刻需要大量采用小半径刀具进行精细加工，主轴转速达到 20 000～40 000r/min 才可正常工作，否则断刀现象会很严重。

数控雕刻机最初起源于电脑刻字机，在成长过程中不断借鉴和吸收通用数控铣床和高速铣削加工中心的相关功能和技术。由于普通三维数控雕刻机研发技术门槛低，每年都有很多新厂家加入数控雕刻机生产商行列，国内数控雕刻机品牌已是数不胜数，市场竞争日趋激烈，不少企业因缺乏自主创新能力而陷入低价恶性竞争的泥潭。随着高速电主轴技术、高速刀具技术、激光加工技术和数控技术的发展，数控雕刻机也向着高精度、高速度、高自动化、高智能化、开放式体系结构方向发展，同时还融入了新的加工技术，例如超声振动加工、超精细电子雕刻等。

12.1.2　数控雕刻软件

除雕刻机外，数控雕刻的实施工具还包括数控雕刻软件（又称为雕刻 CAD/CAM 软件）。数控雕刻软件可类比为雕刻师大脑中的工艺知识和设计技巧的结晶，其功能是否完备直接决定了雕刻技艺能否在现代工业中创造出更大辉煌。数控雕刻软件用于雕刻类产品的图文设计、形体造型以及计算加工刀具路径，最终输出雕刻机能够识别的 NC 代码，与通用机械类 CAD/CAM 软件相比较，有以下两方面的鲜明特色：

① 在绘图建模方面，数控雕刻软件必须同时具备精确绘图建模和艺术绘图建模的功能，

从而在遵守尺寸精确的工业设计原则下，为用户提供自由灵活的创意空间。由于雕刻的特殊性，很多产品的外形无法用准确的数学函数表达，而是取决于设计者的灵感，因此必须提供艺术浮雕曲面造型功能。另外，雕刻软件在 CAD 方面的功能更加类似于 CorelDRAW，Illustrator，Photoshop，Freehand 等平面设计软件的功能，通常具有丰富的文字录入排版以及矢量图案绘制编辑功能，有些雕刻软件甚至配备了强大的数字图像处理模块。

② 在数控加工方面，除了和通用 CAM 软件类似的区域铣削加工外，数控雕刻软件还支持如下雕刻所特有的加工方式：轮廓嵌套加工、三维雕刻加工、艺术浮雕建模与加工等。另外，数控雕刻加工大多使用小刀具精雕细刻才能完成，因此在进行数控雕刻编程时必须充分考虑小刀具高速雕刻加工工艺。最后，由于目前的雕刻机品牌繁多，并且通常各自遵循不同的 NC 代码规范，数控雕刻软件必须提供丰富的 NC 代码输出格式，才能兼容更多品牌的雕刻机，扩大市场占有率。

目前比较流行的商业化数控雕刻 CAD/CAM 软件主要有英国的 Artcam、法国的 Type3、美国的 Mastercam Art；其他国外雕刻软件还有 EnRoute，Casmate，Artcut，VCave，GravoStyle 等。国产数控雕刻软件屈指可数，主要有文泰雕刻、CAXA 雕刻、JDPaint。

12.1.3 数控雕刻加工技术概述

雕刻加工工艺种类繁多，按照工作空间可划分为平面雕刻、立体雕刻两大类。平面雕刻包括轮廓切割、曲线加工、区域铣削加工、轮廓嵌套加工，采用两轴或两轴半加工策略；立体雕刻采用三轴和多于三轴的加工策略，其中三轴加工包括基于矢量信息的凸雕加工和凹雕加工、基于离散点信息的立体浮雕加工等。本节重点介绍国内外在区域铣削加工、三维立体雕刻、浮雕建模与加工等技术的研究现状。

1. 区域铣削加工

区域铣削加工既是平面类零件常用的加工方法，也是三维零件分层加工的常用方法，一直是国内外学者的研究热点。区域铣削加工的加工策略主要包括行切法、环切法，以及近年来提出的一些新方法。行切加工策略由于规划简单而在区域铣削加工中应用较为广泛，但其存在缺点：

①单向直线行切路径的 50%以上为非切削刀轨，加工效率低；

②往复直线行切刀轨顺铣和逆铣交替变化，切削力方向也随之交替变化。

目前关于行切加工的研究重点是如何减少抬刀次数。环切加工不存在行切加工的各种缺点，应用更为广泛。环切加工的研究重点主要集中在以下三个方面：

①平面轮廓等距问题；

②过渡连接刀轨规划问题；

③残留区域识别与补加工刀轨生成问题。

2. 三维立体雕刻

三维立体雕刻用于加工平面图案或文字以得到立体效果。刀具在加工过程中根据轮廓外形和刀具外形自动调整雕刻深度，可以在不换刀的情况下通过抬刀完成清根加工，类似毛笔书法中的提笔动作，最终雕刻出来的汉字能够表现出笔画表面的凸凹不平。三维立体雕刻刀轨规划的技术难点是如何计算出二维轮廓的中轴，并以此为基础来规划出清根加工刀轨。中轴(Medial Axis，MA)在很多领域有着广泛应用，如数控加工、图像处理、曲面重建、模式识别、动画变形、有限元分析等。

3. *浮雕建模与加工*

关于浮雕建模与加工，目前的研究重点可以分为两大类。一种是基于图像的浮雕建模和加工，该方法从平面图像出发进行浮雕设计与加工。另一种是基于几何的浮雕建模和加工，该方法从平面上的二维轮廓出发进行浮雕设计与加工。无论采用哪一种建模方法，浮雕在计算机内部均可以采用离散小面片来表示，因此浮雕数控加工可以考虑借鉴已有的研究成果，如基于离散点云或者 STL 模型的刀轨生成技术等。

数控雕刻编程属于近几年才发展起来的新技术，国外商业化软件的多数核心技术未见公开发表。例如，嵌套加工是一种独特的雕刻工艺，用来制作标识牌以及美术工艺品时，不同颜色或者不同质地的材料嵌套在一起，可以大大提高产品的档次，但是国内外关于嵌套加工编程的文献资料仍属空白。因此，深入研究数控雕刻编程技术，对于提升国内雕刻行业的核心技术竞争力具有重要的理论意义和实际价值。

12.2 JDSoft SurfMill 7.0 介绍

JDSoft SurfMill 7.0 是北京精雕科技集团有限公司开发的功能强大的专业雕刻 CAD/CAM 软件。它不仅可以用于模具、首饰等专业领域的造型设计，还广泛运用于模具加工、产品加工、机械零件加工等专业领域。

12.2.1 JDSoft SurfMill 7.0 的基本操作

JDSoft SurfMill 7.0 系统是集 CAD 与 CAM 功能为一体的软件，主要是由 3D 造型、NC 加工为主，2D 绘制、浮雕造型为辅的 4 大模块组成。JDSoft SurfMill 7.0 的界面由标题栏、菜单栏、工具栏、导航工具条、绘图区、对象属性栏、状态提示栏、坐标和命令输入区等部分组成，如图 12－1 所示。

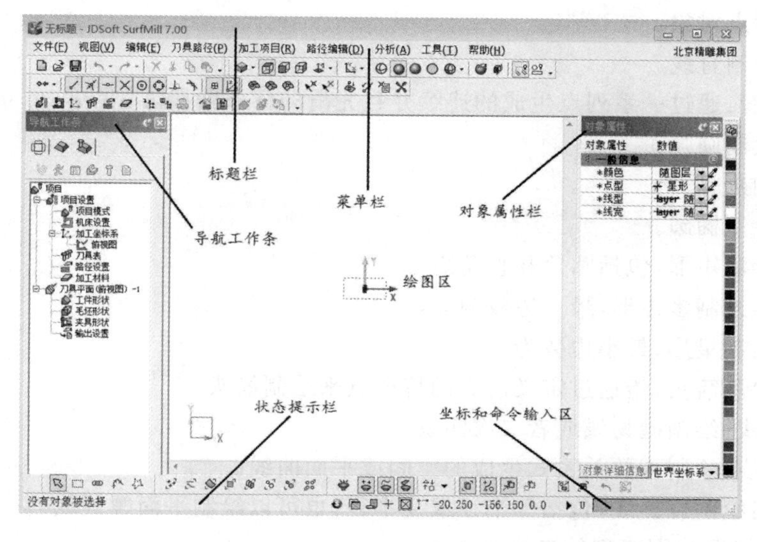

图 12－1　JDSoft SurfMill 7.0 操作界面

JDSoft SurfMill 7.0 软件操作界面各工具栏功能及用途如下：

① 标题栏：显示当前运行的 JDSoft SurfMill 7.0 的版本及其正在处理的文件名称。

② 菜单栏：菜单栏将软件的功能进行分类管理，分为主菜单项和各级子菜单项。

③ 工具栏：工具条上的各个图标按钮分别对应其各自的操作命令，点击工具条上的图标按钮是启动命令的一种快捷方式；各个工具条可以拖放停靠到屏幕中的任意位置，也可以自定义工具条的显示隐藏和其中的图标按钮。

④ 导航工作条：用于引导用户进行与当前状态或操作相关的工作。

⑤ 绘图区：在工作界面中最大的区域，是显示路径设计和 3D 造型的场所；系统允许用户修改绘图区中的背景颜色。

⑥ 对象属性栏：该对话栏中分类显示出当前被选中对象的详细属性信息，包括基本属性、尺寸属性和几何属性等信息。

⑦ 状态提示栏：是用户和计算机进行交互操作时的主要信息提示区，主要包括操作步骤的提示，操作结果各种警告信息，鼠标当前点坐标提示等。

⑧ 坐标和命令输入区：主要用于输入点的坐标值和快速启动用户配置好的软件命令。

12.2.2 3D 造型环境

启动 JDSoft SurfMill 7.0 软件，点击导航工具条中的按钮，进入 3D 造型环境。该环境主要是利用曲线曲面功能进行 3D 造型，或利用输入/输出功能同第三方 CAD/CAM 软件进行数据交换。

1. 曲线功能介绍

曲线绘制：曲线是构造曲面模型的基础，JDSoft SurfMill 7.0 不仅提供了三维造型中的点、直线、圆弧、样条曲线等基本曲线的绘制功能，还提供了圆、椭圆、矩形、多边形、包围盒和二次曲线等一些特征图形曲线的绘制功能。

下面就曲线绘制命令（见图 12－2）进行简单说明。

① 点：绘制点对象。

② 直线：绘制直线。

③ 样条曲线：通过一系列点生成的连续并且光滑的样条曲线。

④ 圆弧：绘制圆弧。

⑤ 圆：绘制圆。

⑥ 椭圆：绘制椭圆。

⑦ 矩形：绘制矩形，包括圆角和直角矩形。

⑧ 多边形：绘制多边形，最小边数为 3。

⑨ 星形：绘制星形，最小边数为 3。

⑩ 箭头：绘制箭头，指通过定义箭头的特征点来绘制箭头。

⑪ 二次曲线：绘制抛物线或者二次曲线。

⑫ 公式曲线：绘制函数关系式生成的空间或平面曲线。

⑬ 螺旋线：绘制螺旋线，包括等半径或变半径，也可以绘制平面螺旋线。

⑭包围盒：提取包围模型的最小六面体。

⑮借助曲线生成：由已知的曲线通过特定的功能计算得到的新的曲线。

⑯借助曲面生成：通过提取几何曲面的特征线来生成新的曲线，或将几何曲面外的曲线通过特定的方式映射到曲面上，得到贴合在曲面上的对应曲线。

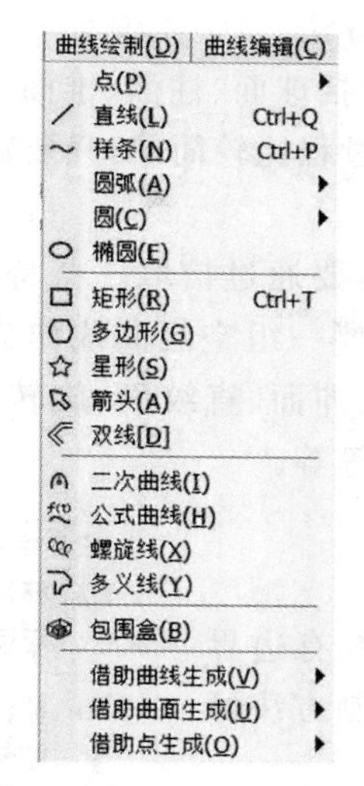

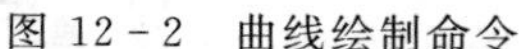
图 12－2　曲线绘制命令

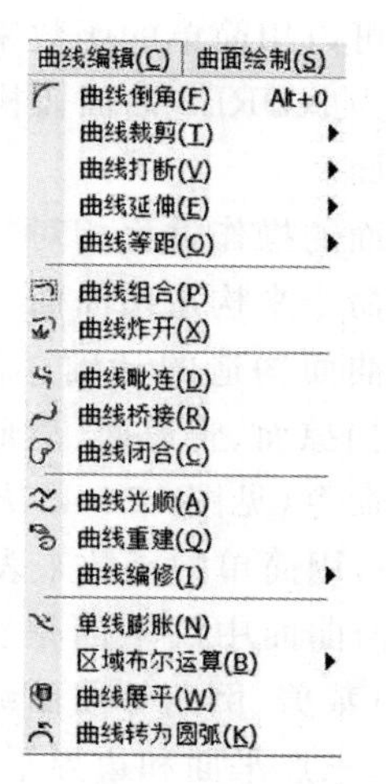

图 12－3　曲线编辑命令

2. 曲线编辑

曲线编辑主要包括曲线倒角、裁剪、打断、延伸、等距、组合、炸开、毗连、光顺和编修等命令(见图 12－3)。

① 曲线倒角：在曲线之间进行倒角、尖角等操作。

② 曲线裁剪：将曲线修剪至某一曲线或一点所定义的边界处。

③ 曲线打断：将一条曲线通过点、其它曲线、面分割为两条曲线或多条曲线。

④ 曲线延伸：将曲线延伸至某条曲线或一点所在的边界处。

⑤ 曲线等距：曲线等距就是将原始曲线按照特定要求进行等距偏移，生成等距曲线。该功能分为单线等距、区域等距和法向等距等三个子命令。

⑥ 曲线组合：将曲线链上的多余首尾相接的曲线组合成为一条曲线。

⑦ 曲线炸开：炸开组合曲线，恢复为组合前的多条首尾相接的曲线。

⑧ 曲线闭合：将不闭合的曲线改变为闭合曲线。

⑨ 曲线毗连：在曲线的连接端点处进行端点连续性匹配。

⑩ 曲线桥接：在两条曲线或一曲线与一点之间生成一条光滑的连接曲线。

⑪曲线光顺：在给定的精度范围内自动调整曲线形状，使曲线曲率变化较大的位置变得相对平滑。

⑫ 曲线重建：根据用户设定的重建点数对曲线进行重构，使得曲线的节点发布均匀。

⑬ 曲线编修：曲线编修是一种快速调节曲线形状命令，用户可以通过动态调节曲线的控制点或曲线上的点来获得满意的曲线形状。曲线修编分为编修控制点、编修线上点、柔性编辑和减少曲线节点等子命令。

⑭ 曲线展平：将曲线按指定直径的辊筒进行展平变换或者滚绕变换。

⑮ 曲线转为圆弧：将目标曲线转成由多段圆弧组合而成的曲线，与原曲线相逼近。

3. 曲面功能介绍

曲面绘制：几何曲面主要包含两种曲面类型：标准曲面和自由曲面。JDSoft SurfMill 7.0中的自由曲面造型采用了NURBS作为几何描述的主要方法。

标准曲面是可以用简单的函数来表达的规则曲面，包括球面、柱面、锥面、环面等。标准曲面可以精确转化为NURBS曲面。构造标准曲面的操作过程比较简单，只要输入相应的参数，即可生成标准曲面。

构造自由曲面的操作过程相对复杂一些，一般来说需要通过拾取一些特征曲线并执行相对应的曲面构造命令来构造出曲面。例如单向蒙皮就需要一组空间曲线作为曲面的骨架，可以说曲线构造是曲面构造的基础。自由曲面主要包括拉伸面、直纹面、旋转面、蒙皮面、约束面、扫掠面、旋转扫掠面、管道面、皂形面、圆顶面、颗粒面等等。

曲面绘制各命令(见图12-4)功能说明介绍如下：

① 标准曲面：用简单的函数来表达的规则曲面。

② 平面：几何曲面中的平面是实际存在的几何面，具有边界的，可以对它进行裁剪、倒角等曲面编辑操作。平面的绘制方法可以分为两点平面、三点平面和边界平面三种。

③ 拉伸面：将曲线沿指定方向拉伸指定的距离而构造出的曲面。

④ 直纹面：由一条直线的两端点分别在两条曲线上匀速运动而形成的轨迹曲面。

⑤ 旋转面：轮廓曲线按照给定的起始角度和终止角度绕一旋转轴线旋转而形成的轨迹曲面。

⑥ 单向蒙面：以一组方向相同，形状相似的截面线为骨架，在其上蒙上一张光滑曲面。

⑦ 双向蒙面：在两组纵衡交错的截面线构成的骨架上蒙上一张光滑曲面。

⑧ 约束曲面：通过目标点和曲线或曲面创建新曲面。

图12-4 曲面绘制命令

⑨ 单轨扫掠：将截面线沿着一条轨迹曲线运动而扫出的曲面。

⑩ 双轨扫掠：将截面线沿着两条轨迹曲线运动而扫出的曲面。

⑪ 管道面：根据指定的中心线及半径值构造截面为圆形的管道面。

⑫ 皂形面：给定一个闭合轮廓和两根以上的截面线，构造出一个通过闭合轮廓和截面线的光滑曲面。

⑬ 旋转扫掠：旋转扫掠可以视为旋转与扫掠两种方式的结合。

⑭ 圆顶面：圆顶面指通过定义曲线和点或曲线和偏移距离的方式创建曲面。

⑮ 颗粒面：颗粒面指通过定义曲线和点过曲线和偏移距离的方式创建曲面，主要应用在鞋底颗粒、戒指镶钻等专业造型领域。

4. 曲面编辑

曲面编辑包括曲面组合、曲面炸开、曲面延伸、曲面裁剪、曲面倒角、曲面拼接和曲面编修等功能。

曲面编辑命令(见图 12-5)功能说明介绍如下:

① 曲面倒角:用截面为圆弧的过渡曲面将几张曲面光滑连接起来。同时根据需要用过渡曲面对原曲面进行裁剪,形成整体光滑的效果。倒角可以分为两面倒角、三面倒角、两组面倒角和曲线曲面倒角等四种。

② 曲面裁剪:曲线裁剪是对已生成的曲面进行修剪,保留需要的部分,去除不需要的部分。裁剪可以分为投影线裁剪、流线裁剪、曲面裁剪、一组面内裁剪等四种。

③ 曲面修补:在模具加工过程中,可能需要将裁剪面上的某些空洞用曲面填上以方便刀具轨迹的生成,但同时又不希望破坏原有裁剪面,这时可以使用曲面修补功能。

④ 曲面延伸:通过指定的延伸边界线进行平滑延伸一定的距离。

⑤ 曲面等距:曲面等距就是将原曲面按照特定要求进行等距偏移,生成等距曲面。

⑥ 曲面加厚:曲面加厚指将目标曲面按指定的方向偏移一定的距离,且新生成的曲面与原曲面对应的边以直纹面方式形成新曲面。

图 12-5　曲面编辑命令

⑦ 曲面组合:将拾取的相邻曲面组合为一张组合曲面,方便拾取。

⑧ 曲面炸开:将组合在一起的曲面炸开成组合前的一张张独立曲面。

⑨ 曲面缝合:曲面缝合功能的实现方法是基于空间剖分曲面,在计算刀具路径时,减少因为曲面缝隙、交错而造成的路径质量较差的现象。

⑩ 曲面毗邻:调整曲面的非裁剪边界,使其与相邻的曲面边界满足指定的连续条件。

⑪ 曲面拼接:在曲面造型过程中,常常需要将一些已有曲面之间形成的间隙或空白补上,同时要求补上的曲面片与周边曲面光滑相接,这就需要用到曲面拼接功能。根据拼接的曲面边界数目,可以分为两面拼接和多面拼接。

⑫ 曲面光顺:在给定的偏差范围内自动调整曲面形状,使曲面曲率变化较大的部分变得较平滑。

⑬ 曲面重建:在误差允许的情况下,通过用户输入的 U/V 向重建点数,重新构建生成新曲面。

⑭ 曲面编修:通过调整曲面的控制点,达到改善曲面外形的目的。

⑮ 曲面融合:将两张具有共同边界且光滑相接的四边界曲面融合为单张曲面。

⑯ 曲面展平:曲面展平指将曲面近似展平到当前坐标系的 *XOY* 平面上。

⑰ 转为网格面:在给定的精度范围内,把几何曲面转换为网格曲面。

5. 输入/输出数据交换

输入/输出功能使 JDSoft SurfMill 7.0 软件与其他软件 CAD/CAM 软件之间能够进行数据交换,使得 JDSoft SurfMill 7.0 可以充分利用其他 CAD/CAM 软件所做的设计和加工数据,增强了 JDSoft SurfMill 7.0 与其他 CAD/CAM 软件的数据共享能力。

文件的输入/输出命令由“文件”菜单下的“输入”/“输出”菜单项完成，如图 12－6 所示。

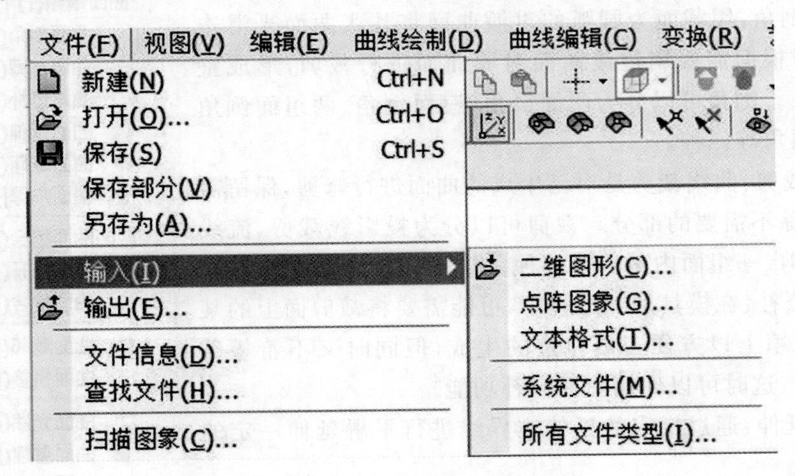

图 12－6 输入/输出功能

6. NC 加工环境

启动 JDSoft SurfMill 7.0 软件，点击导航工具条中的按钮，进入 NC 加工环境，如图 12－7 所示。

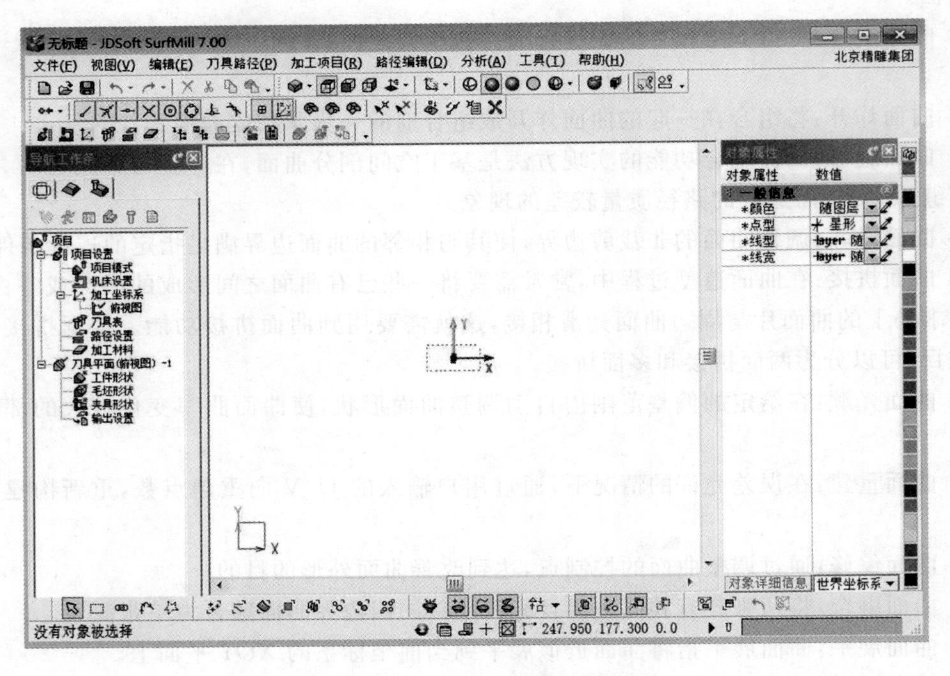

图 12－7 NC 加工操作界面

该环境主要是利用刀具路径、加工项目、路径编辑等常用功能对当前模型或图形进行数控编程，完成加工。

下面介绍一下编程前的准备工作和编制加工路径的步骤。

7. 编程前的准备工作

在从3D造型环境切换至NC加工环境进入正式编写加工路径之前，还需要对当前加工模型进行项目设置和刀具平面设置。

下面就导航工具条(见图12-8)中的项目设置及刀具平面设置子项目进行逐一说明。

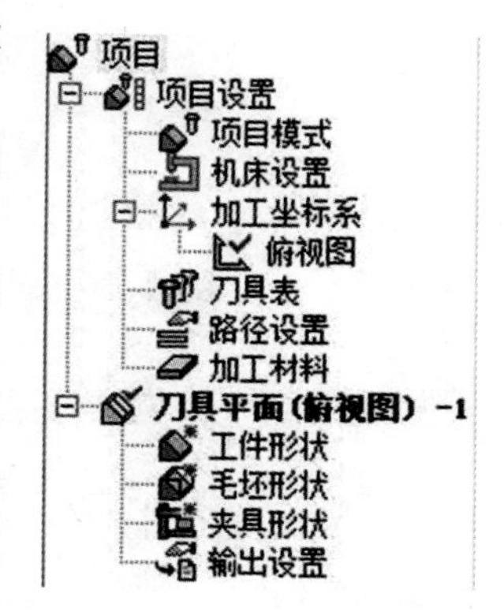

图12-8　导航工具条

① 机床设置:为当前工件选择加工机床，方便后续进行机床模拟、路径输出和估算加工时间。

② 加工坐标系:默认为俯视图，根据实际加工需要可以创建新的坐标系。

③ 刀具表:用于定义当前加工过程使用的刀具。

④ 路径设置:用于设定分层深度、路径间距、圆弧半径等参数值。

⑤ 加工材料:选择工件使用的材料，根据材料和加工刀具自动生成切削参数如主轴转速、走刀速度等参数。

⑥ 工件形状:选择最终加工的工件模型为依据，方便用户进行路径过切和碰撞检查。

⑦ 毛坯形状:用来设置加工前的材料形状，设置该项是能够生成粗加工和残料补加工路径的先决条件。

⑧ 夹具设置:用来检查刀具与夹具之间是否碰撞，以保护刀具和主轴。

⑨ 输出设置:定义输出原点、工件避让等信息。

8. 数控程序的编制步骤

路径向导是JDSoft SurfMill 7.0软件中最常用的刀具路径生成工具，它引导用户按照一定步骤逐项操作，直至生成刀具路径。

下面以生成简单的2D区域加工路径为例说明具体的操作步骤。

操作步骤如下:

① 启动JDSoft SurfMill 7.0。

② 点击按钮，切换至3D造型环境，绘制如图12-9所示的两条曲线。

③ 点击按钮，切换至加工环境，点击菜单栏“刀具路径”选项，选择路径向导，如图12-10所示。

④ 系统弹出“选择加工方法”界面，在列表中选择“区域加工”加工方法，并设置与加工方法相关的主要参数，如图12-11所示，设置完成后点击按钮，进入下一步(也可以在路径向导导航工具栏中点击按钮，一步直达加工参数设置界面)。

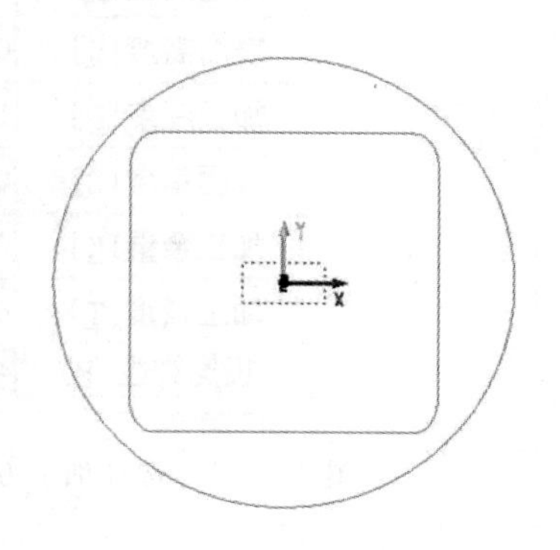

图12-9　2D区域加工路径

⑤ 系统弹出“选择刀具”界面，在显示的刀具列表中选择“平底JD—2.00”，同时用户也可以点击“从刀具表选择”进入刀具表，添加、选择其他刀具，并设置与刀具相关的走刀参数，如图12-12所示，设置完毕后点击按钮，进入下一步。

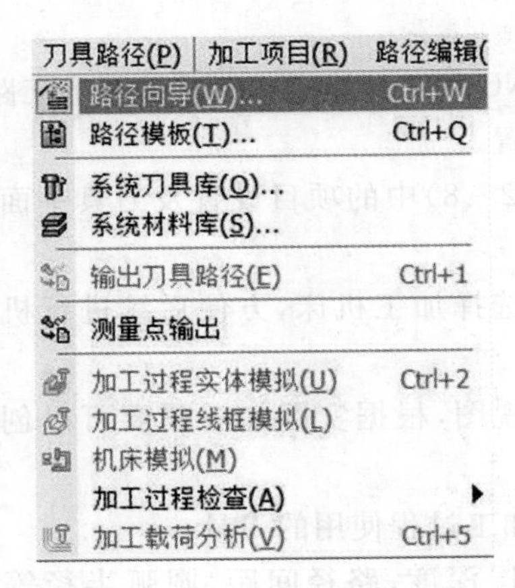

图 12-10 选择路径向导

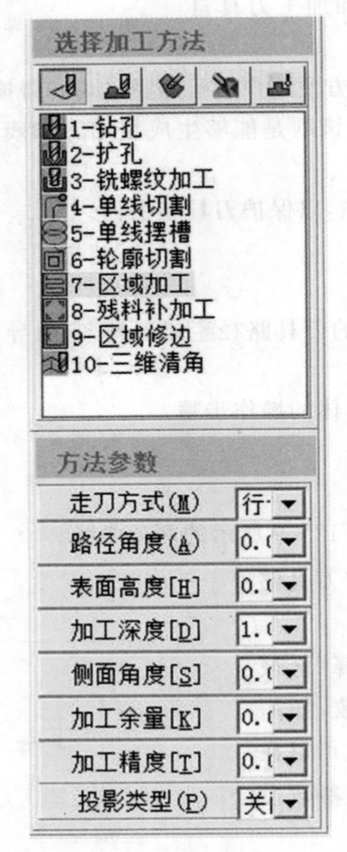

图 12-11 选择加工方法及参数

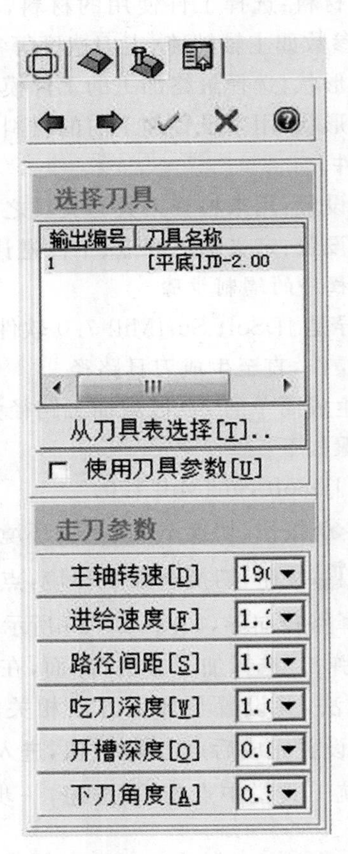

图 12-12 选择刀具及走刀参数

⑥ 系统弹出“选择加工域”界面，如图 12-13 所示，从图形窗口中依次选择这两条曲线，点击✓按钮进入“刀具路径参数界面操作”。

⑦ 在系统弹出的“刀具路径参数”界面，用户根据实际需要修改相关的路径参数，如图12-14 所示，修改完成后，单击“计算”按钮生成路径。

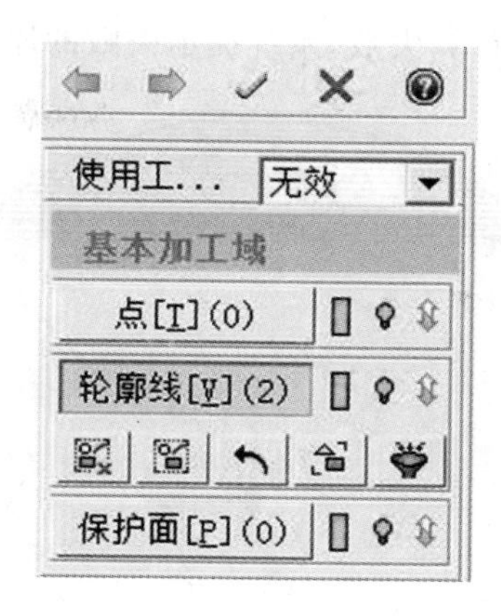

图 12－13　选择加工域

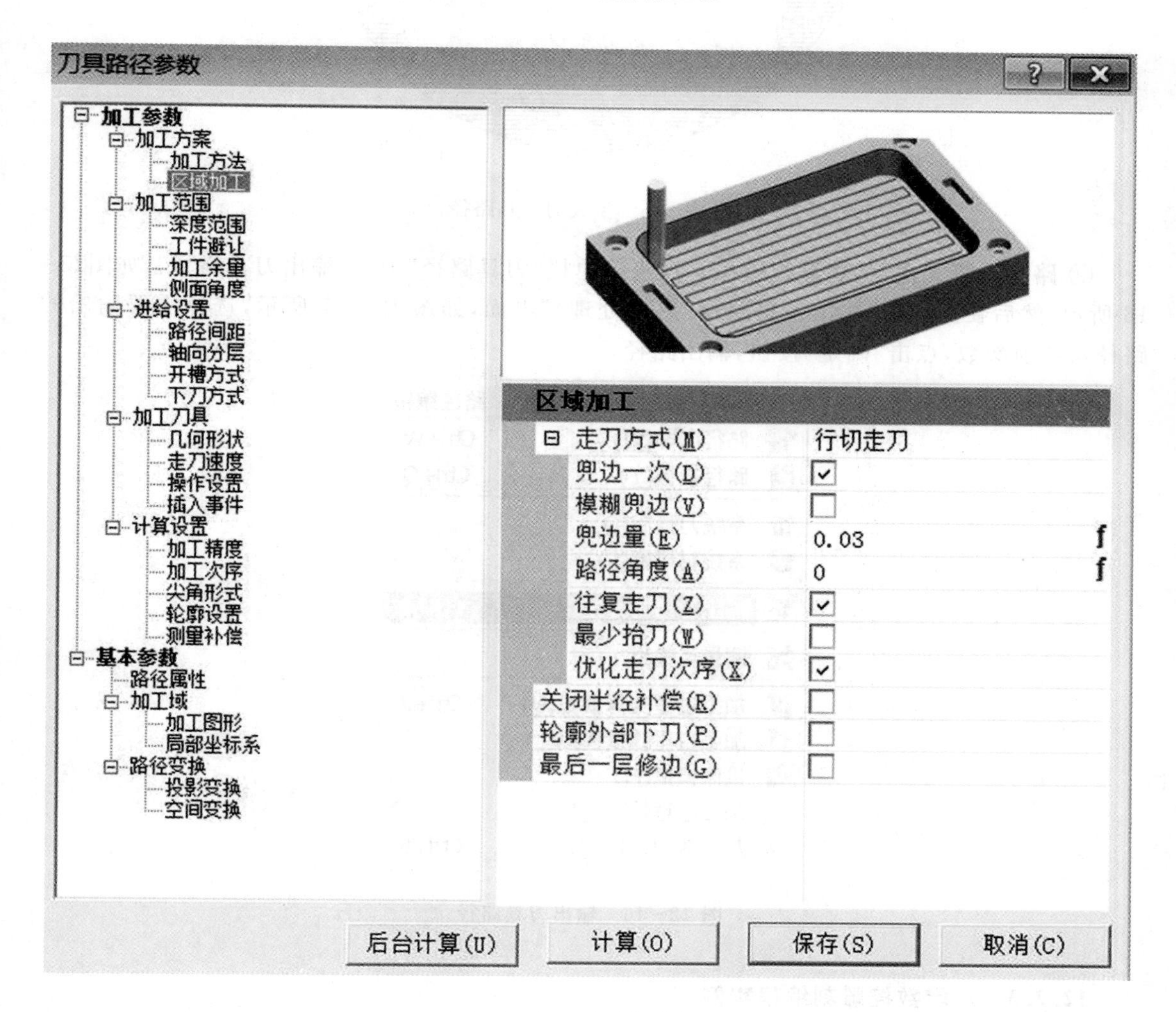

图 12－14　刀具路径参数

⑧ 点击“计算”按钮后，系统弹出计算路径进度条，完成后在图形窗口显示计算获得的刀

具路径，如图 12－15 所示。如果计算失败，系统提示失败的原因，方便用户排错。

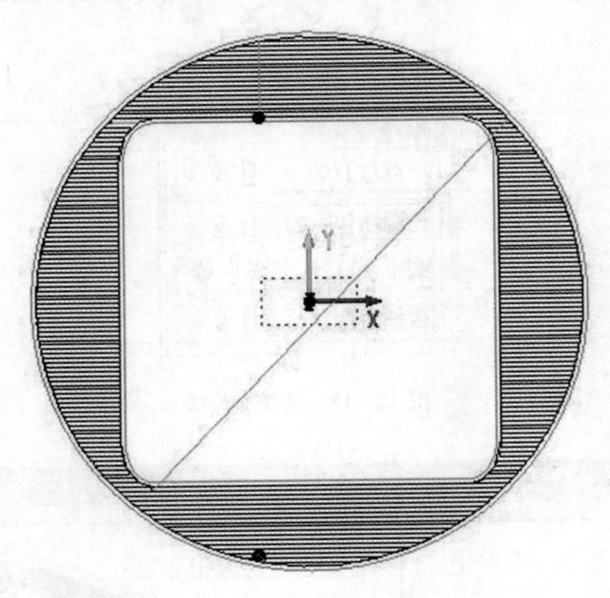

图 12－15 生成的刀具路径

⑨ 路径计算无误后，将路径输出。点击菜单栏“刀具路径”中的“输出刀具路径”，如图12－16 所示，然后在弹出的“输出刀具路径(后置处理)”界面，如图 12－17 所示，选择需要输出的路径及各项参数，点击“确定”按钮，输出路径。

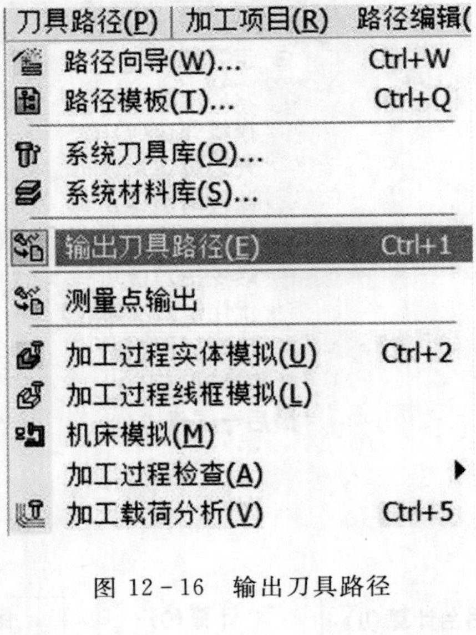

刀具路径(P) | 加工项目(R) 路径编辑(
路径向导(W)... Ctrl+W
路径模板(T)... Ctrl+Q
系统刀具库(O)...
系统材料库(S)...
输出刀具路径(E) Ctrl+1
测量点输出
加工过程实体模拟(U) Ctrl+2
加工过程线框模拟(L)
机床模拟(M)
加工过程检查(A)
加工载荷分析(V) Ctrl+5

图 12－16 输出刀具路径

12.2.3 浮雕数控雕刻编程实例

以孔子先生行教像为例，对浮雕作品的数控雕刻加工编程流程进行叙述。

1)加工文件输入，先将孔子行教像图片导入到 JDSoft SurfMill 7.0 软件中，如图 12－18

所示。在输入要加工文件时要注意文件的格式，如果文件在所在的存储位置不显示，如图 12－19 所示，则在文件类型菜单栏中选择与文件相匹配的文件格式，文件即可显示。

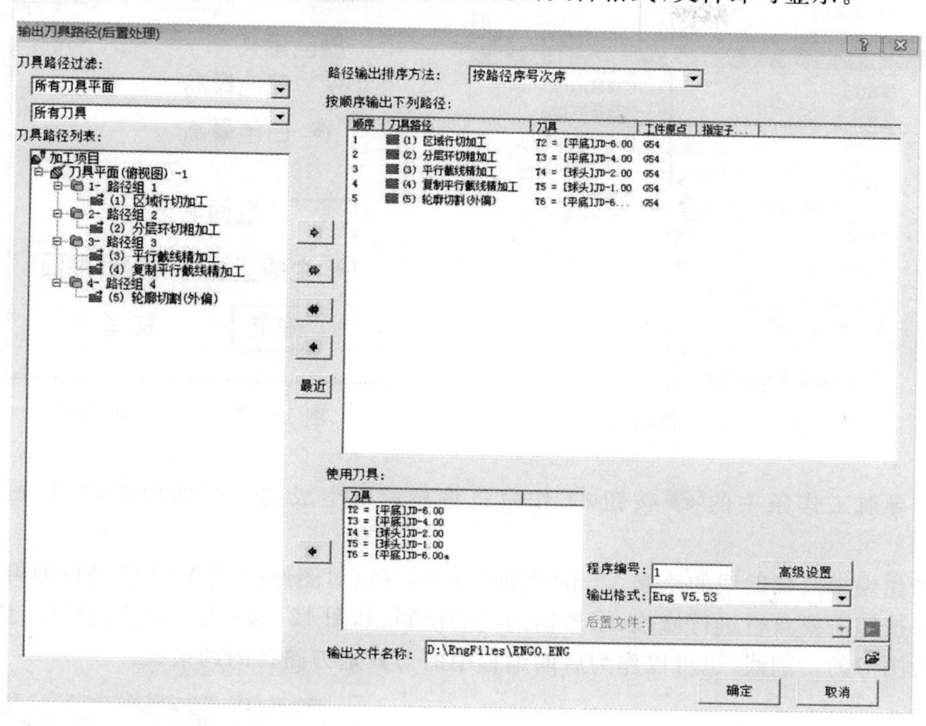

图 12－17　输出刀具路径参数界面

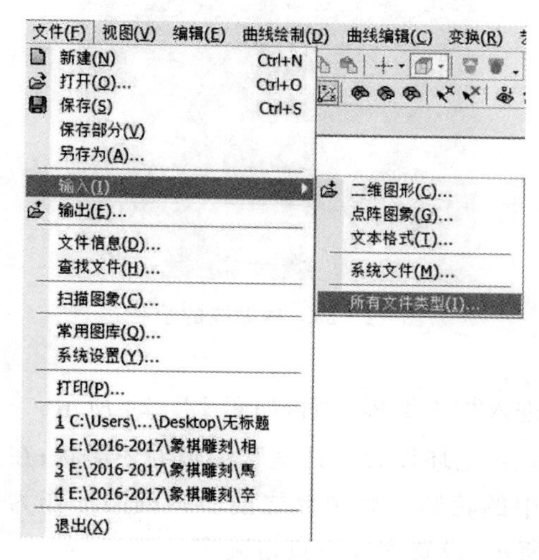

图 12－18　图片输入流程

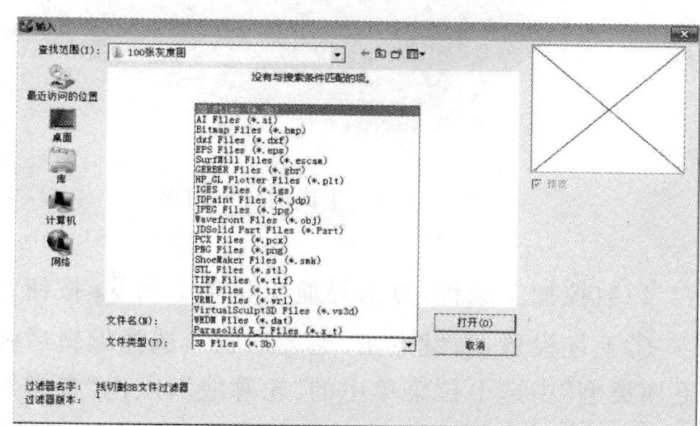

图 12－19　文件类型选择栏

2)2D 转 3D：点击“艺术曲面”→“图像纹理”→“位图转网格”菜单，如图 12－20 所示，将弹出如图 12－21 所示的“位图转曲面”窗口，勾选“生成三维环境网格曲面”。

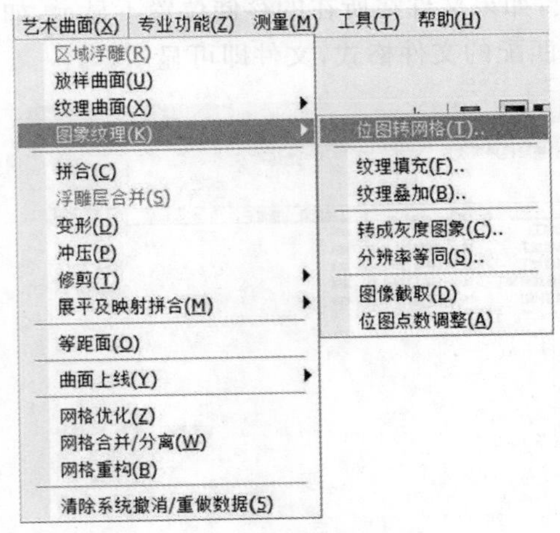

图 12－20　位图转换

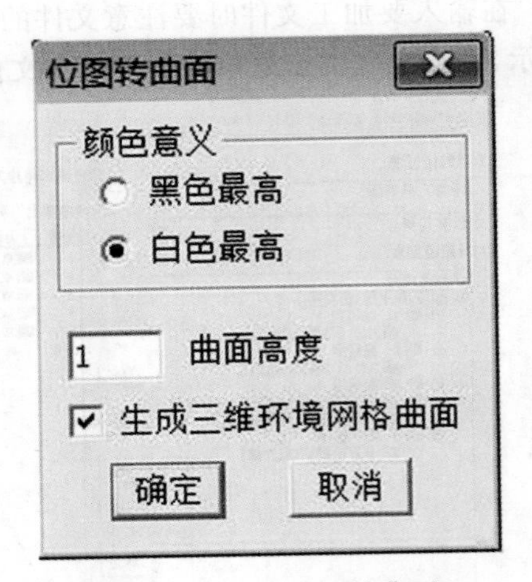

图 12－21　生成三维曲面

点击导航工作条中的按钮，工作窗口将显示所生成的三维曲面图像，如图 12－22 所示。

3)图像编辑及辅助线的绘制：点击“变换”菜单，可以对图像的 X,Y,Z 值进行编辑修改，设计者可以按照需要自行进行修改；图形辅助线的绘制，如图 12－23 所示的蓝色圆形，该辅助线可以作为图像的切割线，也可以作为后面编程中的刀具走刀路径的约束线。

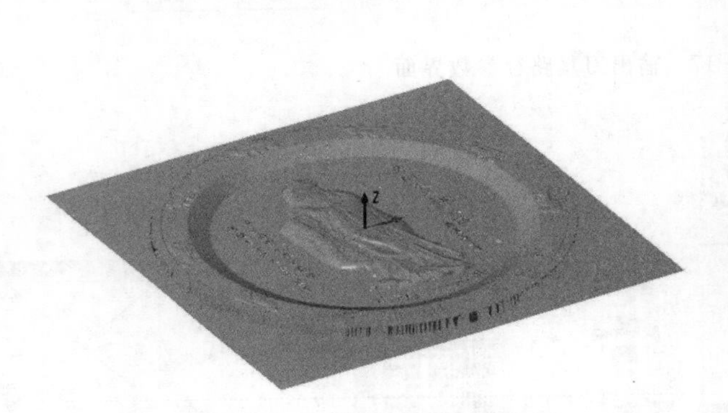
图 12－22　生成的三维图形

图 12－23　辅助线的绘制

4)数控加工编程：点击导航工具条上的按钮，进入加工编程界面，如图 12－24 所示。

①毛坯设置：右键点击“毛坯形状”，选择编辑后弹出“毛坯设置对话框”，编辑毛坯形状；在“毛坯类型”中选下拉菜单中的“轮廓线”，点击“参数”中的轮廓线后选择之前所画的圆形作为毛坯的轮廓线，同时设置高度范围参数，如图 12－25 所示；设置完成后点击确定。

②路径编辑：点击菜单栏中的“刀具路径”→“路径向导”按钮，如图 12－26 所示；确定后弹出图 12－27 所示的加工方法选择对话框，选择“区域加工”，然后点击，系统将弹出如图 12－28所示的“刀具路径参数”对话框，设置刀具、走刀速度、加工图形等参数，设置完成后，点击“计算”后将生成如图 12－29 所示的走刀路径。

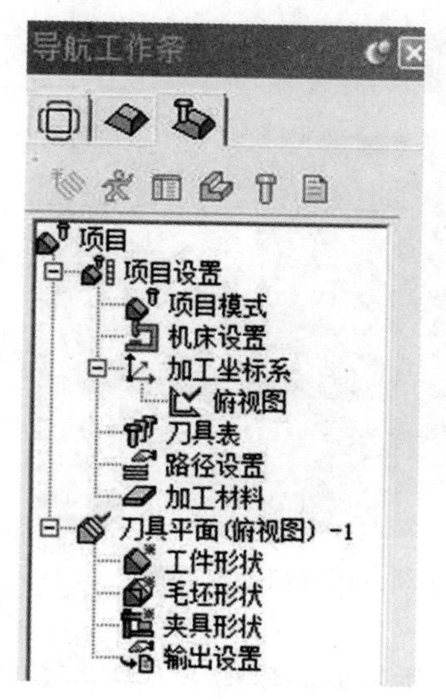

图 12－24　数控编程加工界面

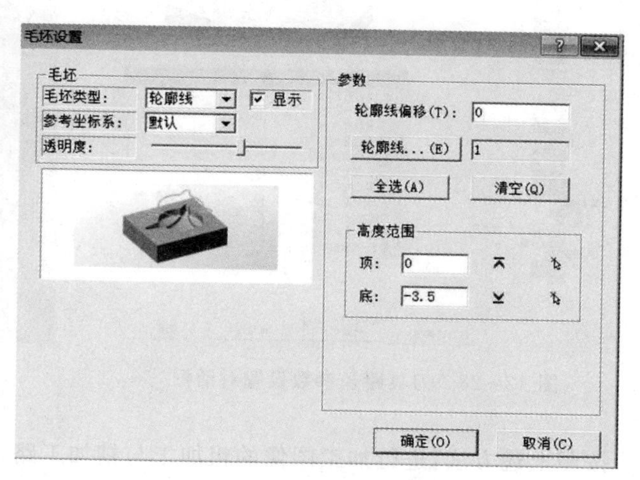

图 12－25　毛坯设置对话框

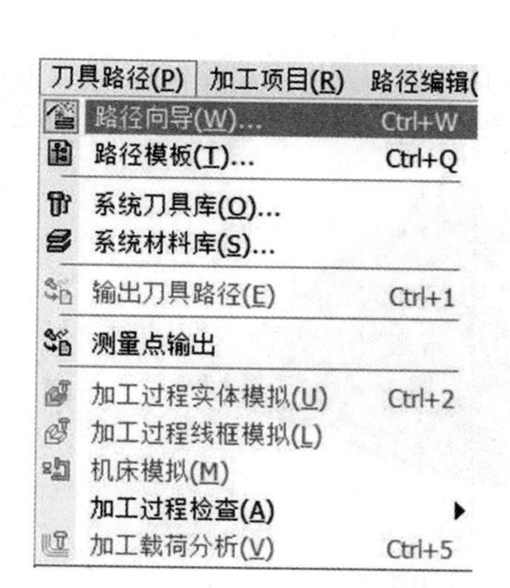

图 12－26　路径向导

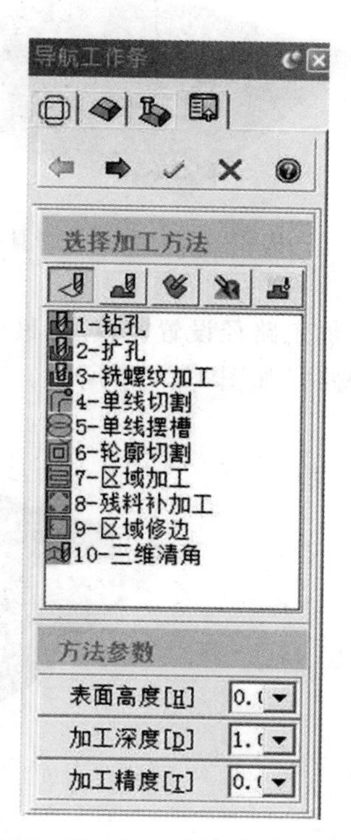

图 12－27　加工方法选择对话框

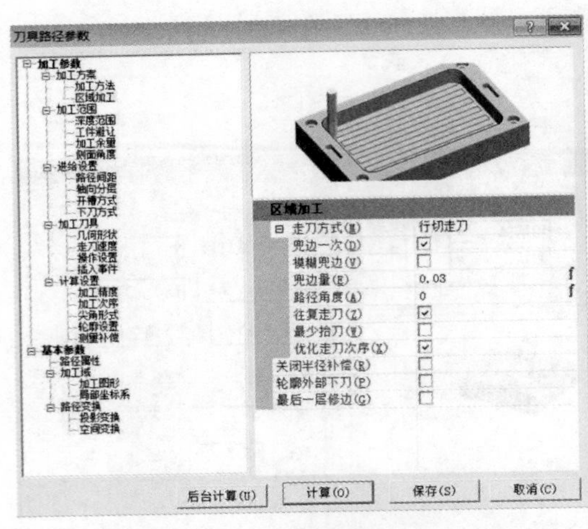

图 12-28 刀具路径参数设置对话框

图 12-29 区域加工走刀路径

按照上述方法，进行加工图像的粗加工与精加工路径编程，所生成的粗加工刀具路径如图12-30所示，精加工路径如图12-31所示。

图 12-30 粗加工刀具路径

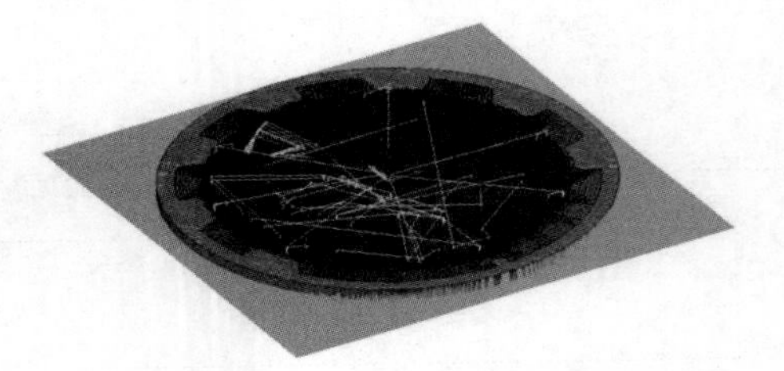

图 12-31 精加工刀具路径

图形加工路径设置完成后，最后进行加工图形的轮廓切割走刀路径设置，设置方法同上，刀具走刀路径如图12-32所示。

图 12-32 轮廓切割走刀路径

③刀具路径输出：点击菜单栏中的“刀具路径”→“输出刀具路径”，然后弹出如图12-33所示的界面，即可直接输出刀具走刀路径。

5)实体加工：将输出的刀具路径拷入到数控雕刻机床中，便可以进行实体加工。

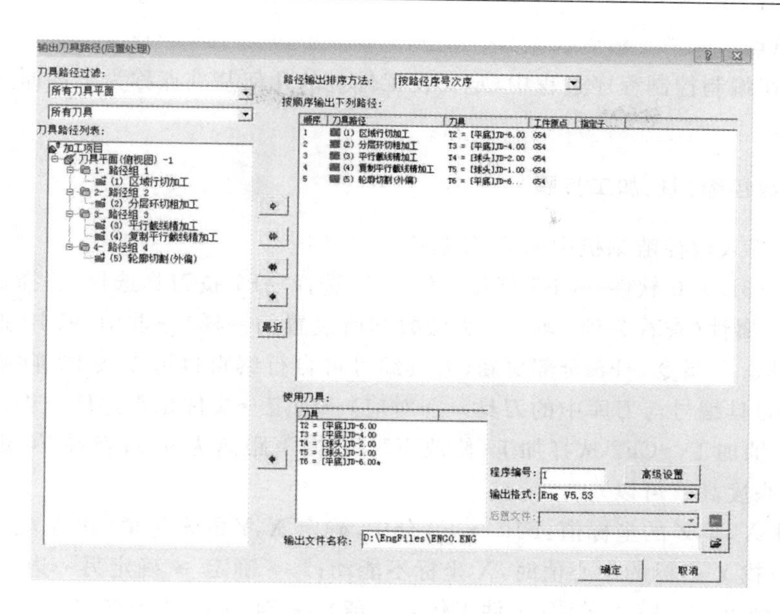

图 12 - 33　输出刀具路径参数界面

12.3　数控雕刻机 EN3D 7.0 操作概要

12.3.1　数控雕刻机坐标系统

数控雕刻机的坐标系统，包括坐标系、坐标原点和运动方向，对于操作者来说这些都是十分重要的。每一个操作者都必须对雕刻机的坐标系统有一个完整的理解，否则，操作时会发生危险。

1. 坐标系

雕刻机的坐标系采用左手直角坐标系(用左手的四指指向 X 轴的正方向，收拢四指 90° 时指尖指向 Y 轴正方向，此时大拇指指向的是 Z 轴正方向，这样的直角坐标系称为左手直角坐标系)，其基本轴为 X,Y,Z 直角坐标，相对于每个坐标轴的旋转运动坐标为 A,B,C。

2. 坐标轴及其运动方向

在数控雕刻机的结构中，X,Z 方向均为刀具运动，Y 方向根据不同的基础型号，有的为刀具运动，有的为工件运动。无论是刀具运动还是工件运动，坐标运动指的都是刀具相对于静止工件的运动。在雕刻机中，X 轴为左右方向，Y 轴为前后方向，Z 轴为上下方向，A 轴平行于 X 轴，B 轴平行于 Y 轴，C 轴平行于 Z 轴(雕刻机 X,Y 轴运动方向的正方向与常见的加工设备相同，但 Z 轴正方向为相反方向)。

3. 坐标原点

(1)设备原点

每台数控雕刻机都有一个基准位置，称为设备原点或机床原点，是在制造机床时设置的一个机械位置。数控雕刻机的机床原点设在各个轴负向的最大位置处(带自动刀库的基础除外)。

(2)工件原点

编程人员在编制控制程序过程中,定义在工件上的几何基准点称为工件原点,有时也称为程序原点。

12.3.2 数控雕刻机加工步骤

① 把文件拷入数控雕刻机中的 D/E 盘中。

② 打开 EN3D 7.0 软件→CF5 打开文件→F3 选择→F7 按刀具选择(选择要加工的刀具)→F5 加选→F9 属性(查看 Z 值,确定加工参数和所设置的一样)→取消→F10 返回→F4 编辑→F6 指令→CF3.T 指令→F5 全部更新(刀具编号可自行编辑也可以按 F7 自动适配,但必须保证程序中的刀具编号与刀库中的刀具一一对应)→确定→文件是否存档→否。

③ CF7.3 轴加工→CF2 选择加工(修改 F7,F8 慢下距离为 0.5;查看 F6 定位高度值,确保该值比最小高度高就可以)。

④ 找工件 X,Y,Z 的坐标值:F10 → F9 分中,确定 X,Y 的坐标值(找 X 坐标的中心值时,Y 坐标不能动;找 Y 坐标的中心值时,X 坐标不能动;) → 确定 → 确定另一边 → 第三边 → 第四边 → F9 → 结束 → 是;找 Z 值(工件工作表面值) → F4 → CF4 当前 Z → 确定。

⑤ 对刀:A 对刀→CF1 运动到对刀位→通过摇手轮将刀具摇到对刀仪顶端 10mm 处→CF3 设定为当前坐标→F9 对刀→F1 定义对刀基准(仅第一把刀按 F1,第二把刀之后的刀具按 F5 设置刀具长度)。

⑥ 加工:P(打开手轮试切模式)→打开正压密封→按启动按钮(按三次,当警示灯为绿色时即可)→手轮试切(检查程序有无问题)确定无误后→按加工暂停按钮→F5 暂停加工→按 P 键(关闭手轮试切)→选择加工→程序启动。

复习思考题

1. 简述数控雕刻机床的操作流程。

2. 数控雕刻机与普通数控铣床和高速铣削加工中心相比较,有哪些不同点?

参考文献

[1] 曹晓飞,王海洋.金工实训教程[M].沈阳:东北大学出版社,2010.
[2] 杨贺来,徐九南.金属工艺学实习教程[M].北京:北京交通大学出版社,2007.
[3] 张建.金属加工技能训练[M].北京:化学工业出版社,2007.
[4] 孙付春,李宏穆,朱江.金工实习教材[M].成都:西南交通大学出版社,2010.
[5] 张力重,杜新宇.图解金工实训[M].武汉:华中科技大学出版社,2006.
[6] 刘云龙.焊工:初级[M].北京:机械工业出版社,2013.
[7] 徐彬.钳工:初级[M].北京:机械工业出版社,2013.
[8] 赵明久.普通铣床操作与加工实训[M].北京:电子工业出版社,2011.
[9] 郭恒.普通车床操作实训教程[M].西安:西北工业大学出版社,2009.
[10] 彭显平.铸造技能基础实训[M].长沙:中南大学出版社,2010.
[11] 魏家鹏.华中数控系统数控铣床编程与维护[M].北京:电子工业出版社,2008.
[12] 魏家鹏.华中数控系统数控车床编程与维护[M].北京:电子工业出版社,2008.
[13] 崔忠圻.金属学与热处理原理[M].3版.哈尔滨:哈尔滨工业大学出版社,2007.
[14] 金罔优.激光加工[M].北京:机械工业出版社,2005.
[15] 郑启光,邵丹.激光加工工艺与设备[M].北京:机械工业出版社,2014.